Klett Studienbücher Mathematik

herausgegeben von
Prof. Arthur Engel, Prof. Dr. Karl-Peter Grotemeyer,
Prof. Dr. Günter Pickert, Prof. Dr. Hans Prade und
Prof. Dr. Ingo Weidig

Höhere Mathematik für Ingenieure und Physiker

Band 2

von Prof. Dr. Klaus Habetha

Ernst Klett Stuttgart

CIP-Kurztitelaufnahme der Deutschen Bibliothek

Habetha, Klaus
Höhere Mathematik für Ingenieure und Physiker. –
Stuttgart : Klett.
Bd. 2. – 1. Aufl. – 1978.
(Klett-Studienbücher : Klett-Studienbücher Mathe=
matik)
ISBN 3-12-983270-X

1. Auflage 1[5] 4 3 2 / 1981 80

Alle Drucke dieser Auflage können im Unterricht nebeneinander benutzt werden. Die letzte Zahl bezeichnet das Jahr dieses Druckes.

Einbandentwurf: E. Dambacher, Korb
Zeichnungen: R. Digel, Öschingen-Mössingen
Druck: Druckhaus Dörr, Ludwigsburg

Inhaltsverzeichnis

Vorwort

Ähnlich dem ersten Band wird es auch bei dem hier vorgelegten zweiten Band kaum möglich sein, den Inhalt in einem Semester vollständig vorzutragen, man wird Beweise und einige der behandelten Gebiete übergehen müssen. Günstiger ist die Situation, wenn vier Semester für die Anfängervorlesung zur Verfügung stehen. Es soll aber dem Studenten die Möglichkeit geboten werden, sich mit dem eigentlich erforderlichen Stoff im Stile der Anfängervorlesung vertraut zu machen und sich gegebenenfalls eine Grundlage für weiterführende Literatur oder Vorlesungen zu erarbeiten.
In diesem Sinne stellt das Buch kein reines Vorlesungsskript dar, sondern ein Begleitbuch zur Vorlesung.
Für Verbesserungsvorschläge habe ich den Herren Jürgen Eckhoff und Karl Heinz Mayer zu danken, für Hilfe bei der Korrektur Frau Elisabeth Auer, Frau Christina Zamfirescu sowie den Herren Volker Dietrich, Peter Flach, Fritz Gackstatter und Ronald Jankovics. Das Manuskript hat Frau Bärbel Schulte geschrieben, ihr gilt mein Dank ebenso wie dem Verlag für die gute Zusammenarbeit.

Klaus Habetha

13. Einige Anwendungen der Integralrechnung

I. Integration rationaler Funktionen

Die Integration rationaler Funktionen ist auf dem im Folgenden beschriebenen Wege möglich:

1. Schritt: Man dividiere Zähler und Nenner, so daß man eine Form $R = P_1 + \frac{P_2}{Q_2}$ mit $\operatorname{grad} P_2 < \operatorname{grad} Q_2$ erhält. Die Integration des Polynoms P_1 ist nach Beispiel 12.3 b gegeben. Die Division wird in üblicher Weise ausgeführt:

$$
\begin{array}{l}
(x^3 - 6x^2 + 8x + 1) : (x^2 - 5x + 6) = x - 1, \\
\underline{x^3 - 5x^2 + 6x} \\
\quad - x^2 + 2x + 1 \\
\quad \underline{- x^2 + 5x - 6} \\
\qquad\quad - 3x + 7
\end{array}
$$

so daß

$$\frac{x^3 - 6x^2 + 8x + 1}{x^2 - 5x + 6} = x - 1 + \frac{-3x + 7}{x^2 - 5x + 6}.$$

2. Schritt: Hier wird die *Partialbruchzerlegung* von $\frac{P}{Q}$ mit $\operatorname{grad} P < \operatorname{grad} Q$ durchgeführt, dazu muß man die Nullstellen des Nenners Q kennen. Die Grundlage ist

13.1. Satz: (*Algebraischer Fundamentalsatz in* $\mathbb{C}$):

a) Jedes komplexe Polynom $P(z) = a_n z^n + \ldots + a_0$ hat mindestens eine und höchstens n Nullstellen und ist in der Form $P(z) = a_n (z - z_1)(z - z_2) \ldots (z - z_n)$ darstellbar.

b) Ein reelles Polynom besitzt reelle oder paarweise konjugiert komplexe Nullstellen und eine Darstellung
$P(x) = a_n (x - x_1) \ldots (x - x_r)(x^2 + 2\alpha_1 x + \beta_1) \ldots (x^2 + 2\alpha_m x + \beta_m)$
mit $r + 2m = n$ und $\beta_i > \alpha_i^2$.

Beweis: a) Im Kap. 22 wird die Existenz mindestens einer komplexen Nullstelle gezeigt werden, es folgt $P(z) = (z - z_1) P_1(z)$ mit $\operatorname{grad} P_1 = (\operatorname{grad} P) - 1$ und mit Induktion folgt die angegebene Darstellung.

b) Aus $P(z_1) = 0$ folgt für ein reelles Polynom
$\overline{P(z_1)} = a_n \overline{z}_1^n + \ldots + a_0 = P(\overline{z_1}) = 0$, so daß die Nullstellen entweder reell $(z_1 = \overline{z_1})$ oder paarweise konjugiert komplex sind. Die letzteren geben Anlaß zu Faktoren der Form

$$(x - z_1)(x - \overline{z_1}) = x^2 - 2(\operatorname{Re} z_1)x + |z_1|^2.$$

Nun kann man in $\frac{P}{Q}$ sukzessive den Grad des Nenners erniedrigen, wie im nachstehenden Hilfssatz angegeben. Das ist das Verfahren der *Partialbruchzerlegung*, der Beweis gibt gleichzeitig das Berechnungsverfahren an:

13.2. Hilfssatz: Es sei $\frac{P}{Q}$ mit grad $P <$ grad Q und

$$Q(x) = (x - x_1)^{n_1} \dots (x - x_p)^{n_p} (x^2 + 2\alpha_1 x + \beta_1)^{m_1} \dots$$
$$\dots (x^2 + 2\alpha_p x + \beta_p)^{m_p}$$

gegeben. Dann existieren eindeutig bestimmte reelle Zahlen A, B, C und Polynome P_1, P_2, so daß

a) $\frac{P(x)}{Q(x)} = \frac{A}{(x - x_1)^{n_1}} + \frac{P_1(x)}{Q_1(x)}, \quad Q_1(x) = \frac{Q(x)}{x - x_1}$, grad $P_1 <$ grad Q_1,

b) $\frac{P(x)}{Q(x)} = \frac{Bx + C}{(x^2 + 2\alpha_1 x + \beta_1)^{m_1}} + \frac{P_2(x)}{Q_2(x)}, \quad Q_2(x) = \frac{Q(x)}{x^2 + 2\alpha_1 x + \beta_1}$,

grad $P_2 <$ grad Q_2.

Beweis: Zur Abkürzung sei $n_1 = j$, der Ausdruck in a) gibt bei Multiplikation mit $(x - x_1)^j$

$$\frac{P(x)}{Q(x)} (x - x_1)^j = A + \frac{P_1(x)}{Q_1(x)} (x - x_1)^j.$$

Einsetzen von $x = x_1$ nach Kürzung von $(x - x_1)^j$ links bzw. $(x - x_1)^{j-1}$ rechts liefert

$$A = \frac{P(x_1)}{\tilde{Q}(x_1)} \quad \text{mit} \quad \tilde{Q}(x) = \frac{Q(x)}{(x - x_1)^j}.$$

Damit ist die Eindeutigkeit von A gezeigt, mit diesem A ist weiter

$$\frac{P(x)}{Q(x)} - \frac{A}{(x - x_1)^j} = \frac{1}{(x - x_1)^j} \frac{P(x) - A\tilde{Q}(x)}{\tilde{Q}(x)}.$$

Der Zähler hat nach Definition von A eine Nullstelle in x_1, daher ist $P_1(x) = \frac{P(x) - A\tilde{Q}(x)}{x - x_1}$ nach Kürzung von $(x - x_1)$ ein Polynom mit grad $P_1 \leqq \max\{\text{grad } P, \text{grad } \tilde{Q}\} - 1 < (\text{grad } Q) - 1 = \text{grad } Q_1$.
Für den Fall b) verfährt man entsprechend (sei $m_1 = k$):

$$Bx + C = \left(\frac{P(x)}{Q(x)} - \frac{P_2(x)}{Q_2(x)}\right) (x^2 + 2\alpha_1 x + \beta_1)^k$$

$$= \frac{P(x)}{\tilde{\tilde{Q}}(x)} - \frac{P_2(x)}{Q_2(x)} (x^2 + 2\alpha_1 x + \beta_1)^k$$

$$\text{mit } \tilde{\tilde{Q}}(x) = \frac{Q(x)}{(x^2 + 2\alpha_1 x + \beta_1)^k}.$$

Einsetzen von z_1 und $\bar{z}_1$ ergibt

$$Bz_1 + C = \frac{P(z_1)}{\tilde{\tilde{Q}}(z_1)}, \qquad B\bar{z}_1 + C = \frac{P(\bar{z}_1)}{\tilde{\tilde{Q}}(\bar{z}_1)}.$$

Hieraus errechnet man B und C zu

$$B = \frac{\operatorname{Im}\{P(z_1)/\tilde{\tilde{Q}}(z_1)\}}{\operatorname{Im} z_1}, \qquad C = -\frac{\operatorname{Im}\{\bar{z}_1 P(z_1)/\tilde{\tilde{Q}}(z_1)\}}{\operatorname{Im} z_1}.$$

Wie vorher folgt grad $P_2 <$ grad Q_2 für

$$P_2(x) = \frac{P(x) - (Bx + C)\,\tilde{\tilde{Q}}(x)}{x^2 + 2\alpha_1 x + \beta_1}$$

nach Kürzung des Nenners.

3. Schritt: Integration der in der Partialbruchzerlegung vorkommenden Ausdrücke:

$$\int_z^y \frac{A\,dx}{(x - x_1)^j} = \frac{A}{-j+1}(x - x_1)^{-j+1} \Big|_y^z \quad \text{für } j \neq 1 \text{ und}$$

$$\int_z^y \frac{A}{x - x_1}\,dx = A \ln|x - x_1| \Big|_y^z \quad \text{für } x, y \text{ beide in }]x_1, \infty[$$

oder in $]-\infty, x_1[$ nach Beispiel 12.3a und

$$\int_z^y \frac{Bx + C}{(x^2 + 2\alpha x + \beta)^k}\,dx = \frac{B}{2}\int_z^y \frac{2x + 2\alpha}{(x^2 + 2\alpha x + \beta)^k}\,dx + (C - B\alpha)\int_z^y \frac{dx}{(x^2 + 2\alpha x + \beta)^k}.$$

Nach Beispiel 12.3j ist

$$\int_z^y \frac{2x + 2\alpha}{(x^2 + 2\alpha x + \beta)^k}\,dx = \frac{1}{-k+1}(x^2 + 2\alpha x + \beta)^{-k+1} \Big|_z^y \quad \text{für } k \neq 1$$

und

$$\int_z^y \frac{2x + 2\alpha}{x^2 + 2\alpha x + \beta}\,dx = \ln(x^2 + 2\alpha x + \beta) \Big|_z^y.$$

In dem letzten verbleibenden Integral macht man wegen

$$x^2 + 2\alpha x + \beta = (\beta - \alpha^2)\left[\left(\frac{x + \alpha}{\sqrt{\beta - \alpha^2}}\right)^2 + 1\right]$$

die für alle x und t zulässige Substitution

$$t = \frac{x + \alpha}{\sqrt{\beta - \alpha^2}}$$

und hat noch

$$I_k := \int_{z'}^{y'} \frac{dt}{(t^2 + 1)^k}$$

zu integrieren. Mit partieller Integration folgt

$$I_k = \int_{z'}^{y'} \frac{1+t^2-t^2}{(t^2+1)^k}\,dt = I_{k-1} - \left[\frac{t}{2(-k+1)(t^2+1)^{k-1}}\Big|_{z'}^{y'} - \frac{1}{2}\int_{z'}^{y'} \frac{dt}{(-k+1)(t^2+1)^{k-1}}\right]$$

$$= \frac{2k-3}{2(k-1)}\, I_{k-1} + \frac{t}{2(k-1)(t^2+1)^{k-1}}\Big|_{z'}^{y'}.$$

Damit sind die I_k sukzessive auf $I_1 = \text{Arc tan } t\,\Big|_{z'}^{x'}$ zurückgeführt.

13.3. Beispiele:

Weitere Beispiele finden sich in den nachfolgenden Abschnitten.

a) Es sei

$$R(x) = \frac{(x^2+2)(x-1)}{x^2(x^2+1)}.$$

Man erhält

$$R(x) = -\frac{2}{x^2} + \frac{x^2+x+2}{x(x^2+1)} = -\frac{2}{x^2} + \frac{2}{x} + \frac{-x+1}{x^2+1}$$

und

$$\int_z^y R(x)\,dx = \left(\frac{2}{x} + 2\ln|x|\right)\Big|_z^y \quad -\frac{1}{2}\int_z^y \frac{2x}{x^2+1}\,dx + \int_z^y \frac{dx}{x^2+1}$$

$$= \left(\frac{2}{x} + 2\ln|x| - \frac{1}{2}\ln(x^2+1) + \text{Arc tan } x\right)\Big|_z^y$$

b) Es sei

$$R(x) = \frac{x^3-4x^2+6x-5}{x^2-3x+2}.$$

Man erhält

$$R(x) = x - 1 + \frac{x-3}{(x-1)(x-2)} = x - 1 + \frac{2}{x-1} - \frac{1}{x-2}$$

und

$$\int_z^y R(x)\,dx = \left(\frac{x^2}{2} - x + 2\ln|x-1| - \ln|x-2|\right)\Big|_z^y.$$

II. Rationalisierung

Weitere Funktionenklassen lassen sich durch Zurückführung auf rationale Funktionen integrieren. Dafür seien die drei wichtigsten Klassen angeführt, es folgen Beispiele. $R(x, y)$ ist im folgenden stets eine rationale Funktion in x und y.

13.4. Hilfssatz:

$$\int_z^y R(\cos x,\ \sin x)\,dx$$

läßt sich stets durch die Substitution

$x = 2\,\text{Arc tan } t,\ \ t = \tan\frac{x}{2},\ \ x \in\,]-\pi, \pi[$

in ein Integral über eine rationale Funktion von t transformieren.

Insbesondere gilt

$$\frac{dx}{dt} = \frac{2}{1+t^2}, \quad \cos x = \frac{1-t^2}{1+t^2}, \quad \sin x = \frac{2t}{1+t^2}.$$

Es ist nicht gesagt, daß dies die geschickteste Integrationsmethode ist (vergleiche Beispiele 12.3d, e, j). Für andere Zweige des Arcus Tangens kann man andere Intervalle für x bekommen.

Beweis: Wegen $\frac{dx}{dt} = \frac{2}{1+t^2} > 0$ ist x eine streng monoton wachsende Funktion von t und die Substitution ist zulässig nach Satz 12.4c. Ferner ist

$$\cos x = \frac{\cos^2\frac{x}{2} - \sin^2\frac{x}{2}}{\cos^2\frac{x}{2} + \sin^2\frac{x}{2}} = \frac{1-t^2}{1+t^2}, \qquad \sin x = \frac{2\sin\frac{x}{2}\cos\frac{x}{2}}{\cos^2\frac{x}{2} + \sin^2\frac{x}{2}} = \frac{2t}{1+t^2}.$$

Setzt man dies ein, so folgt die Behauptung, da

$R\left(\frac{1-t^2}{1+t^2}, \frac{2t}{1+t^2}\right)\frac{2}{1+t^2}$ eine rationale Funktion in t ist.

13.5. Hilfssatz: $\int\limits_z^y R(x, \sqrt[k]{ax+b})\,dx$

läßt sich durch die Substitution

$t = \sqrt[k]{ax+b}, \quad x = \frac{t^k - b}{a}$ für $ax + b > 0$

in ein Integral über eine rationale Funktion von t transformieren.

Beweis: Wegen $\frac{dx}{dt} = \frac{k}{a}t^{k-1} \neq 0$ ist die Substitution zulässig und $R\left(\frac{t^k - b}{a}, t\right)\frac{k}{a}t^{k-1}$ ist eine rationale Funktion in t.

13.6. Hilfssatz: $\int\limits_z^y R(x, \sqrt{ax^2+bx+c})\,dx$

läßt sich wie folgt in ein Integral über eine rationale Funktion von t transformieren $(a \neq 0)$:

1. Fall: $b^2 - 4ac > 0$: x_1, x_2 seien die Wurzeln von $ax^2 + bx + c = 0$, es sei $x_2 < x_1$. Dann setze man

$$t = \sqrt{a\frac{x - x_1}{x - x_2}} = \frac{\sqrt{ax^2+bx+c}}{x - x_2}, \quad x = \frac{t^2x_2 - ax_1}{t^2 - a}, \quad \frac{dx}{dt} = \frac{2ta(x_1 - x_2)}{(t^2 - a)^2}$$

mit $x_2 < x < x_1$ für $a < 0$ und $x > x_1$ für $a > 0$ (für $x < x_2$ ist hier geringfügig zu modifizieren).

2. Fall: $b^2 - 4ac < 0$: Man setze (wegen $a > 0$) für alle x

$$t = \sqrt{ax^2+bx+c} + x\sqrt{a}, \quad x = \frac{t^2 - c}{2t\sqrt{a} + b}, \quad \frac{dx}{dt} = \frac{2t^2\sqrt{a} + 2tb + 2c\sqrt{a}}{(2t\sqrt{a} + b)^2}.$$

Diese Methode ist auch im 1. Fall für $a > 0$ anwendbar.

Es sei bemerkt, daß in diesem Hilfssatz für $b^2 = 4ac$ eine Doppelwurzel vorliegt und der Integrand daher von vornherein rational ist. Entsprechende Integrale mit Polynomen 3. oder 4. Grades unter der Wurzel heißen *elliptische Integrale*. Sie lassen sich nur auf gewisse tabellierte Normalintegrale zurückführen, sind aber nicht in geschlossener Form integrierbar.

Beweis:

1. Fall: Wegen $b^2 - 4ac > 0$ sind die Nullstellen von $ax^2 + bx + c = a(x - x_1)(x - x_2)$ reell. Dann ist $a\frac{x - x_1}{x - x_2} = \frac{a(x - x_1)(x - x_2)}{(x - x_2)^2} > 0$ für $a < 0$, wenn $x_2 < x < x_1$ und für $a > 0$, wenn $x > x_1$ oder $x < x_2$. Für diese x ist t erklärt, $\frac{dx}{dt} \neq 0$, so daß eine zulässige Substitution vorliegt. Ferner ist $\sqrt{ax^2 + bx + c} = (x - x_2)t$ für $x > x_2$, so daß $R(x, \sqrt{ax^2 + bx + c})$ in eine rationale Funktion von t übergeht. Für $x < x_2$ im Fall $a > 0$ müßte man $t = -\sqrt{a\frac{x - x_1}{x - x_2}}$ setzen.

2. Fall: Jetzt sind die Nullstellen von $ax^2 + bx + c$ komplex und es muß $a > 0$ sein, wenn die Wurzel reell sein soll. Dann ist $t = \sqrt{ax^2 + bx + c} + x\sqrt{a}$ für alle x erklärt und wegen $x = \frac{t^2 - c}{2t\sqrt{a} + b}$ ist $\frac{dx}{dt}(2t\sqrt{a} + b)^2 = 2(t^2\sqrt{a} + tb + c\sqrt{a}) > 0$,

da die Nullstellen hier wieder komplex sind. Daher ist die Substitution zulässig und wegen $\sqrt{ax^2 + bx + c} = t - \sqrt{a}\,\frac{t^2 - c}{2t\sqrt{a} + b}$ wird das Integral rational in t. Wendet man diese Substitution im 1. Fall für $a > 0$ an, so folgt $dx/dt > 0$ wegen der dann notwendigen Beschränkung der Werte von x und t.

13.7. Beispiele:

a) $\int_z^y \frac{dx}{a \sin x + b}$, hier kann $b \neq 0$ und damit $b = 1$ vorausgesetzt werden, sonst siehe Beispiel 12.3 j. Für

$$I = \int_z^y \frac{dx}{1 + a \sin x}$$

ergibt die Transformation des Hilfssatzes 13.4 im Intervall $]-\pi, \pi[$

$$I = 2\int_{z'}^{y'} \frac{dt}{1 + t^2 + 2ta} = 2\int_{z'}^{y'} \frac{dt}{(t + a)^2 + 1 - a^2} \quad \text{mit } y' = \tan\frac{y}{2},\ z' = \tan\frac{z}{2}.$$

Je nach Größe von a ergeben sich drei Fälle:

$$|a| < 1: \quad I = \frac{2}{1 - a^2}\int_{z'}^{y'} \frac{dt}{1 + \left(\frac{t + a}{\sqrt{1 - a^2}}\right)^2} = \frac{2}{\sqrt{1 - a^2}} \operatorname{Arc\,tan} \frac{t + a}{\sqrt{1 - a^2}}\Bigg|_{z'}^{y'}$$

$$|a| = 1: \qquad I = 2 \int_{z'}^{y'} \frac{dt}{(t+a)^2} = -\frac{2}{t+a}\Big|_{z'}^{y'}$$

$$|a| > 1: \qquad I = 2 \int_{z'}^{y'} \frac{dt}{(t+a+\sqrt{a^2-1})\,(t+a-\sqrt{a^2-1})}$$

$$= \frac{1}{\sqrt{a^2-1}} \int_{z'}^{y'} \left(\frac{1}{t+a-\sqrt{a^2-1}} - \frac{1}{t+a+\sqrt{a^2-1}}\right) dt$$

$$= \frac{1}{\sqrt{a^2-1}} \ln \left| \frac{t+a-\sqrt{a^2-1}}{t+a+\sqrt{a^2-1}} \right| \Big|_{z'}^{y'}.$$

Jeweils ist noch $t = \tan \frac{x}{2}$ einzusetzen und in den letzten beiden Fällen sind nur die Teilintervalle von $]-\pi, \pi[$ zulässig, in denen $1 + a \sin x \neq 0$ ist.

b) $$I = \int_z^y \frac{x + \sqrt[3]{x-1}}{\frac{x}{2} - \sqrt[3]{x-1}}\, dx.$$

Entsprechend Hilfssatz 13.5 setze man für $x > 1$

$$t = \sqrt[3]{x-1}, \qquad x = t^3 + 1, \qquad \frac{dx}{dt} = 3t^2;$$

$$I = 6 \int_{z'}^{y'} \frac{t^3+t+1}{t^3-2t+1}\, t^2 dt.$$

Hier ist eine Partialbruchzerlegung durchzuführen, es ist
$t^3 - 2t + 1 = (t-1)(t-t_1)(t-t_2)$ mit $t_{1,2} = \frac{1}{2}(-1 \pm \sqrt{5})$. Es ergibt sich

$$\frac{t^5+t^3+t^2}{t^3-2t+1} = t^2 + 3 + \frac{6t-3}{t^3-2t+1} = t^2 + 3 + \frac{3}{t-1} - \frac{3t}{t^2+t-1}$$

$$= t^2 + 3 + \frac{3}{t-1} - \frac{3t_1}{\sqrt{5}\,(t-t_1)} + \frac{3t_2}{\sqrt{5}\,(t-t_2)}$$

und damit

$$I = \left(2t^3 + 18t + 18 \ln|t-1| - \frac{18t_1}{\sqrt{5}} \ln|t-t_1| + \frac{18t_2}{\sqrt{5}} \ln|t-t_2|\right)\Big|_{z'}^{y'}$$

sowie

$$I = (2(x-1) + 18\sqrt[3]{x-1} + 18 \ln|\sqrt[3]{x-1} - 1|$$
$$+ \frac{9}{\sqrt{5}}(1-\sqrt{5}) \ln|\sqrt[3]{x-1} - t_1| - \frac{9}{\sqrt{5}}(1+\sqrt{5}) \ln|\sqrt[3]{x-1} - t_2|)\Big|_z^y.$$

c) $$I = \int_z^y \sqrt{1-x^2}\, dx.$$

Die Nullstellen von $1 - x^2$ sind reell und der Faktor von x^2 ist negativ, also ist der 1. Fall von Hilfssatz 13.6 anzuwenden: $x_1 = 1,\ x_2 = -1$,

$$t = \sqrt{\frac{1-x}{1+x}}, \quad x = \frac{1-t^2}{1+t^2}, \quad \frac{dx}{dt} = \frac{-4t}{(1+t^2)^2}.$$

Für $x \in\ ]-1, 1[$ folgt wegen $\sqrt{1-x^2} = t(1+x)$

$$I = \int_{z'}^{y'} t\left(1 + \frac{1-t^2}{1+t^2}\right) \frac{-4t}{(1+t^2)^2}\, dt = -8 \int_{z'}^{y'} \frac{t^2+1-1}{(1+t^2)^3}\, dt = -8\,(I_2 - I_3)$$

mit den Bezeichnungen des Abschnittes I. Die dortige Rekursionsformel liefert

$$I = -8\left(I_2 - \tfrac{3}{4} I_2 - \frac{t}{4(t^2+1)^2} \Big|_{z'}^{y'}\right)$$

$$= -2\left(\tfrac{1}{2} I_1 + \frac{t}{2(t^2+1)} \Big|_{z'}^{y'}\right) + \frac{8t}{4(t^2+1)^2} \Big|_{z'}^{y'}$$

$$= \left(-\operatorname{Arc\,tan} t - \frac{t}{t^2+1} + \frac{2t}{(t^2+1)^2}\right) \Big|_{z'}^{y'}$$

$$= \left(-\operatorname{Arc\,tan} \sqrt{\frac{1-x}{1+x}} - \sqrt{\frac{1-x}{1+x}} \cdot \frac{1+x}{2} + 2\sqrt{\frac{1-x}{1+x}}\ \frac{(1+x)^2}{4}\right) \Big|_z^y$$

$$= \left(-\operatorname{Arc\,tan} \sqrt{\frac{1-x}{1+x}} + \frac{x}{2} \sqrt{1-x^2}\right) \Big|_z^y.$$

Dieses Integral ist auch auf andere Art lösbar, man erhält, da $f(x) = \sqrt{1-x^2}$ die Peripherie des Kreises vom Radius 1 um den Nullpunkt beschreibt, für die Fläche des Kreises wegen $\tan \frac{\pi}{4} = 1$

$$F = 4 \int_0^1 \sqrt{1-x^2}\, dx = 4\left[-\operatorname{Arc\,tan} \sqrt{\frac{1-x}{1+x}} + \frac{x}{2}\sqrt{1-x^2}\right] \Big|_0^1$$

$$= 4 \operatorname{Arc\,tan} 1 = \pi.$$

Dies erledigt Beispiel 7.1 b.

III. Einfache Typen gewöhnlicher Differentialgleichungen.

Ein sehr wichtiger Typus mathematischer Modelle physikalischer Vorgänge ist die Differentialgleichung. Als *gewöhnliche Differentialgleichung* bezeichnet man eine Gleichung $F(x, f(x), f'(x), \ldots, f^{(n)}(x)) = 0$, in der eine Funktion $F : \mathbb{R}^{n+2} \to \mathbb{R}$ gegeben und eine Funktion $f : I \to \mathbb{R}$ in einem geeigneten Intervall $I \subseteq \mathbb{R}$ gesucht ist, so daß die obige Gleichung für alle $x \in I$ erfüllt ist. f heißt dann Lösung in I, n heißt Ordnung der Differentialgleichung. Häufig wird für f der Buchstabe y gewählt, für x auch t und in diesem Fall für f auch x geschrieben.

13.8. Beispiele:

a) In der Newtonschen Mechanik lautet das Grundgesetz der Bewegung eines Massenpunktes, daß die Beschleunigung $\ddot{\mathfrak{x}}$ multipliziert mit der Masse m gleich der wirkenden Kraft $\mathfrak{k}$ ist: $m\ddot{\mathfrak{x}} = \mathfrak{k}$. Damit kann bei Kenntnis der Kraft auf die Bewegung geschlossen werden (vorerst seien nur eindimensionale Bewegungen in Betracht gezogen: $m\ddot{x} = k$).

aa) Freier Fall: Bei auf den Erdmittelpunkt gerichteter x-Achse ist $k = mg$ bei vernachlässigter Reibung; berücksichtigt man letztere, so kann man $k = mg - \alpha\dot{x}$ oder $k = mg - \alpha\dot{x} - \beta\dot{x}^2$ annehmen und erhält

$$m\ddot{x} + \alpha\dot{x} + \beta\dot{x}^2 = mg.$$

ab) Schwingung eines elastisch aufgehängten Massenpunktes: Von der Rückstellkraft wird im allgemeinen angenommen, daß sie proportional zur Auslenkung ist: $k = -c^2x$, bei Berücksichtigung der Schwerkraft: $k = -c^2x + mg$. Man erhält

$$m\ddot{x} + c^2x = mg.$$

b) In einem elektrischen Schwingungskreis (Abb. 13.1.) sei μ die Selbstinduktion, ρ der Widerstand, $1/\kappa$ die Kapazität und φ die von außen angelegte Spannung. Ist V die Spannung am Kondensator und Q die Ladung, so gilt $V = \kappa Q$. Die Stromstärke J ist definiert als Änderung der Ladung pro Zeiteinheit, also $J = -\dot{Q}$. Schließlich ist nach dem Ohmschen Gesetz Stromstärke mal Widerstand gleich der herrschenden Spannung, also V vermehrt um die äußere Spannung φ und vermindert um die Gegenspannung der Selbstinduktion $\mu\dot{J}$: $\rho J = V - \mu\dot{J} + \varphi$. Zusammen ergeben die Gleichungen

$$\ddot{V} + \frac{\rho}{\mu}\dot{V} + \frac{\kappa}{\mu}V = -\frac{\kappa}{\mu}\varphi,$$

das ist eine ähnliche Differentialgleichung wie unter ab).

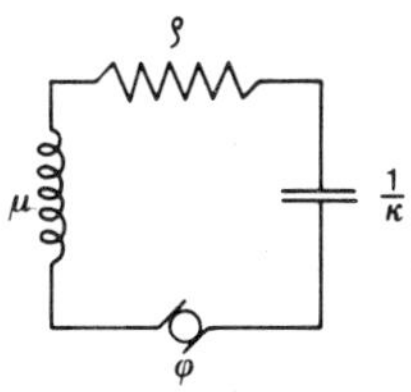

Abb. 13.1

c) In einer Lösung reagieren zwei Stoffe A und B miteinander, das Ergebnis ist ein Stoff C. Es wird angenommen, daß die Reaktionsgeschwindigkeit $\dot{C}$ proportional zu den Konzentrationen von A und B ist. Wird zur Bildung von C der Anteil αC von A und βC von B mit $\alpha + \beta = 1$ benötigt, so erhält man eine Gleichung

$$\dot{C} = \gamma(A - \alpha C)(B - \beta C).$$

Es sollen nun einige Typen von Differentialgleichungen behandelt werden. Es wird sich zeigen, daß eine Differentialgleichung im allgemeinen sehr viele Lösungen besitzt. Um hier eine bestimmte Lösung auszusondern, kann man z. B. bei einer Gleichung 1. Ordnung eine Lösung f mit $f(x_0) = y_0$ suchen, bei einer Gleichung 2. Ordnung ein f mit $f(x_0) = y_0$, $f'(x_0) = y_1$, diese Probleme heißen *Anfangswertprobleme*. In den folgenden Betrachtungen seien alle auftretenden Funktionen stetig, sie seien stetig differenzierbar, wenn ihre Ableitungen vorkommen usw.

A. Differentialgleichung mit getrennten Veränderlichen

13.9. Definition und Satz: Die Differentialgleichung

$$y'(x) = g(x)\, f(y(x)) \quad \text{für } x \in I$$

mit gegebenen Funktionen g und f heißt *Differentialgleichung mit getrennten Veränderlichen*. Ihre Lösungen erhält man auf folgende Weise:

Ist $f(y_0) = 0$, so ist $y = y_0$ eine Lösung, speziell die Lösung des Anfangswertproblems $y(x_0) = y_0$ für $x_0 \in I$. Ist $f(y) \neq 0$ für alle y aus einem Intervall J, so stellt

$$\int_{y_0}^{y} \frac{ds}{f(s)} = \int_{x_0}^{x} g(t)\, dt$$

für $y, y_0 \in J$ und $x_0, x \in I$ eine Lösung in folgendem Sinn dar: Die linke Seite ist eine Funktion $h : J \to \mathbb{R}$ mit $h'(y) = \frac{1}{f(y)} \neq 0$ in J, daher existiert die Umkehrfunktion von h und

$$y(x) = h^{-1}\left(\int_{x_0}^{x} g(t)\, dt\right)$$

ist die Lösung der Differentialgleichung und des Anfangswertproblems $y(x_0) = y_0$.

Für die eindeutige Bestimmtheit der Lösung des Anfangswertproblems muß auf Kap. 21 verwiesen werden, dazu muß f etwa stetig differenzierbar sein.

Beweis: Da $y = y_0$ die Ableitung 0 hat, wird die Differentialgleichung für $f(y_0) = 0$ erfüllt. Bildet man für $y(x) = h^{-1}\left(\int_{x_0}^{x} g\, dt\right)$ die Ableitung y', so erhält man

$$y'(x) = \frac{1}{h'(y(x))}\, g(x) = f(y(x))\, g(x)$$

und $y(x_0) = h^{-1}(0) = y_0$.

13.10. Beispiele:

a) $y'(x) = g(x)$, also ist $y(x) = \int_{x_0}^{x} g\,dt + y(x_0)$

Hier wird Beispiel 13.8aa erfaßt: Freier Fall ohne Reibung:

$$\ddot{x}(t) = g, \quad \dot{x}(t) = gt + C_1, \quad x(t) = \tfrac{1}{2} g\, t^2 + C_1 t + C_2.$$

Die Konstanten C_1 und C_2 dienen zur Anpassung an die Anfangsbedingungen.

b) Das Beispiel 13.8c fällt auch unter diesen Typ:

$$y' = \gamma (A - \alpha y)(B - \beta y).$$

Es gibt zwei konstante Lösungen $y = \frac{A}{\alpha}$, $y = \frac{B}{\beta}$ und außerdem

$$\int_{y_0}^{y} \frac{ds}{(A - \alpha s)(B - \beta s)} = \gamma (x - x_0).$$

Die Partialbruchzerlegung der linken Seite führt gemäß Hilfssatz 13.2 zu

$$\frac{1}{(A - \alpha y)(B - \beta y)} = \frac{a}{A - \alpha y} + \frac{b}{B - \beta y}$$

mit

$$a = \frac{\alpha}{\alpha B - \beta A}, \qquad b = \frac{\beta}{\beta A - \alpha B}.$$

Also erhält man für die Lösungen der Differentialgleichung

$$\frac{1}{\alpha B - \beta A} \left(-\ln |A - \alpha y(x)| + \ln |B - \beta y(x)| \right) = \gamma x + C$$

oder

$$\frac{B - \beta y(x)}{A - \alpha y(x)} = C_0 e^{\gamma (\alpha B - \beta A) x}$$

mit einer neuen Konstanten C_0. Für $C_0 = 0, \infty$ werden hier auch die konstanten Lösungen eingeschlossen,

$$y(x) = \frac{B - AC_0\, e^{\gamma(\alpha B - \beta A) x}}{\beta - \alpha C_0\, e^{\gamma(\alpha B - \beta A) x}}.$$

C_0 wird durch die Anfangskonzentration des Stoffes C festgelegt, für $y(0) = 0$ ergibt sich $C_0 = \frac{B}{A}$ und

$$y(x) = AB \frac{1 - e^{\gamma(\alpha B - \beta A) x}}{\beta A - \alpha B e^{\gamma(\alpha B - \beta A) x}}.$$

c) Auch der freie Fall mit Reibung (Beispiel 13.8aa) läßt sich so erledigen:

$$\ddot{x} = g - \gamma \dot{x} - \delta \dot{x}^2.$$

Setzt man hilfsweise $\dot{x} = y$, so erhält man

$$\dot{y} = g - \gamma y - \delta y^2.$$

Da $g, \gamma, \delta \geqq 0$, sind die Nullstellen rechts reell.

$$y_{1,2} = \frac{-\gamma \pm \sqrt{\gamma^2 + 4g\delta}}{2\delta},$$

falls $\delta \neq 0$, sonst ist $y_1 = \frac{g}{\gamma}$. Man hat $y = y_1$ und $y = y_2$ sowie

$$\int_{y_0}^{y} \frac{ds}{(s - y_1)(s - y_2)} = -\delta t + C$$

mit ähnlichen Überlegungen wie unter b). Daher sei hier nur der Fall $\delta = 0$, $\gamma \neq 0$ weiterverfolgt: $y = \frac{g}{\gamma}$ und

$$-\frac{1}{\gamma} \ln |g - \gamma s| \Big|_{y_0}^{y} = \int_{y_0}^{y} \frac{ds}{g - \gamma s} = t - t_0$$

oder

$$y(t) = \frac{g}{\gamma} - C e^{-\gamma t}$$

mit einer Konstanten C, die konstante Lösung ist für $C = 0$ enthalten. Man hat also eine Grenzgeschwindigkeit $\frac{g}{\gamma}$, die exponentiell angenähert wird. Für die Bewegung selbst gilt

$$x(t) = \frac{g}{\gamma} t + \frac{C}{\gamma} e^{-\gamma t} + C_1.$$

d) Die Differentialgleichung $y'(x) = f(ax + by + c)$ läßt sich durch $z = ax + by + c$ in die Form der getrennten Variablen überführen (nur $b \neq 0$ ist von Belang):

$$z' = a + bf(z).$$

e) Die homogene Differentialgleichung $y'(x) = f\left(\frac{y(x)}{x}\right)$ läßt sich durch $z = \frac{y}{x}$ auf getrennte Variable transformieren:

$$xz'(x) = -z(x) + f(z(x)).$$

B. Lineare Differentialgleichung 1. Ordnung.

13.11. Definition und Satz: Die Differentialgleichung

$$y' + py + q = 0$$

mit gegebenen Funktionen p und q heißt *lineare Differentialgleichung 1. Ordnung* (y kommt nur in der ersten Potenz vor), für $q = 0$ heißt sie homogen.

a) Zwei Lösungen unterscheiden sich um eine Lösung der homogenen Gleichung, daher kann man alle Lösungen in der Form $y = y_h + y_p$ mit einer festen, sog. partikulären Lösung y_p der Differentialgleichung und einer beliebigen Lösung y_h der zugehörigen homogenen Gleichung schreiben.

b) Die Lösung des Anfangswertproblems $y(x_0) = y_0$ bei beliebigem x_0 im gegebenen Intervall und $y_0 \in \mathbb{R}$ lautet

$$y(x) = e^{-\int_{x_0}^{x} p\,dt} \{y_0 - \int_{x_0}^{x} q(t)\, e^{\int_{x_0}^{t} p\,d\tau} dt\}.$$

Beweis: a) Sind y_1 und y_2 Lösungen, so gilt $(y_1 - y_2)' = p(y_1 - y_2)$, die Differenz ist also Lösung der zugehörigen homogenen Gleichung.

b) Die Lösung der homogenen Gleichung $y' + py = 0$ ergibt sich über Trennung der Variablen: $y = 0$ oder

$$\int_{y_0}^{y} \frac{ds}{s} = -\int_{x_0}^{x} p(t)\,dt \quad \text{oder} \quad y(x) = C \exp(-\int_{x_0}^{x} p(t)\,dt)$$

mit einer beliebigen Konstanten C, für $C = 0$ ist auch $y = 0$ enthalten. Eine partikuläre Lösung sucht man durch Variation der Konstanten zu gewinnen: Man faßt hilfsweise C als Funktion von x auf und sucht es so zu bestimmen, daß man insgesamt eine Lösung der Differentialgleichung erhält:

$$y(x) = C(x) \exp(-\int_{x_0}^{x} p\,dt)$$

liefert durch Einsetzen

$$[C'(x) - p(x)\,C(x) + p(x)\,C(x)] \exp(-\int_{x_0}^{x} p\,dt) + q(x) = 0$$

oder

$$C(x) = -\int_{x_0}^{x} q(t) \exp(\int_{x_0}^{t} p\,d\tau)\,dt + c.$$

Wählt man die Konstante $c = y_0$, so ergibt sich die Lösung des Anfangswertproblems.

13.12. Beispiele:

a) Für den freien Fall mit Reibung (Beispiel 13.8 aa) $\ddot{x} + \gamma\dot{x} - g = 0$ erhält man mit $y = \dot{x}$ eine lineare Differentialgleichung 1. Ordnung für y: $\dot{y} + \gamma y - g = 0$, die Lösung lautet also:

$$y(x) = e^{-\gamma(x - x_0)} (y_0 + g \int_{x_0}^{x} e^{\gamma(t - x_0)}\,dt)$$

$$= \frac{g}{\gamma} + Ce^{-\gamma x}$$

wie in Beispiel 13.10c mit anderen Mitteln bestimmt.

b) Die *Bernoullische Differentialgleichung*

$$y' + py + qy^{\alpha} = 0, \quad \alpha \neq 1,$$

geht durch $z = y^{1-\alpha}$ über in die lineare Differentialgleichung

$$z' + (1 - \alpha)\,pz + (1 - \alpha)\,q = 0.$$

C. Lineare Differentialgleichung 2. Ordnung mit konstanten Koeffizienten

13.13. Definition und Satz: Die Differentialgleichung

$$y'' + 2a\,y' + by = f$$

mit Konstanten a, b und einer gegebenen Funktion f heißt *lineare Differentialgleichung 2. Ordnung mit konstanten Koeffizienten,* ist $f = 0$, so heißt sie außerdem homogen. Andere Bezeichnung: *Schwingungsgleichung,* für $a = 0$ ungedämpft, für $a \neq 0$ gedämpft.

a) Zwei Lösungen unterscheiden sich um eine Lösung der zugehörigen homogenen Gleichung, so daß sich jede Lösung in der Form $y = y_h + y_p$ schreiben läßt mit einer partikulären Lösung y_p und einer beliebigen Lösung y_h der homogenen Gleichung.

b) Sind $r_{1,2} = -a \pm \sqrt{a^2 - b}$ die Lösungen der determinierenden Gleichung $r^2 + 2ar + b = 0$, so haben alle Lösungen der homogenen Gleichung die folgende Form (C_1, C_2 sind beliebige Konstanten):

$a^2 > b$: $y_h(x) = C_1 e^{r_1 x} + C_2 e^{r_2 x}$

$a^2 = b$: $y_h(x) = C_1 e^{-ax} + C_2 x e^{-ax}$

$a^2 < b$: $y_h(x) = e^{-ax}(C_1 \cos\sqrt{b - a^2}\,x + C_2 \sin\sqrt{b - a^2}\,x)$.

Mit den Lösungen der homogenen Gleichungen kann jedes Anfangswertproblem eindeutig gelöst werden.

Auf die Bestimmung von partikulären Lösungen der inhomogenen Gleichung wird weiter unten eingegangen.

Beweis:

a) analog zu 13.11a.

b) Mit dem Ansatz $y(x) = e^{rx}$ erhält man $(r^2 + 2ar + b)\,e^{rx} = 0$, also als notwendige Bedingung $r^2 + 2ar + b = 0$. Da für die homogene Gleichung mit y_1, y_2 auch $C_1 y_1 + C_2 y_2$ Lösung ist, ist erst einmal für

$$a^2 > b \qquad y_h(x) = C_1 e^{r_1 x} + C_2 e^{r_2 x}.$$

Für das Anfangswertproblem $y(x_0) = y_0$, $y'(x_0) = y_1$ muß man

$$C_1 e^{r_1 x_0} + C_2 e^{r_2 x_0} = y_0$$
$$C_1 r_1 e^{r_1 x_0} + C_2 r_2 e^{r_2 x_0} = y_1$$

lösen, die Determinante ist $(r_2 - r_1)\,e^{(r_1 + r_2)\,x_0} \neq 0$. Gäbe es nun weitere Lösungen der homogenen Gleichung, so könnte man die Differenz z zu einer Lösung der obigen Form betrachten, die dann die Anfangswerte Null hat. Solche Lösung muß aber 0 sein, wie in Kap. 21 im allgemeineren Zusammenhang gezeigt werden wird.
$a^2 = b$: Hier hat man nur $y_h(x) = C_1 e^{r_1 x}$, eine zweite Lösung ist $y_2(x) = C_2 x e^{r_1 x}$, man kann sie z. B. durch Variation der Konstanten gewinnen. Das Anfangswertproblem ist eindeutig lösbar, denn

$$C_1 e^{r_1 x_0} + C_2 x_0 e^{r_1 x_0} = y_0$$
$$C_1 r_1 e^{r_1 x_0} + C_2 (1 + r_1 x_0) e^{r_1 x_0} = y_1$$

hat die Determinante $e^{2 r_1 x_0} \neq 0$.

$a^2 < b$: Jetzt sind $e^{r_1 x}$ und $e^{r_2 x}$ komplexe Funktionen. Da es sich um eine reelle Gleichung handelt, müssen aber auch Real- und Imaginärteil einzeln Lösung sein, daher

$$y_h(x) = e^{-ax} (C_1 \cos \sqrt{b - a^2}\, x + C_2 \sin \sqrt{b - a^2}\, x).$$

Das Anfangswertproblem ist lösbar, da mit $\omega = \sqrt{b - a^2}$

$$(C_1 \cos \omega x_0 + C_2 \sin \omega x_0)\, e^{-ax_0} = y_0$$
$$(C_1 (-a \cos \omega x_0 - \omega \sin \omega x_0) + C_2 (-a \sin \omega x_0 + \omega \cos \omega x_0))\, e^{-ax_0} = y_1$$

die Determinante $e^{-2ax_0}\, \omega \neq 0$ hat.

Physikalisch interessant sind nur die Fälle, in denen die auftretenden Faktoren von x im Exponenten der e-Funktion negativ sind. Es handelt sich dann um auslaufende Einschwingungsvorgänge, während der Dauervorgang durch die partikuläre Lösung geliefert wird: Die Eigenschwingungen eines gedämpften Systems können nach einiger Zeit vernachlässigt werden. Die möglichen Kurvenbilder für y_h sind, soweit reine Exponentialfunktionen vorkommen, aus deren Verhalten abzulesen. Die Funktion $y(x) = xe^{-x}$ ist im Beispiel 11.14b diskutiert worden. Für den eigentlichen Schwingungsfall läuft y_h zwischen $\pm e^{-ax}$ hin und her (Abb. 13.2).

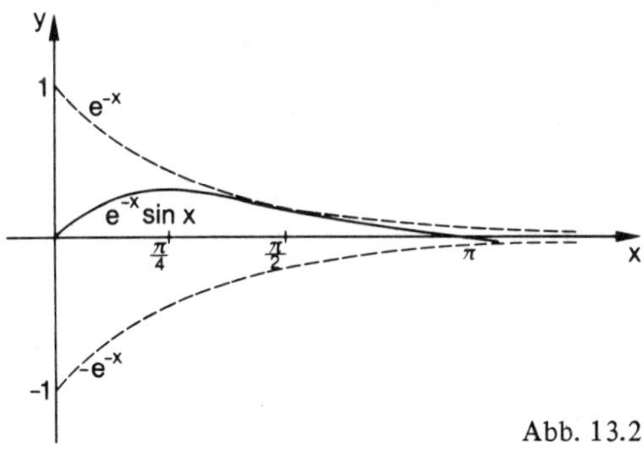

Abb. 13.2

Schließlich soll für zwei Fälle die Berechnung einer partikulären Lösung angegeben werden:

13.14. Hilfssatz: a) Eine partikuläre Lösung von

$$y'' + 2ay' + by = P$$

mit einem Polynom P vom Grad n erhält man durch den Ansatz $y_p = Q$ mit einem Polynom vom Grad $\leqq n + 2$ und Koeffizientenvergleich.

b) Eine partikuläre Lösung von

$$y''(x) + 2ay'(x) + by(x) = Ae^{\alpha x}$$

mit reellem oder komplexem α (daher sind sin und cos als rechte Seiten eingeschlossen) erhält man durch den Ansatz $y_p(x) = Ke^{\alpha x}$, wenn $e^{\alpha x}$ nicht Lösung der homogenen Gleichung ist, sonst ist $y_p(x) = Kxe^{\alpha x}$ oder, falls α Doppelwurzel der determinierenden Gleichung ist, $y_p(x) = Kx^2e^{\alpha x}$ anzusetzen.

Beweis: a) $P(x) = \sum_{k=0}^{n} a_k x^k, \quad Q(x) = \sum_{k=0}^{n+2} b_k x^k$

ergeben nach Einsetzen

$$\sum_{k=0}^{n+2} b_k k(k-1)x^{k-2} + 2a\sum_{k=0}^{n+2} b_k kx^{k-1} + b\sum_{k=0}^{n+2} b_k x^k = \sum_{k=0}^{n} a_k x^k$$

oder

$$bb_{n+2}x^{n+2} + [2ab_{n+2}(n+2) + bb_{n+1}]x^{n+1}$$

$$+ \sum_{k=0}^{n} [b_{k+2}(k+2)(k+1) + 2ab_{k+1}(k+1) + bb_k]x^k =$$

$$= \sum_{k=0}^{n} a_k x^k.$$

Daraus folgt für $k = 0, \ldots, n$

$bb_{n+2} = 0; \; 2ab_{n+2}(n+2) + bb_{n+1} = 0; \quad b_{k+2}(k+2)(k+1) + 2ab_{k+1}(k+1) + bb_k = a_k$

Für $b = 0, a \neq 0$ ist $b_{n+2} = 0$, für $b \neq 0$ gilt $b_{n+2} = b_{n+1} = 0$.

Die anderen b_k sind dann aus der Rekursionsformel berechenbar.

b) Mit $y_p(x) = Ke^{\alpha x}$ folgt durch Einsetzen

$$K(\alpha^2 + 2a\alpha + b) = A,$$

dies ist lösbar, wenn α nicht Lösung der determinierenden Gleichung ist. Ist $\alpha^2 + 2a\alpha + b = 0$, so folgt mit $y_p(x) = Kxe^{\alpha x}$

$$2K(\alpha + a) = A;$$

dies ist lösbar, wenn α nicht Doppelwurzel von $r^2 + 2ar + b = 0$ ist. Für $a = -\alpha$, $b = \alpha^2$ schließlich setze man $y_p(x) = Kx^2e^{\alpha x}$ und erhält $2K = A$.

Interessant ist vor allem der Nichtresonanzfall für die rechte Seite $Ae^{\alpha x}$. Dann ist $K = A(\alpha^2 + 2\alpha a + b)^{-1}$, so daß y_p vom gleichen Typ wie die rechte Seite ist. Insbesondere gibt eine äußere Schwingung ($\alpha = i\omega$) Anlaß zu einer phasenverschobenen partikulären Lösung. Geht α gegen einen Resonanzwert, so erhält man eine Schwingung mit sehr großer Amplitude.

13.15. Beispiele:

a) Der elastisch aufgehängte Massenpunkt lieferte nach Beispiel 13.8ab die Gleichung

$$m\ddot{x} + c^2x = mg.$$

Mit $\omega = \frac{c}{\sqrt{m}}$ erhält man

$$x_h(t) = C_1 \cos \omega t + C_2 \sin \omega t$$

und nach 13.14a

$$x_p = \frac{mg}{c^2} = \frac{g}{\omega^2},$$

also

$$x(t) = C_1 \cos \omega t + C_2 \sin \omega t + \frac{g}{\omega^2}.$$

C_1 und C_2 dienen zur Anpassung an die Anfangsbedingungen.

b) Der Schwingungskreis aus Beispiel 13.8b lieferte

$$\ddot{V} + \frac{\rho}{\mu}\dot{V} + \frac{\kappa}{\mu}V = -\frac{\kappa}{\mu}\varphi.$$

Nur für $4\kappa\mu > \rho^2$ kommt tatsächlich eine Eigenschwingung zustande, für $\rho > 0$ klingt sie auf jeden Fall ab. φ gibt Anlaß zu einer partikulären Lösung, die nach dem letzten Hilfssatz für $\varphi(t) = e^{i\omega t}$ eine phasenverschobene Schwingung gleicher Frequenz ist, falls nicht mit der Frequenz der Eigenschwingung angeregt wird.

c) Die Differentialgleichung

$$x^2 y''(x) + axy'(x) + by(x) = 0$$

für $x > 0$ (oder $x < 0$) heißt *Eulersche Differentialgleichung* und kann durch $x = e^t$ (bzw. $x = -e^t$) wegen $y' = \frac{\dot{y}}{x}$ und $y'' = \frac{\ddot{y}}{x^2} - \frac{\dot{y}}{x^2}$ in

$$\ddot{y} + (a-1)\dot{y} + by = 0,$$

also in eine Differentialgleichung mit konstanten Koeffizienten, transformiert werden.

d) Die Differentialgleichung

$$y''(x) = f(x, y'(x))$$

kann durch $u = y'$ und $y\Big|_s^t = \int_s^t u(x)\,dx$ auf eine Differentialgleichung erster Ordnung

$$u'(x) = f(x, u(x))$$

zurückgeführt werden.

e) Die Differentialgleichung

$$y'' = f(y)$$

wird durch Multiplikation mit y' in $\frac{1}{2}(y'^2)' = \frac{d}{dx}F(y)$ oder

$$y'^2 = 2F(y) + c$$

mit einer Stammfunktion F von f übergeführt. Diese kann mit Trennung der Veränderlichen behandelt werden. Diese Methode führt häufig auf den Energieerhaltungssatz.

Aufgaben zu Kap. 13:

1. Man integriere

a) $\int\limits_z^y \frac{x^5 - 8}{(x^2+4)^2 x}\,dx$, b) $\int\limits_z^y \frac{2x^4+1}{x^2(x-1)^2}\,dx$, c) $\int\limits_z^y \frac{x\,dx}{(x-1)(x^2-2x+2)}$.

2. Man integriere

a) $\int\limits_z^y \frac{dx}{a + b\cos x}$, b) $\int\limits_z^y \frac{dx}{3\cos x + \sin x + 1}$, c) $\int\limits_0^{\frac{\pi}{3}} \frac{1+\tan^3 \frac{x}{2}}{\cos x}\,dx$.

3. Man integriere

a) $\int\limits_z^y \frac{\sqrt[4]{10x+1}}{x}\,dx$, b) $\int\limits_z^y \frac{x-1}{\sqrt[3]{2x+1}}\,dx$.

4. Man integriere

a) $\int\limits_z^y \frac{\sqrt{x^2-2x}}{x(x-1-\sqrt{x^2-2x})}\,dx$, b) $\int\limits_z^y \frac{2x^2+3x+7}{\sqrt{1-4x-x^2}}\,dx$, c) $\int\limits_z^y \frac{dx}{\sqrt{1-x^2}+1-x^2}$

5. Man bestimme diejenige Funktion y mit $y(1) = \frac{1}{4}$, für die der Flächeninhalt $\int\limits_0^x y\,dt = x\sqrt{y(x)}$ erfüllt.

6. Man bestimme die Lösungen der Differentialgleichungen

a) $y'(x) = y^2(x)\,F(xy(x))$ (Hinweis: $z(x) = xy(x)$), b) $y'(x) = \frac{e^{x+y(x)}}{e^{2y(x)-x}}$,

c) $y'(x) = \sqrt{\frac{y(x)(1-y(x))}{x(1-x)}}$

7. Man bestimme die Lösungen der Differentialgleichungen

a) $(x^2+1)\,y'(x) + xy(x) + \sqrt{x^2+1} = 0$ durch den Punkt $(1, 0)$,

b) $2y'(x)\sin x + y(x)\cos x + 2\sin^{3/2} x = 0$ durch den Punkt $(\frac{\pi}{2}, 1)$,

c) $y'(x)\,x\ln x - y(x) - x^2y^2(x)\ln x = 0$ durch den Punkt $(e, 1)$.

8. Man bestimme die Lösungen von

a) $y''(x) - 3y'(x) = x^2 + 1 + e^x$,

b) $y''(x) + y'(x) + y(x) = \cos 2x$,

c) $y''(x) + 25y(x) = -13x + 7\sin 5x$,

d) $y''(x) - 2y'(x) + 5y(x) = 5x^2 + x - 5 - 4e^x\cos 2x$.

9. Man bestimme die Lösungen der Eulerschen Differentialgleichungen für $x > 0$

a) $x^2y''(x) - 2xy'(x) + \frac{9}{4}\,y(x) = 3x^2$,

b) $x^2y''(x) + 2xy'(x) - 2y(x) = 3x - 1 - 2\ln x$,

c) $x^2y''(x) - 2y(x) = 6x^2 + \frac{3}{x}$.

14. Eigenwerte und Hauptachsentransformation von Matrizen

I. Lineare Abbildungen und Eigenwerte von Matrizen

Bei der Beschreibung natürlicher Vorgänge durch mathematische Modelle treten im allgemeinen ebene und räumliche Probleme auf, unter Beachtung der Zeitvariablen auch vierdimensionale Räume und Abbildungen zwischen solchen Räumen. Diesen Funktionen von mehreren Variablen wenden wir uns jetzt zu. Funktionen einer Veränderlichen untersucht man in der Differentialrechnung näher, indem man sie durch lineare Funktionen approximiert, die man als die einfachsten Funktionen ansehen kann. Es sollen jetzt die linearen Abbildungen zwischen höherdimensionalen Räumen betrachtet und ihre Verbindung mit Matrizen behandelt werden.

14.1. Definition: Eine Abbildung $f\colon\ \mathbb{R}^n \to \mathbb{R}^m$ heißt linear, wenn für alle $a, b \in \mathbb{R}$ und $\mathfrak{x}_1, \mathfrak{x}_2 \in \mathbb{R}^n$ gilt

$$f(a\mathfrak{x}_1 + b\mathfrak{x}_2) = af(\mathfrak{x}_1) + bf(\mathfrak{x}_2).$$

Für den folgenden Satz sei daran erinnert, daß eine Basis im $\mathbb{R}^n$ durch n linear unabhängige Vektoren $\mathfrak{b}_1, \ldots, \mathfrak{b}_n$ gegeben ist, so daß jeder Vektor als eindeutige Linearkombination der Basisvektoren dargestellt werden kann.

14.2. Satz: a) Eine lineare Abbildung $f\colon\ \mathbb{R}^n \to \mathbb{R}^m$ ist durch ihre Werte auf einer Basis $\mathfrak{b}_1, \ldots, \mathfrak{b}_n$ des $\mathbb{R}^n$ eindeutig festgelegt. Zu beliebigen Vektoren $\mathfrak{w}_1, \ldots, \mathfrak{w}_n$ des $\mathbb{R}^m$ gibt es eine lineare Abbildung $f\colon\ \mathbb{R}^n \to \mathbb{R}^m$ mit $f(\mathfrak{b}_i) = \mathfrak{w}_i$, $i = 1, \ldots, n$.

b) Sind $\mathfrak{b}_1, \ldots, \mathfrak{b}_n$ bzw. $\mathfrak{b}'_1, \ldots, \mathfrak{b}'_m$ Basen des $\mathbb{R}^n$ bzw. $\mathbb{R}^m$, so entsprechen die Matrizen aus $\mathfrak{M}_{m,n}$ bijektiv den linearen Abbildungen $f\colon\ \mathbb{R}^n \to \mathbb{R}^m$, wenn man

$$A = (a_{ij}) \to f \text{ mit } f(\mathfrak{b}_j) = \sum_{i=1}^{m} a_{ij}\mathfrak{b}'_i$$

zuordnet. Diese Zuordnung hängt von den gewählten Basen ab, wählt man speziell die kanonischen Basen ($\mathfrak{e}_i = (\delta_{ij})_{j=1,\ldots,n \text{ bzw. } m}$) in $\mathbb{R}^n$ bzw. $\mathbb{R}^m$, so gilt $f(\mathfrak{x}) = A \cdot \mathfrak{x}$.

c) Sind den linearen Abbildungen $f\colon\ \mathbb{R}^n \to \mathbb{R}^m$, $g\colon\ \mathbb{R}^m \to \mathbb{R}^p$ bezüglich gegebener Basen die Matrizen A bzw. B zugeordnet, so entspricht $g \circ f\colon\ \mathbb{R}^n \to \mathbb{R}^p$ die Matrix $B \cdot A$.

d) Bei der Zuordnung unter b) entsprechen für $n = m$ die bijektiven Abbildungen den regulären Matrizen.
Ist dabei $\mathfrak{b}_i = \mathfrak{b}'_i$ für $i = 1, \ldots, n$, so entspricht A^{-1} die Abbildung f^{-1} (die auch linear ist), wenn A der Abbildung f entspricht.

Mit der Kenntnis der Matrizen beherrscht man also auch die linearen Abbildungen. Insbesondere bei Zugrundelegung der kanonischen Basen (Einheitsvektoren in Richtung der Koordinatenachsen) hat man die einfache Beziehung $f(\mathfrak{x}) = A \cdot \mathfrak{x}$, die genau der Schreibweise $f(x) = ax$ für die Dimension 1 entspricht.

Beweis: a) Ist $\mathfrak{x} = \sum_{i=1}^{n} a_i \mathfrak{b}_i$, so gilt wegen der Linearität von f

$$f(\mathfrak{x}) = f(\sum_{i=1}^{n} a_i \mathfrak{b}_i) = \sum_{i=1}^{n} a_i \; f(\mathfrak{b}_i),$$

man kennt also alle Werte von f, wenn man die $f(\mathfrak{b}_i)$ kennt.
Gibt man nun $f(\mathfrak{b}_i) = \mathfrak{v}_i$, $i = 1, \ldots, n$, vor, so liefert die obige Gleichung die Definition von $f(\mathfrak{x})$ für alle $\mathfrak{x}$. Die Linearität der so erhaltenen Abbildung ist leicht einzusehen.

b) $f(\mathfrak{b}_j) \in \mathbb{R}^m$ muß sich durch die Basis des $\mathbb{R}^m$ eindeutig darstellen lassen:

$$f(\mathfrak{b}_j) = \sum_{i=1}^{m} a_{ij} \mathfrak{b}'_i, \quad j = 1, \ldots, n,$$

womit jedem f ein $A \in \mathfrak{M}_{m,n}$ eindeutig zugeordnet ist.
Entspricht dabei zwei Abbildungen f und g dieselbe Matrix, so müssen wegen der obigen Gleichung und Teil a) auch f und g dieselbe Abbildung sein. Da man nach Teil a) die Werte $f(\mathfrak{b}_j)$ beliebig vorschreiben kann, tritt auch jede Matrix als Bild eines f auf, womit die Zuordnung der f zu den A injektiv und surjektiv, also bijektiv ist.

Legt man die kanonischen Basen zugrunde, so gilt

$$f(\mathfrak{x}) = f(\sum_{j=1}^{n} x_j \mathfrak{e}_j) = \sum_{i=1}^{m} (\sum_{j=1}^{n} a_{ij} x_j) \mathfrak{e}'_i = A \cdot \mathfrak{x},$$

denn $A \cdot \mathfrak{x}$ enthält in der i-ten Zeile gerade den Faktor von $\mathfrak{e}'_i$.

c) Ist

$$f(\mathfrak{b}_j) = \sum_{i=1}^{m} a_{ij} \mathfrak{b}'_i, \qquad g(\mathfrak{b}'_i) = \sum_{k=1}^{p} b_{ki} \mathfrak{b}''_k,$$

so erhält man durch Einsetzen aus der Linearität von g

$$(g \circ f)(\mathfrak{b}_j) = g(f(\mathfrak{b}_j)) = \sum_{i=1}^{m} (\sum_{k=1}^{p} b_{ki} a_{ij}) \mathfrak{b}''_k.$$

In der Klammer steht aber gerade das entsprechende Element von $B \cdot A$.

d) Bezüglich der Basen $\mathfrak{b}_1, \ldots, \mathfrak{b}_n$ und $\mathfrak{b}'_1, \ldots, \mathfrak{b}'_n$ des $\mathbb{R}^n$ sei f der Matrix A und g der Matrix A^{-1} zugeordnet. Nach Teil c) ist $h = g \circ f$ der Matrix E zugeordnet, also $h(\mathfrak{b}_i) = \mathfrak{b}'_i$. Offenbar ist h bijektiv, da man jeden Vektor als Bild erhalten kann und wegen der Eindeutigkeit der Basisdarstellung verschiedenen Vektoren verschiedene Bilder entsprechen. Nach Aufgabe 5 c), Kap. 4, ist daher f injektiv und g surjektiv. Nun kann man aber f und g vertauschen und erhält, daß f surjektiv und g injektiv ist. Damit ist f bijektiv. Stimmen die beiden Basen überein, so ist $h = id_{\mathbb{R}^n}$ und damit $g = f^{-1}$, f^{-1} ist also auch linear. Ist f bijektiv und ist A der Abbildung f, B aber f^{-1} zugeordnet, so ist $A \cdot B = B \cdot A = E$, also $B = A^{-1}$.

14.3. Beispiele:

a) Eine lineare Abbildung $f\colon \mathbb{R} \to \mathbb{R}^m$ wird durch $f(x) = \mathfrak{a}x$, $\mathfrak{a} \in \mathbb{R}^m$, gegeben. Gemäß Beispiel 5.8b ist das die Parameterdarstellung einer Geraden durch den Nullpunkt der Richtung $\mathfrak{a}$. Die Menge der Funktionswerte ist also die Gerade im $\mathbb{R}^m$; entsprechend ist der Graph $\{(x, f(x)) \mid x \in \mathbb{R}\}$ eine Gerade der Richtung $(1, \mathfrak{a})$ im $\mathbb{R}^{m+1}$.

b) Die lineare Abbildung $f\colon \mathbb{R}^2 \to \mathbb{R}^3$ läßt sich durch $f(\mathfrak{x}) = (\mathfrak{a}\mathfrak{b}) \cdot \mathfrak{x} = \mathfrak{a}x_1 + \mathfrak{b}x_2$ angeben, wenn $\mathfrak{x} = \binom{x_1}{x_2}$ und $(\mathfrak{a}\ \mathfrak{b}) \in \mathfrak{M}_{3,2}$ die aus den Spaltenvektoren $\mathfrak{a}$ und $\mathfrak{b}$ zusammengesetzte Matrix ist. Für Rang $(\mathfrak{a}\,\mathfrak{b}) = 2$ ist dies gemäß Beispiel 5.8d die Parameterdarstellung einer Ebene, die die Menge der Bildpunkte darstellt. Für Rang $(\mathfrak{a}\mathfrak{b}) = 1$, d. h. $\mathfrak{a}$ und $\mathfrak{b}$ linear abhängig, erhält man etwa $f(\mathfrak{x}) = \mathfrak{a}(x_1 + \lambda x_2)$, das beschreibt eine Gerade. Der Rang der Matrix spielt also für die Dimension der Menge der Funktionswerte eine Rolle.

c) Ein lineares Gleichungssystem in der Schreibweise $\mathfrak{b} = A \cdot \mathfrak{x}$ kann man unter dem Abbildungsstandpunkt so deuten: Gegeben ist die A entsprechende lineare Abbildung, gesucht sind alle Urbilder $\mathfrak{x}$ eines Bildvektors $\mathfrak{b}$.

Von besonderem Interesse ist nun der Fall, daß eine Matrix A einen Vektor $\mathfrak{x}$ bei der Abbildung nur in der Länge ändert. Wenn hier und später gelegentlich komplexe Vektoren und Matrizen erwähnt werden, so gelten für sie dieselben Rechenregeln wie in Kap. 6, nur daß eben komplexe Koordinaten bzw. Elemente zugelassen sind.

14.4. Definition: Für $A \in \mathfrak{M}_{n,n}$ heißt λ *Eigenwert* von A, wenn ein $\mathfrak{x} \neq \mathfrak{o}$ existiert, so daß

$$A \cdot \mathfrak{x} = \lambda \mathfrak{x}.$$

$\mathfrak{x}$ heißt *Eigenvektor* zum Eigenwert λ. Für reelle Matrizen sollen im allgemeinen λ und $\mathfrak{x}$ reell sein, jedoch kann man A auch als spezielle Matrix mit komplexen Elementen auffassen und komplexe λ und $\mathfrak{x}$ zulassen.

Man sieht leicht ein, daß die Menge der Eigenvektoren zu einem festen Eigenwert λ einen Vektorraum bildet, wenn man den Nullvektor hinzunimmt. Dieser heißt *Eigenraum* von λ, seine Dimension *Vielfachheit* von λ. Der nächste Satz gibt einen Überblick über die möglichen Eigenwerte einer Matrix.

14.5. Satz: a) λ ist genau dann Eigenwert von A, wenn $\det(A - \lambda E) = 0$. Diese Gleichung heißt *charakteristisch* für A.

b) $\det(A - \lambda E) = (-\lambda)^n + (-\lambda)^{n-1} \sum_{i=1}^{n} a_{ii} + \ldots + \det A$

ist ein Polynom n-ten Grades in λ.

c) A hat mindestens einen und höchstens n reelle oder komplexe Eigenwerte. Enthält die charakteristische Gleichung genau den Faktor $(\lambda_0 - \lambda)^r$, so heißt r Ordnung des Eigenwertes.

Beweis: a) λ ist genau dann Eigenwert von A, wenn ein $\mathfrak{x} \neq \mathfrak{o}$ existiert mit $A \cdot \mathfrak{x} = \lambda \mathfrak{x}$ oder $(A - \lambda E) \cdot \mathfrak{x} = \mathfrak{o}$. Nach Satz 6.15 und Satz 6.19b ist dies genau dann der Fall, wenn $\det(A - \lambda E) = 0$ (auch für komplexe Matrizen).

b) Für $n = 2$ und $n = 3$ sofort nachrechenbar, sonst Folge des Entwicklungssatzes 6.18a. Das von λ freie Glied erhält man für $\lambda = 0$ zu det A.

c) Dies ist eine Folge von a), b) und dem algebraischen Fundamentalsatz in $\mathbb{C}$ 13.1, der in Band III bewiesen wird. Nach diesem hat jedes Polynom n-ten Grades genau n reelle oder komplexe Nullstellen, die eventuell mehrfach auftreten können.

14.6. Beispiele:

a) $A = \begin{pmatrix} \sin\alpha & \cos\alpha \\ -\cos\alpha & \sin\alpha \end{pmatrix}$, es folgt $\det(A - \lambda E) = 1 + \lambda^2 - 2\lambda \sin\alpha$. Für $|\sin\alpha| < 1$ liegt keine reelle Nullstelle, also kein reeller Eigenwert vor. Für $\sin\alpha = \pm 1$ ist $\lambda = \pm 1$ Eigenwert und der ganze $\mathbb{R}^2$ ist Eigenraum, da dann $(A - \lambda E)$ die Nullmatrix ist.

b) Eine Diagonalmatrix $A = (\lambda_i \delta_{ij})$ hat die Elemente der Hauptdiagonale zu Eigenwerten, da

$$A - \lambda E = \begin{pmatrix} \lambda_1 - \lambda & & 0 \\ & \ddots & \\ 0 & & \lambda_n - \lambda \end{pmatrix}$$

und $\det(A - \lambda E) = (\lambda_1 - \lambda) \ldots (\lambda_n - \lambda)$. Zu λ_i gehört jeweils als Eigenvektor der kanonische Einheitsvektor $\mathfrak{e}_i$, da $(A - \lambda_i E)$ in der i-ten Spalte nur Nullen hat.

Allgemein ist das Problem der Bestimmung von Eigenwerten und -vektoren schwierig, in einem wichtigen Spezialfall läßt es sich jedoch befriedigend behandeln.

14.7. Definition: a) Eine Matrix A heißt *symmetrisch*, wenn $A = A^T$, d. h. $a_{ij} = a_{ji}$. Eine komplexe Matrix A heißt *Hermitesch*, wenn $A = \bar{A}^T$, wobei der Querstrich den elementweisen Übergang zum konjugiert komplexen Wert bedeutet.

b) Zwei Matrizen A, B heißen ähnlich, wenn es eine reguläre Matrix P gibt, so daß $B = P \cdot A \cdot P^{-1}$.

14.8. Hilfssatz: a) Ähnliche Matrizen haben dieselbe charakteristische Gleichung, dieselben Eigenwerte und entsprechend transformierte Eigenvektoren.

b) Symmetrische und Hermitesche Matrizen haben nur reelle Eigenwerte.

c) Eigenvektoren zu verschiedenen Eigenwerten λ, μ stehen aufeinander senkrecht, d. h. $\bar{\mathfrak{x}}_\lambda^T \cdot \mathfrak{x}_\mu = 0$, wenn die Matrix Hermitesch (oder symmetrisch) ist.

Beweis: a) Wegen Satz 6.18c ist
$B - \lambda E = P \cdot A \cdot P^{-1} - \lambda P \cdot E \cdot P^{-1} = P \cdot (A - \lambda E) \cdot P^{-1}$ und $\det(B - \lambda E) = \det(A - \lambda E) \det P \det P^{-1} = \det(A - \lambda E)$, da $(\det P \det P^{-1}) = \det(P \cdot P^{-1}) = \det E = 1$. Daher stimmen auch die Eigenwerte überein und die Eigenvektoren $\mathfrak{x}$ von A gehen durch $\mathfrak{y} = P \cdot \mathfrak{x}$ in die Eigenvektoren von B über, da $B \cdot \mathfrak{y} = \lambda \mathfrak{y}$ gleichwertig ist mit $P \cdot A \cdot \mathfrak{x} = \lambda P \cdot \mathfrak{x}$, Multiplikation mit P^{-1} liefert die Gleichwertigkeit mit $A \cdot \mathfrak{x} = \lambda \mathfrak{x}$.

b) Aus $A \cdot \mathfrak{x} = \lambda \mathfrak{x}$ folgt $\lambda \bar{\mathfrak{x}}^T \cdot \mathfrak{x} = \bar{\mathfrak{x}}^T \cdot A \cdot \mathfrak{x} = \bar{\mathfrak{x}}^T \cdot \bar{A}^T \cdot \mathfrak{x} = (\overline{A \cdot \mathfrak{x}})^T \cdot \mathfrak{x} = \bar{\lambda} \bar{\mathfrak{x}}^T \cdot \mathfrak{x}$. Wegen $\mathfrak{x} \neq \mathfrak{o}$ ergibt sich $\lambda = \bar{\lambda}$, also λ reell. Dabei ist:

$$\bar{\mathfrak{x}}^T \cdot \mathfrak{x} = \sum_{i=1}^{n} \bar{x}_i x_i > 0 \text{ für } \mathfrak{x} \neq \mathfrak{o},$$

dem entspricht die Verwendung von $\bar{\mathfrak{x}}^T \cdot \mathfrak{y} = 0$, um $\mathfrak{x} \perp \mathfrak{y}$ zu definieren.

c) Wegen $\lambda \neq \mu$ ist etwa $\mu \neq 0$ und man erhält aus $A \cdot \mathfrak{x}_\lambda = \lambda \mathfrak{x}_\lambda$, $A \cdot \mathfrak{x}_\mu = \mu \mathfrak{x}_\mu$ die Gleichung

$$\bar{\mathfrak{x}}_\mu^T \cdot \mathfrak{x}_\lambda = \frac{1}{\mu} \bar{\mathfrak{x}}_\mu^T \cdot \bar{A}^T \cdot \mathfrak{x}_\lambda = \frac{1}{\mu} \bar{\mathfrak{x}}_\mu^T \cdot A \cdot \mathfrak{x}_\lambda = \frac{\lambda}{\mu} \bar{\mathfrak{x}}_\mu^T \cdot \mathfrak{x}_\lambda.$$

Wegen $\lambda / \mu \neq 1$ folgt die Behauptung $\bar{\mathfrak{x}}_\mu^T \cdot \mathfrak{x}_\lambda = 0$.

Der wichtige Satz über die Existenz von Eigenwerten und -vektoren lautet nun:

14.9. Satz: a) Eine symmetrische n-reihige Matrix besitzt n paarweise orthogonale Eigenvektoren, die also eine Basis des $\mathbb{R}^n$ bilden.

b) Eine Hermitesche Matrix besitzt n paarweise orthogonale Eigenvektoren, die eine Basis des $\mathbb{C}^n$ bilden.

Wir werden diesen Satz des öfteren anwenden, daher soll der etwas längere Beweis ausgeführt werden. Der Beweis ist konstruktiv, d. h. kann zur Berechnung der Eigenvektoren verwendet werden.

Beweis: b) wird analog zu a) bewiesen.
a) beweisen wir mit vollständiger Induktion nach n.
Für $n = 1$ ist $A = (a_{11})$, $\lambda_1 = a_{11}$ ist Eigenwert und $\mathfrak{u}_1 = (1)$ Eigenvektor.
Sei die Behauptung für $k < n$ bewiesen. Dann besitzt eine symmetrische Matrix A nach Hilfssatz 14.5c und 14.8b (mindestens) einen reellen Eigenwert λ_1 und einen reellen Eigenvektor $\mathfrak{u}_1$ zu λ_1, es sei $|\mathfrak{u}_1| = 1$. Dazu bestimme man Einheitsvektoren $\mathfrak{u}_2, \ldots, \mathfrak{u}_n$, so daß $\mathfrak{u}_i \cdot \mathfrak{u}_j = 0$ für $i \neq j$. Das kann etwa wie folgt geschehen:

Ohne Beschränkung der Allgemeinheit sei $\mathfrak{u}_1 \cdot \mathfrak{v}_1 \neq 0$, dann sei $\mathfrak{w}_2 = \mathfrak{v}_2 - (\mathfrak{v}_2 \cdot \mathfrak{u}_1)\,\mathfrak{u}_1$ und $\mathfrak{u}_2 = \mathfrak{w}_2 / |\mathfrak{w}_2|$. Man überlegt sich leicht $\mathfrak{w}_2 \neq \mathfrak{o}$ und $\mathfrak{u}_2 \cdot \mathfrak{u}_1 = 0$. Analog setzt man für $k = 3, \ldots, n$

$$\mathfrak{w}_k = \mathfrak{v}_k - \sum_{j=1}^{k-1} (\mathfrak{v}_k \cdot \mathfrak{u}_j)\,\mathfrak{u}_j \quad \text{und} \quad \mathfrak{u}_k = \mathfrak{w}_k / |\mathfrak{w}_k|.$$

Damit definiert man die aus den Spaltenvektoren $\mathfrak{u}_1, \ldots, \mathfrak{u}_n$ gebildete Matrix $P = (\mathfrak{u}_1 \mathfrak{u}_2 \ldots \mathfrak{u}_n)$. Wegen $\mathfrak{u}_i \cdot \mathfrak{u}_j = \delta_{ij}$ gilt $P^T \cdot P = (\mathfrak{u}_i \cdot \mathfrak{u}_j) = E$, also ist $P^T = P^{-1}$ und wir untersuchen $B = P^T \cdot A \cdot P = (\mathfrak{u}_i^T \cdot A \cdot \mathfrak{u}_j)$. Wegen der Symmetrie von A ist $B^T = P^T \cdot A^T \cdot P = B$, also ist B symmetrisch.
Weiter hat man wegen $A \cdot \mathfrak{u}_1 = \lambda_1 \mathfrak{u}_1$ die Aussagen $b_{11} = \lambda_1$, $b_{1k} = b_{k1} = 0$ für $k = 2, \ldots, n$. B hat nach Hilfssatz 14.8 a dasselbe charakteristische Polynom wie A, setzt man $B^* = (b_{ij})_{i,j=2,\ldots,n}$, so gilt nach dem Entwicklungssatz für Determinanten 6.18 a bei Entwicklung nach der ersten Zeile

$$\det(A - \lambda E) = (\lambda_1 - \lambda)\det(B^* - \lambda E).$$

Nach Induktionsvoraussetzung besitzt B^* Eigenvektoren $\mathfrak{u}_2^*, \ldots, \mathfrak{u}_n^*$, die orthonormiert sind. Die Vektoren

$$\mathfrak{y}_1 = \mathfrak{u}_1, \quad \mathfrak{y}_j = P \cdot \begin{pmatrix} 0 \\ \mathfrak{u}_j^* \end{pmatrix} \quad \text{für} \quad j = 2, \ldots, n$$

sind die gewünschten Eigenvektoren von A. Es gilt nämlich für $j > 1$

$$B \cdot \begin{pmatrix} 0 \\ \mathfrak{u}_j^* \end{pmatrix} = \begin{pmatrix} 0 \\ B^* \cdot \mathfrak{u}_j^* \end{pmatrix} = \begin{pmatrix} 0 \\ \lambda_j \mathfrak{u}_j^* \end{pmatrix} = \lambda_j \begin{pmatrix} 0 \\ \mathfrak{u}_j^* \end{pmatrix}$$

und daher

$$A \cdot \mathfrak{y}_j = A \cdot P \cdot \begin{pmatrix} 0 \\ \mathfrak{u}_j^* \end{pmatrix} = \lambda_j P \cdot \begin{pmatrix} 0 \\ \mathfrak{u}_j^* \end{pmatrix} = \lambda_j \mathfrak{y}_j.$$

Ferner hat man für $i, j > 1$

$$\mathfrak{y}_i^T \cdot \mathfrak{y}_j = \begin{pmatrix} 0 & \mathfrak{u}_j^{*T} \end{pmatrix} \cdot P^T \cdot P \cdot \begin{pmatrix} 0 \\ \mathfrak{u}_j^* \end{pmatrix} = \begin{pmatrix} 0 & \mathfrak{u}_i^{*T} \end{pmatrix} \cdot \begin{pmatrix} 0 \\ \mathfrak{u}_j^* \end{pmatrix} = \mathfrak{u}_i^{*T} \cdot \mathfrak{u}_j^* = \delta_{ij}$$

und für $j > 1$

$$\mathfrak{y}_1^T \cdot \mathfrak{y}_j = \mathfrak{u}_1^T \cdot P \cdot \begin{pmatrix} 0 \\ \mathfrak{u}_j^* \end{pmatrix} = \left(P^T \cdot \mathfrak{u}_1\right)^T \cdot \begin{pmatrix} 0 \\ \mathfrak{u}_j^* \end{pmatrix} = \mathfrak{e}_1^T \cdot \begin{pmatrix} 0 \\ \mathfrak{u}_j^* \end{pmatrix} = 0.$$

Damit ist alles bewiesen.

14.10. Folgerung: Jede symmetrische oder Hermitesche Matrix ist zu einer Diagonalmatrix ähnlich.

Beweis: Sei $P = (\mathfrak{u}_1 \ldots \mathfrak{u}_n)$ die Matrix aus den orthonormierten Eigenvektoren von A. Dann ist wie im Beweis des Satzes $P^T = P^{-1}$ und

$$P^T \cdot A \cdot P = (\mathfrak{u}_i^T \cdot A \cdot \mathfrak{u}_j) = (\lambda_j \mathfrak{u}_i^T \cdot \mathfrak{u}_j) = (\lambda_j \delta_{ij}).$$

14.11. Beispiel:

a) Die symmetrischen zweireihigen Matrizen haben die Form

$$A = \begin{pmatrix} a & b \\ b & c \end{pmatrix}.$$

Aus $\det(A - \lambda E) = \lambda^2 - (a + c)\lambda + ac - b^2 = 0$ folgt

$$\lambda_{1,2} = \frac{a+c}{2} \pm \sqrt{\left(\frac{a-c}{2}\right)^2 + b^2}.$$

Genau für $a - c = b = 0$ tritt ein Eigenwert der Ordnung 2 auf mit $\lambda_0 = a$, der ganze $\mathbb{R}^2$ ist der zugehörige Eigenraum, da $A - \lambda_0 E$ die Nullmatrix ist. Als Basis kann man also etwa die kanonische wählen.

Für $\lambda_1 \neq \lambda_2$ gilt für den Eigenvektor $\begin{pmatrix} x \\ y \end{pmatrix}$

$$\begin{aligned} (a - \lambda_i)x + by &= 0 \\ bx + (c - \lambda_i)y &= 0 \end{aligned}$$

oder

$$\mathfrak{w}_i = \frac{1}{\sqrt{b^2 + (a - \lambda_i)^2}} \quad (b, \lambda_i - a),$$

für $b = \lambda_i - a = 0$ hat man $\mathfrak{w}_i = (1, 0)$ zu setzen. Man prüft leicht $\mathfrak{w}_1 \cdot \mathfrak{w}_2 = 0$.

b) Für dreireihige Matrizen tritt natürlich für die Bestimmung der Eigenwerte eine kubische Gleichung auf. Wir betrachten den folgenden einfachen Fall, der die Rekursion im Beweis von Satz 14.9 illustriert:

$$A = \begin{pmatrix} d & 0 & 0 \\ 0 & a & b \\ 0 & b & c \end{pmatrix},$$

es ist $\det(A - \lambda E) = (d - \lambda)(\lambda^2 - (a + c)\lambda + ac - b^2)$,

also $\lambda_1 = d$, $\lambda_{2,3} = \frac{1}{2}[a + c \pm \sqrt{(a - c)^2 + 4b^2}]$. Zu λ_1 gehört der Eigenvektor $\mathfrak{e}_1$, zu $\lambda_{2,3}$ die in Beispiel a) bestimmten Eigenvektoren, die man durch eine erste Koordinate Null zu ergänzen hat.

II. Koordinatentransformationen und Tensoren

Matrizen dienen auch zur Beschreibung der in Beispiel 5.10 behandelten und von allgemeineren Koordinatentransformationen. Dabei sollen keine Translationen betrachtet werden, da dies in Beispiel 5.10a geschchen ist.

Als *Koordinatensystem* des $\mathbb{R}^n$ bezeichnet man n linear unabhängige, vom Nullpunkt ausgehende Ortsvektoren $\mathfrak{b}_1, \ldots, \mathfrak{b}_n$. Übergang zu einem neuen Koordina-

tensystem bedeutet daher Übergang zu neuen Basisvektoren $\mathfrak{b}'_1, \ldots, \mathfrak{b}'_n$. Dabei sind auch beliebige schiefwinklige Koordinatensysteme zugelassen, die in den Anwendungen gelegentlich von Interesse sind, wenn man besondere Richtungen wie z. B. Symmetrieachsen eines physikalischen Problems als Koordinatenrichtungen einführt, um die Beschreibung dadurch zu vereinfachen.
Jeder Punkt P wird im Koordinatensystem $\mathfrak{b}_1, \ldots, \mathfrak{b}_n$ eindeutig durch seinen Ortsvektor

$$\mathfrak{x}(P) = \sum_{i=1}^{n} x^i \mathfrak{b}_i$$

mit reellen Koordinaten $x^1, \ldots, x^n$ beschrieben. In diesem Abschnitt wird das Verhalten von Vektoren und den noch zu definierenden Tensoren bei Koordinatentransformationen untersucht. Dabei empfiehlt es sich, gewisse Indizes hochzustellen, was also keine Potenz bedeutet. Damit wird verschiedenes Transformationsverhalten sehr einfach gekennzeichnet, außerdem hat sich die folgende Definition als außerordentlich nützlich erwiesen:

14.12. Definition (*Einsteinsche Summenkonvention*):
Tritt in einem Produkt ein Index einmal oben und einmal unten auf, so soll über ihn von 1 bis n summiert werden. Solch ein Index heißt gebunden, ein nicht gebundener Index heißt frei:

$$x^i \mathfrak{b}_i := \sum_{i=1}^{n} x^i \mathfrak{b}_i, \qquad a_i^j \mathfrak{b}_j := \sum_{j=1}^{n} a_i^j \mathfrak{b}_j.$$

Gebundene Indizes können als Summationsbuchstaben beliebig umbenannt werden, dies ist gelegentlich wichtig, um nicht mehrere gleiche obere und untere Indizes zu haben. Die Einsteinsche Summenkonvention ist also nur eine Abkürzung, sie bietet jedoch auch eine gewisse Kontrollmöglichkeit für die Richtigkeit einer Formel an: In den einzelnen Summanden müssen dieselben freien Indizes auftreten.
Die Verbindung zwischen Matrizen und Koordinatentransformationen stellt nun der folgende Satz her, bei dem der Einsteinschen Summenkonvention wegen die verwendete Matrix in der Form (a_i^j), i Zeilen- und j Spaltenindex geschrieben wird.

14.13. Satz: a) Die regulären quadratischen Matrizen entsprechen bijektiv den Koordinatentransformationen durch die Zuordnung

$$A = (a_i^j) \mapsto \mathfrak{b}'_i = a_i^j \mathfrak{b}_j.$$

b) Führt man zwei Koordinatentransformationen nacheinander aus, so entspricht der zusammengesetzten Transformation das Produkt der zugeordneten Matrizen.

c) A^{-1} entspricht der inversen Koordinatentransformation.

Beweis: a) Die obige Zuordnung liefert wirklich eine Koordinatentransformation, d. h. $\mathfrak{b}'_1, \ldots, \mathfrak{b}'_n$ sind linear unabhängig. Es ist nämlich

$$\mathfrak{o} = \lambda^i \mathfrak{b}'_i = \lambda^i a_i^j \mathfrak{b}_j$$

nur möglich für $\lambda^i a_i^j = 0$. Dieses lineare Gleichungssystem hat aber wegen der regulären Matrix (a_i^j) nur die triviale Lösung. Wegen der Eindeutigkeit der Darstellung eines Vektors in der Basis $\mathfrak{b}_1, \ldots, \mathfrak{b}_n$ werden verschiedenen Matrizen auch verschiedene Koordinatentransformationen (bzw. verschiedene neue Basen $\mathfrak{b}'_1, \ldots, \mathfrak{b}'_n$) zugeordnet, die Zuordnung ist also injektiv. Sie ist auch surjektiv, mithin bijektiv, da man eine beliebige neue Basis in angegebener Form durch die alte darstellen kann. Die Koeffizienten bilden dann eine Matrix, die nach einer ähnlichen Überlegung wie oben regulär sein muß.

b) Ist $\mathfrak{b}''_i = b_i^j \mathfrak{b}'_j$ und $\mathfrak{b}'_j = a_j^k \mathfrak{b}_k$, so erhält man durch Einsetzen $\mathfrak{b}''_i = b_i^j a_j^k \mathfrak{b}_k$, es ist aber gerade $(b_i^j a_j^k) = (b_i^j) \cdot (a_i^j)$.

c) Nach Teil b) ist $A^{-1} \cdot A = E$ die identische Koordinatentransformation zugeordnet, die nichts verändert, also entspricht A^{-1} gerade der Transformation, die die A entsprechende rückgängig macht.

Jetzt soll das Transformationsverhalten der Koordinaten und der Länge eines Vektors untersucht werden.

14.14. Hilfssatz: a) Bei einer durch die Matrix (a_i^j) vermittelten Koordinatentransformation transformieren sich die Koordinaten eines Vektors $\mathfrak{x} = x^i \mathfrak{b}_i = x'^j \mathfrak{b}'_j$ wie folgt:

$$x^i = a_j^i x'^j.$$

b) Die Länge eines Vektors $\mathfrak{x} = x^i \mathfrak{b}_i$ wird gegeben durch

$$|\mathfrak{x}|^2 = g_{ij} x^i x^j \quad \text{mit} \quad g_{ij} = \mathfrak{b}_i \cdot \mathfrak{b}_j.$$

Die Matrix (g_{ij}) ist regulär, symmetrisch und transformiert sich bei Übergang zu neuen Koordinaten wie folgt:

$$g'_{ij} = a_i^k a_j^l g_{kl}.$$

(g_{ij}) heißt Matrix des *Maßtensors*.

Beweis: a) Aus $x^i \mathfrak{b}_i = x'^j \mathfrak{b}'_j = x'^j a_j^i \mathfrak{b}_i$ folgt wegen der Eindeutigkeit der Darstellung in einer Basis die Gleichheit der Koeffizienten von $\mathfrak{b}_i$ auf beiden Seiten:

$$x^i = x'^j a_j^i.$$

b) $|\mathfrak{x}|^2 = \mathfrak{x} \cdot \mathfrak{x} = (x^i \mathfrak{b}_i) \cdot (x^j \mathfrak{b}_j) = (\mathfrak{b}_i \cdot \mathfrak{b}_j) x^i x^j$. Bei Übergang zu einem neuen Koordinatensystem erhält man

$$g'_{ij} = (\mathfrak{b}'_i \cdot \mathfrak{b}'_j) = (a_i^k \mathfrak{b}_k) \cdot (a_j^l \mathfrak{b}_l) = a_i^k a_j^l g_{kl}.$$

Wählt man als neues Koordinatensystem das kanonische, so gilt wegen $|\mathfrak{x}|^2 = \sum_{i=1}^{n} x_i^2$ gerade $g'_{ij} = \delta_{ij}$, also in Matrizen

$$E = (\delta_{ij}) = (a_i^k) \cdot (g_{kl}) \cdot (a_j^l) = A \cdot (g_{kl}) \cdot A^T.$$

Da wegen Satz 6.13e mit A auch A^T regulär ist, ist

$$(g_{kl}) = A^{-1} \cdot (A^T)^{-1}$$

regulär. Die Symmetrie folgt aus der Symmetrie des Skalarproduktes.

Die Matrix (g_{ij}) spielt bei den Koordinatentransformationen eine wichtige Rolle, wir führen mit ihrer Hilfe weitere Größen ein:

14.15. Definition: a) Es sei $(g^{ij}) := (g_{ij})^{-1}$, (g^{ij}) heißt Matrix des kontravarianten, (g_{ij}) Matrix des kovarianten Maßtensors.

b) $\mathfrak{b}^1, \dots, \mathfrak{b}^n$ mit $\mathfrak{b}^i = g^{ij}\,\mathfrak{b}_j$ heißt kontravariante Basis zu der kovarianten Basis $\mathfrak{b}_1, \dots, \mathfrak{b}_n$.

c) In $\mathfrak{x} = x^i\,\mathfrak{b}_i = x_j\,\mathfrak{b}^j$ heißen die x^i kontravariante und die x_j kovariante Koordinaten von $\mathfrak{x}$.

d) Die in $\mathfrak{b}^i = g^{ij}\,\mathfrak{b}_j$ vorgenommene Operation heißt Heraufziehen des Index, entsprechend $\mathfrak{b}_j = g_{ji}\,\mathfrak{b}^i$ Herunterziehen des Index.

Merkregel: Eine Größe mit oberen Indizes heißt *kontravariant*, eine solche mit unteren Indizes *kovariant*.

Diese Bezeichnung hängt mit dem Transformationsverhalten zusammen, untere Indizes transformieren sich wie die kovarianten Basen (unser Ausgangspunkt), daher ko-, während sich obere Indizes entsprechend 14.14a entgegengesetzt transformieren, daher kontra-.
Die Beziehungen zwischen den soeben definierten Größen und ihr Transformationsverhalten seien nun zusammengestellt.

14.16. Hilfssatz: a) Es gilt $\mathfrak{b}^i \cdot \mathfrak{b}^j = g^{ij}$, $\mathfrak{b}^i \cdot \mathfrak{b}_j = \delta^i_j$, $\mathfrak{b}_i = g_{ij}\,\mathfrak{b}^j$, $x_i = g_{ij}\,x^j$, $x^j = g^{ij}\,x_i$.

b) Bei Koordinatentransformationen gilt

$$g^{ij} = a^i_k\, a^j_l\, g'^{kl}, \qquad \mathfrak{b}^i = a^i_k\,\mathfrak{b}'^k, \qquad x'_i = a^j_i\, x_j.$$

Beweis: a) $\mathfrak{b}^i \cdot \mathfrak{b}^j = (g^{ik}\,\mathfrak{b}_k) \cdot (g^{jl}\,\mathfrak{b}_l) = g^{ik} g^{jl}\,\mathfrak{b}_k \cdot \mathfrak{b}_l = g^{ik} g^{jl} g_{kl} = g^{ik} \delta^j_k = g^{ij}$, da (g_{kl}) die inverse Matrix zu (g^{jl}) ist und beide symmetrisch sind.
Aus dem gleichen Grund ist

$$\mathfrak{b}^i \cdot \mathfrak{b}_j = (g^{ik}\,\mathfrak{b}_k) \cdot \mathfrak{b}_j = g^{ik} g_{kj} = \delta^i_j,$$

$$g_{ij} \cdot \mathfrak{b}^j = g_{ij}\, g^{jk}\,\mathfrak{b}_k = \delta^k_i\,\mathfrak{b}_k = \mathfrak{b}_i$$

und wegen $x^j\,\mathfrak{b}_j = x^j g_{jk}\,\mathfrak{b}^k = x_k\,\mathfrak{b}^k$

$$x_k = g_{jk}\, x^j.$$

b) Mit dem Ansatz $\mathfrak{b}'^i = c^i_k \mathfrak{b}^k$ folgt

$$\delta^i_j = \mathfrak{b}'^i \cdot \mathfrak{b}'_j = (c^i_k \mathfrak{b}^k) \cdot (a^l_j \mathfrak{b}_l) = c^i_k a^l_j \delta^k_l = c^i_k a^k_j .$$

Mithin ist $(c^i_j) = (a^i_j)^{-1}$ und man hat

$$a^j_i \mathfrak{b}'^i = a^j_i c^i_k \mathfrak{b}^k = \delta^j_k \mathfrak{b}^k = \mathfrak{b}^j,$$

also das gewünschte Transformationsverhalten der $\mathfrak{b}^j$.
Damit folgt weiter

$$g^{ij} = \mathfrak{b}^i \cdot \mathfrak{b}^j = (a^i_k \mathfrak{b}'^k) \cdot (a^j_l \mathfrak{b}'^l) = a^i_k a^j_l g'^{kl}$$

und wegen $x_j \mathfrak{b}^j = x_j a^j_k \mathfrak{b}'^k = x'_k \mathfrak{b}'^k$

$$x'_k = a^j_k x_j .$$

In den Hilfssätzen 14.14 und 14.16 hängt das Transformationsverhalten nur von der Stellung der Indizes und nicht vom Charakter der transformierten Größen ab, daher sei als Merkregel besonders hervorgehoben:

14.17. Bemerkung: a) Ein oberer Index transformiert sich nach dem Schema

$$A^i = a^i_j A'^j \quad \text{oder} \quad A'^j = a'^j_i A^i,$$

wenn (a'^j_i) die zu (a^j_i) inverse Matrix ist.

b) Ein unterer Index transformiert sich nach dem Schema

$$A'_i = a^j_i A_j \quad \text{oder} \quad A_j = a'^i_j A'_i .$$

Dies sind die einzigen Regeln für das Transformationsverhalten, worin der Vorteil dieser Indexschreibweise liegt. Nach dem folgenden Beispiel werden wir Größen, Tensoren genannt, definieren, die sich wie die Matrix des Maßtensors verhalten.

14.18. Beispiel:
Im $\mathbb{R}^3$ sei $\mathfrak{n}_1, \mathfrak{n}_2, \mathfrak{n}_3$ die kanonische Basis, eine neue Basis werde durch

$$\mathfrak{b}_1 = \mathfrak{n}_1 + \mathfrak{n}_2 + \mathfrak{n}_3, \quad \mathfrak{b}_2 = \mathfrak{n}_2 + \mathfrak{n}_3, \quad \mathfrak{b}_3 = \mathfrak{n}_3$$

eingeführt. $\mathfrak{b}_1$ schließt mit jeder Koordinatenachse den Winkel α mit $\cos\alpha = \frac{1}{3}\sqrt{3}$ ein, $\mathfrak{b}_2$ ist die Winkelhalbierende zwischen y- und z-Achse, $\mathfrak{b}_3$ zeigt in Richtung der z-Achse. Man hat

$$\mathfrak{b}_i = a^j_i \mathfrak{n}_j \quad \text{mit} \quad (a^j_i) = \begin{pmatrix} 1 & 1 & 1 \\ 0 & 1 & 1 \\ 0 & 0 & 1 \end{pmatrix},$$

(a^j_i) ist regulär mit $\det(a^j_i) = 1$ und

$$(a'^j_i) = \begin{pmatrix} 1 & -1 & 0 \\ 0 & 1 & -1 \\ 0 & 0 & 1 \end{pmatrix}$$

nach Satz 6.18b. Daher sind die neuen Koordinaten in $\mathfrak{x} = x^i b_i$ festgelegt durch $x^j = a_i^{\prime j} \xi^i$, wenn $\mathfrak{x} = \xi^i \mathfrak{n}_i$, also

$$x^1 = \xi^1, \quad x^2 = -\xi^1 + \xi^2, \quad x^3 = -\xi^2 + \xi^3.$$

Ferner erhält man nach Satz 6.18b wegen $\det(g_{ij}) = 1$

$$(g_{ij}) = \begin{pmatrix} 3 & 2 & 1 \\ 2 & 2 & 1 \\ 1 & 1 & 1 \end{pmatrix}, \quad (g^{ij}) = \begin{pmatrix} 1 & -1 & 0 \\ -1 & 2 & -1 \\ 0 & -1 & 2 \end{pmatrix}$$

und damit aus $\mathfrak{b}^i = g^{ij} \mathfrak{b}_j$

$\mathfrak{b}^1 = \mathfrak{b}_1 - \mathfrak{b}_2 = \mathfrak{n}_1, \quad \mathfrak{b}^2 = -\mathfrak{b}_1 + 2\mathfrak{b}_2 - \mathfrak{b}_3 = \mathfrak{n}_2 - \mathfrak{n}_1,$

$\mathfrak{b}^3 = -\mathfrak{b}_2 + 2\mathfrak{b}_3 = \mathfrak{n}_3 - \mathfrak{n}_2.$

14.19. Definition: a) Die Konstanten, die von den Koordinatentransformationen nicht abhängen, werden *Skalare* oder *Tensoren 0-ter Stufe* genannt.

b) Die linearen Abbildungen $f\colon \mathbb{R}^n \to \mathbb{R}$ heißen *Linearformen* oder *Tensoren 1. Stufe*. Die Werte von f auf einer kovarianten Basis $\mathfrak{b}_1, \ldots, \mathfrak{b}_n$ heißen kovariante Koordinaten $f_i = f(\mathfrak{b}_i)$ des Tensors, entsprechend die Werte auf einer kontravarianten Basis kontravariante Koordinaten $f^i = f(\mathfrak{b}^i)$ bezüglich der jeweiligen Basis.

c) Die bilinearen Abbildungen $F\colon \mathbb{R}^n \times \mathbb{R}^n \to \mathbb{R}$ heißen *Bilinearformen* oder *Tensoren 2. Stufe*, die Funktionswerte auf den Paaren von Basisvektoren

$F^{ij} = F(\mathfrak{b}^i, \mathfrak{b}^j), \quad F_j^{\cdot i} = F(\mathfrak{b}_j, \mathfrak{b}^i)$ oder $F^i_{\cdot j} = F(\mathfrak{b}^i, \mathfrak{b}_j)$,

$F_{ij} = F(\mathfrak{b}_i, \mathfrak{b}_j)$

heißen kontravariante bzw. gemischte bzw. kovariante Koordinaten des Tensors bezüglich $\mathfrak{b}_1, \ldots, \mathfrak{b}_n$.

Dabei heißt F *bilinear*, wenn es bezüglich beider Argumente linear ist, d. h. für alle $\mathfrak{x}, \tilde{\mathfrak{x}}, \mathfrak{y}, \tilde{\mathfrak{y}} \in \mathbb{R}^n$ und $a, b \in \mathbb{R}$ gelte

$$F(a\mathfrak{x} + b\tilde{\mathfrak{x}}, \mathfrak{y}) = a\,F(\mathfrak{x}, \mathfrak{y}) + b\,F(\tilde{\mathfrak{x}}, \mathfrak{y})$$

$$F(\mathfrak{x}, a\mathfrak{y} + b\tilde{\mathfrak{y}}) = a\,F(\mathfrak{x}, \mathfrak{y}) + b\,F(\mathfrak{x}, \tilde{\mathfrak{y}}).$$

Nach Satz 14.2a legen die Koordinaten eines Tensors 1. Stufe den Tensor eindeutig fest. Völlig analog kann man sich überlegen, daß auch die Koordinaten eines Tensors 2. Stufe den Tensor, also die bilineare Abbildung eindeutig festlegen. Bevor diese Betrachtungen mit Beispielen abgeschlossen werden, soll gezeigt werden, daß die Koordinaten eines Tensors sich entsprechend der Stellung ihrer Indizes transformieren. Für den Tensor 0-ter Stufe ist natürlich nichts zu beweisen.

14.20. Hilfssatz: Die Koordinaten eines Tensors 1. oder 2. Stufe transformieren sich bei einer Koordinatentransformation entsprechend der Regel 14.17.

Beweis: Ist f ein Tensor 1. Stufe, so gilt wegen der Linearität von f

$$f'_i = f(\mathfrak{b}'_i) = f(a^j_i \mathfrak{b}_j) = a^j_i f(\mathfrak{b}_j) = a^j_i f_j,$$
$$f^i = f(\mathfrak{b}^i) = f(a^i_j \mathfrak{b}'^j) = a^i_j f(\mathfrak{b}'^j) = a^i_j f'^j.$$

Völlig analog ergibt sich für einen Tensor F 2. Stufe wegen der Bilinearität z. B.

$$F'_{ij} = F(\mathfrak{b}'_i, \mathfrak{b}'_j) = F(a^k_i \mathfrak{b}_k, a^l_j \mathfrak{b}_l) = a^k_i a^l_j F(\mathfrak{b}_k, \mathfrak{b}_l) = a^k_i a^l_j F_{kl}.$$

Die folgenden Beispiele sollen verschiedene Deutungsmöglichkeiten von Tensoren aufzeigen. Der Wert der Tensorrechnung liegt für die Anwendungen einerseits in der leichten Überschaubarkeit des Verhaltens bei der Einführung geeigneter Koordinatensysteme, andererseits in der Möglichkeit, aus Tensoren Skalare zu bilden, die gegenüber Koordinatentransformationen invariant sind. Dies letzte Verfahren sei noch ausdrücklich bewiesen:

14.21. Hilfssatz: Kommen in einem Produkt von Tensorkoordinaten nur gebundene Indizes vor (solche Produktbildung heißt auch Überschiebung), so ist das Produkt ein Skalar.

Beweis: Die Behauptung braucht nur für ein Indexpaar gezeigt zu werden, die Punkte deuten mögliche weitere Indizes an:

$$A^{\cdots}_{i\ldots} B^{i\ldots}_{\ldots} = a'^j_i A'^{\cdots}_{j\ldots} a^i_k B'^{k\ldots}_{\ldots} = \delta^j_k A'^{\cdots}_{j\ldots} B'^{k\ldots}_{\ldots} = A'^{\cdots}_{j\ldots} B'^{j\ldots}_{\ldots}$$

14.22. Beispiele:

a) Die kontravarianten Koordinaten $f^i = f(\mathfrak{b}^i)$ können als Koordinaten eines Vektors $\mathfrak{x} = f^i \mathfrak{b}_i$ gedeutet werden, da das Transformationsverhalten dasselbe ist. Man hat damit eine bijektive lineare Abbildung zwischen Vektoren und Tensoren.

b) Die kovarianten Koordinaten $f_i = f(\mathfrak{b}_i)$ können als Koordinaten eines Normalenvektors $\mathfrak{n} = f_i \mathfrak{b}^i$ einer Ebene gedeutet werden:

$$\mathfrak{n} \cdot \mathfrak{x} = (f_i \mathfrak{b}^i) \cdot (x^j \mathfrak{b}_j) = f_i x^j \mathfrak{b}^i \cdot \mathfrak{b}_j = f_i x^j \delta^i_j = f_i x^i = p$$

ist eine Invariante gemäß Hilfssatz 14.21 und stellt eine – von Koordinatentransformationen unabhängige – Ebene dar.

c) Der Maßtensor $G: \mathbb{R}^n \times \mathbb{R}^n \to \mathbb{R}$ wird durch

$$G(\mathfrak{x}, \mathfrak{y}) = \mathfrak{x} \cdot \mathfrak{y}$$

definiert. Die Bilinearität ist in Satz 5.7c - e gezeigt worden. Die Koordinaten sind die schon verwendeten

$$g_{ij} = G(\mathfrak{b}_i, \mathfrak{b}_j) = \mathfrak{b}_i \cdot \mathfrak{b}_j, \quad g^{ij} = G(\mathfrak{b}^i, \mathfrak{b}^j) = \mathfrak{b}^i \cdot \mathfrak{b}^j.$$

Für die gemischten Koordinaten des Maßtensors erhält man

$$g_i^{\cdot j} = G(\mathfrak{b}_i, \mathfrak{b}^j) = \mathfrak{b}_i \cdot \mathfrak{b}^j = \delta^j_i, \quad g^i_{\cdot j} = G(\mathfrak{b}^i, \mathfrak{b}_j) = \mathfrak{b}^i \cdot \mathfrak{b}_j = \delta^i_j = g_j^{\cdot i}.$$

Der Name rührt von dem Zusammenhang mit der Länge eines Vektors her.
Für beliebige Vektoren $\mathfrak{x} = x^i \mathfrak{b}_i$, $\mathfrak{y} = y^j \mathfrak{b}_j$ erhält man $G(\mathfrak{x}, \mathfrak{y}) = g_{ij} x^i y^j$, also eine Invariante.

d) Gemäß Definition 14.15 d kann man mit g_{ij} bzw. g^{ij} Indizes herunter- bzw. heraufziehen:

$$g_{ij} f^j = g_{ij} f(\mathfrak{b}^j) = f(g_{ij} \mathfrak{b}^j) = f(\mathfrak{b}_i) = f_i$$
$$g^{ij} f_j = g^{ij} f(\mathfrak{b}_j) = f(g^{ij} \mathfrak{b}_j) = f(\mathfrak{b}^i) = f^i.$$

e) Die gemischten Koordinaten eines Tensors zweiter Stufe kann man als Matrix einer linearen Abbildung deuten:

$$y^j = f^j_{\cdot i} x^i$$

bildet $\mathfrak{x} = x^i \mathfrak{b}_i$ auf $\mathfrak{y} = y^j \mathfrak{b}_j$ ab. Damit hat man eine bijektive und lineare Abbildung zwischen den linearen Abbildungen des $\mathbb{R}^n$ auf sich und den Tensoren. Man erhält wegen $f^j_{\cdot i} x^i = f(\mathfrak{b}^j, \mathfrak{b}_i) x^i = f(\mathfrak{b}^j, \mathfrak{x})$

$$\mathfrak{y} = y^j \mathfrak{b}_j = f(\mathfrak{b}^j, \mathfrak{x}) \mathfrak{b}_j .$$

f) Der Name Tensor stammt von dem Beispiel des Spannungstensors her: Dieser ordnet in einem Punkt eines Körpers jeder Richtung $\mathfrak{n}$ die Kraft $\mathfrak{k}$ (Spannung) zu, die in diesem Punkt auf eine gedachte Schnittebene mit der Normalen $\mathfrak{n}$ wirkt. In erster Näherung kann man diese Zuordnung als linear ansehen, so daß sie gemäß Beispiel e) durch einen Tensor T beschrieben werden kann. Wählt man $\mathfrak{k} = k^i \mathfrak{b}_i$ und $\mathfrak{n} = n^i \mathfrak{b}_i$, so gilt

$$k^i = T^i_{\cdot j} n^j \quad \text{oder} \quad \mathfrak{k} = T(\mathfrak{b}^i, \mathfrak{n}) \mathfrak{b}_i .$$

Mit Hilfe von Gleichgewichtsüberlegungen zeigt man, daß T symmetrisch ist, d. h. $T^i_{\cdot j} = T^j_{\cdot i}$.
Das Hauptspannungsproblem besteht darin, die Ebenen zu bestimmen, in denen $\mathfrak{k}$ parallel zu $\mathfrak{n}$, also senkrecht auf der Schnittebene ist.
Dazu muß

$$T^i_{\cdot j} n^j = \lambda n^i$$

sein, es handelt sich also bei λ um die Eigenwerte der Matrix $(T^i_{\cdot j})$ und bei den Hauptspannungsrichtungen um deren Eigenvektoren. Da $(T^i_{\cdot j})$ symmetrisch ist, existiert gemäß Satz 14.9 a ein orthonormiertes Koordinatensystem aus Eigenvektoren, das man sinnvollerweise als Koordinatensystem einführen wird. In diesem System bilden die gemischten Koordinaten von T eine Diagonalmatrix. (Folgerung 14.10).

g) Der spezielle Tensor 2. Stufe $(\mathfrak{a}\mathfrak{b})$ mit Vektoren $\mathfrak{a}$ und $\mathfrak{b}$ des $\mathbb{R}^n$ sowie

$$(\mathfrak{a}\mathfrak{b})(\mathfrak{x}, \mathfrak{y}) := (\mathfrak{a} \cdot \mathfrak{x})(\mathfrak{b} \cdot \mathfrak{y})$$

heißt Dyade oder dyadisches Produkt von $\mathfrak{a}$ und $\mathfrak{b}$. Seine Koordinaten sind offenbar

$$(\mathfrak{a}\mathfrak{b})_{ij} = (\mathfrak{a}\cdot\mathfrak{b}_i)(\mathfrak{b}\cdot\mathfrak{b}_j) = (a_k\mathfrak{b}^k\cdot\mathfrak{b}_i)(b_l\mathfrak{b}^l\cdot\mathfrak{b}_j) = a_i b_j,$$

also das Produkt der Koordinaten von $\mathfrak{a}$ und $\mathfrak{b}$.

Unter den Koordinatentransformationen sei noch besonders auf die in Beispiel 5.10b betrachteten Drehungen hingewiesen, sie werden charakterisiert durch die

14.23. Definition: Eine durch die Matrix A vermittelte Koordinatentransformation heißt *orthogonal* (oder Drehung), wenn $A^T = A^{-1}$.

Das ist gerade die in Beispiel 5.10b angegebene Bedingung

$$\sum_{k=1}^{n} a_{ki}a_{kj} = \sum_{k=1}^{n} a_{ik}a_{jk} = \delta_{ij}.$$

Diese Transformationen zeichnen sich dadurch aus, daß sie ein geometrisches Objekt nur innerhalb des Koordinatensystems drehen oder spiegeln, es aber nicht in seiner Gestalt verändern. Die gleiche Eigenschaft haben die Translationen, die man daher zusammen mit den Drehungen als *Bewegungen* bezeichnet. Insbesondere gilt

14.24. Hilfssatz: Genau die orthogonalen Koordinatentransformationen führen ein orthonormiertes Koordinatensystem wieder in ein solches über. Für diese Koordinatensysteme ist $g_{ij} = \delta_{ij}$, $g^{ij} = \delta^{ij}$ und $\mathfrak{b}^i = \mathfrak{b}_i$, ko- und kontravariante Koordinaten fallen zusammen.

Beweis: In einem orthonormierten Koordinationssystem ist $\delta_{ij} = \mathfrak{b}_i\cdot\mathfrak{b}_j = g_{ij}$, dann ist aber auch $g^{ij} = \delta^{ij}$ und $\mathfrak{b}^i = g^{ij}\mathfrak{b}_j = \mathfrak{b}_i$. Damit fallen ko- und kontravariante Koordinaten zusammen. Soll bei einer Koordinatentransformation diese Eigenschaft erhalten bleiben, so muß

$$\delta_{ij} = g'_{ij} = a_i^k a_j^l g_{kl} = a_i^k a_j^l \delta_{kl}$$

gelten. Bei Multiplikation mit der inversen Matrix a'^{i}_{m} folgt

$$a'^{j}_{m} = a'^{i}_{m}\delta_{ij} = a'^{i}_{m} a_i^k a_j^l \delta_{kl} = \delta^k_m a_j^l \delta_{kl} = \delta_{ml} a_j^l = a_j^m.$$

Das aber bedeutet $A^{-1} = A^T$.

III. Quadratische Formen und Hauptachsentransformationen

Eine weitere Anwendung der beiden vorherigen Abschnitte sind die quadratischen Formen:

14.25. Definition: a) Für eine symmetrische Matrix A heißt

$$Q(\mathfrak{x}) = \mathfrak{x}^T\cdot A\cdot\mathfrak{x} = a_{ij}x^i x^j$$

mit $\mathfrak{x} = x^i\mathfrak{e}_i$ quadratische Form.

b) Im komplexen Fall gehört zu einer Hermiteschen Matrix die Hermitesche Form

$$H(\mathfrak{x}) = \bar{\mathfrak{x}}^T \cdot A \cdot \mathfrak{x}.$$

In der Sicht des vorigen Abschnittes handelt es sich bei den quadratischen Formen um die Funktionswerte symmetrischer Tensoren auf den Paaren $(\mathfrak{x}, \mathfrak{x})$. Dadurch treten quadratische Formen in den Anwendungen auf. Geometrisch kann man eine quadratische Form als Abbildung $Q\colon \mathbb{R}^n \to \mathbb{R}$ deuten, deren Niveaulinien bzw. -flächen $Q(\mathfrak{x}) = c$ Kurven bzw. Flächen 2. Grades sind. Die wichtigste Eigenschaft quadratischer Formen ist die Möglichkeit, sie auf die sogenannte Hauptachsenform zu bringen:

14.26. Satz (*Hauptachsentransformation quadratischer Formen*):
Eine quadratische Form $Q(\mathfrak{x}) = \mathfrak{x}^T \cdot A \cdot \mathfrak{x}$ läßt sich durch eine orthogonale Koordinatentransformation $\mathfrak{x} = P \cdot \mathfrak{x}'$ in die Diagonalform

$$Q(P \cdot \mathfrak{x}') = \sum_{i=1}^{n} \lambda_i (x'^i)^2$$

transformieren. Die neuen Koordinatenrichtungen heißen Hauptachsenrichtungen von Q, es sind die Richtungen der Eigenvektoren von A, λ_i sind die Eigenwerte von A.

Beweis: Sind $\mathfrak{x}$ der Spaltenvektor der alten und $\mathfrak{x}'$ der der neuen Koordinaten eines Punktes, so wähle man für die Transformation $\mathfrak{x} = P \cdot \mathfrak{x}'$ (entsprechend $x^i = p^i_j x'^j$) die Matrix $P = (\mathfrak{u}_1 \ldots \mathfrak{u}_n)$ aus den orthonormierten Eigenvektoren der symmetrischen Matrix A gemäß Satz 14.9a.
Entsprechend dem Beweis von Folgerung 14.10 gilt

$$Q(P \cdot \mathfrak{x}') = \mathfrak{x}'^T \cdot P^T \cdot A \cdot P \cdot \mathfrak{x}' = \mathfrak{x}'^T \cdot (\lambda_i \delta_{ij}) \cdot \mathfrak{x}' = \sum_{i=1}^{n} \lambda_i (x'^i)^2$$

mit den Eigenwerten λ_i von A.

Ein analoger Satz gilt für Hermitesche Formen. Sofort abzulesen ist nun die

14.27. Folgerung: a) Sind alle Eigenwerte von A positiv, so gilt $Q(\mathfrak{x}) > 0$ für $\mathfrak{x} \neq \mathfrak{o}$, Q und die Matrix A heißen dann positiv definit. Es gilt mit dem kleinsten und größten Eigenwert λ_{min} bzw. λ_{max}

$$\lambda_{min} |\mathfrak{x}|^2 \leqq Q(\mathfrak{x}) \leqq \lambda_{max} |\mathfrak{x}|^2.$$

Eine entsprechende Aussage gilt, wenn alle Eigenwerte negativ sind (Q negativ definit).

b) Sind alle Eigenwerte von A nichtnegativ, so gilt $Q(\mathfrak{x}) \geqq 0$ für alle $\mathfrak{x}$ und Q heißt positiv semidefinit (entsprechend negativ semidefinit).

c) Besitzt A positive und negative Eigenwerte, so gibt es Vektoren mit $Q(\mathfrak{x}) > 0$, $= 0$, < 0 und Q heißt indefinit.

14.28. Beispiele:

a) Die Matrix des Maßtensors ist in jedem Koordinatensystem positiv definit, da $g_{ij}x^i x^j = |\mathfrak{x}|^2 > 0$ für $\mathfrak{x} \neq \mathfrak{o}$.

b) Von den im Beispiel 14.11a behandelten symmetrischen Matrizen $A = \begin{pmatrix} a & b \\ b & c \end{pmatrix}$ sind die mit $ac - b^2 = \lambda_1\lambda_2 > 0$ definit, ist außerdem $a > 0$, so sind sie positiv definit. Für $ac - b^2 = 0$ und $a \geqq 0$, $c \geqq 0$ liegt eine positiv semidefinite Matrix vor und für $ac - b^2 < 0$ ist die Matrix indefinit.

Als weiteres Beispiel sollen noch die Kurven und Flächen 2. Grades klassifiziert werden:

14.29. Definition: a) Eine Kurve $(n = 2)$ oder Fläche $(n > 2)$ 2. Grades (: *Quadrik*) im $\mathbb{R}^n$ wird durch die Menge aller $\mathfrak{x} \in \mathbb{R}^n$ gegeben, für die

$$\mathfrak{x}^T \cdot A \cdot \mathfrak{x} + 2\mathfrak{b}^T \cdot \mathfrak{x} + c = 0$$

mit einer symmetrischen Matrix $A \in \mathfrak{M}_{n,n}$, einem Vektor $\mathfrak{b} \in \mathbb{R}^n$ und einem $c \in \mathbb{R}$. A sei verschieden von der Nullmatrix.

b) Die Quadrik besitzt einen Mittelpunkt, wenn durch eine Translation $\mathfrak{b} = \mathfrak{o}$ erreicht werden kann. Dann liegt mit $\mathfrak{x}$ auch $-\mathfrak{x}$ auf der Kurve (Fläche).

c) Die Quadrik heißt entartet, wenn

$$I = \begin{pmatrix} A & \mathfrak{b} \\ \mathfrak{b}^T & c \end{pmatrix}$$

singulär ist.

Die Quadriken sollen jetzt durch geeignete Translationen und Drehungen des Koordinantensystems in eine Normalform gebracht werden, die leicht eine Klassifikation ermöglicht. Wegen der Invarianz von Rang A und Rang I bei diesen Transformationen kann man den Typ der Kurve (Fläche) auch leicht an A und I ablesen, das wird in den Folgerungen zum nachstehenden Satz geschehen.

14.30. Satz: a) Genau für reguläres A ist ein eindeutiger Mittelpunkt $\mathfrak{x}_0 = -A^{-1} \cdot \mathfrak{b}$ vorhanden.

b) Durch Translationen und Drehungen, bei denen Rang A, Rang I sowie det A, det I invariant bleiben, kann man die folgende Normalform einer Kurve oder Fläche 2. Grades erreichen:

$$\sum_{i=1}^{r} \lambda_i (x^i)^2 + 2\mu_n x^n + \gamma = 0, \quad r = \text{Rang } A,$$

dabei ist $\mu_n = 0$ falls $r = n$, und $\gamma = 0$ falls $\mu_n \neq 0$. Die λ_i sind die Eigenwerte von A mit $|\lambda_1| \geqq \ldots \geqq |\lambda_r| > 0 = \lambda_{r+1} = \ldots = \lambda_n$.

Für die Klassifikation können zwar Rang A und Rang I, aber nicht der Wert von det A und det I herangezogen werden. Man kann nämlich die definierende Gleichung mit einem beliebigen Faktor $\lambda \neq 0$ multiplizieren, ohne die Quadrik zu ändern. Dabei wird jeder Koeffizient mit λ multipliziert, also det A mit λ^n und det I mit λ^{n+1}. Für $n = 2$ kann daher noch das Vorzeichen von det A und für $n = 3$ das Vorzeichen von det I zur Klassifikation benutzt werden.

Beweis: a) Setzt man $\mathfrak{x} = \mathfrak{x}_0 + \mathfrak{x}'$, so erhält man

$$\mathfrak{x}'^T \cdot A \cdot \mathfrak{x}' + 2(\mathfrak{b}^T + \mathfrak{x}_0^T \cdot A) \cdot \mathfrak{x}' + \mathfrak{x}_0^T \cdot A \cdot \mathfrak{x}_0 + 2\mathfrak{b}^T \cdot \mathfrak{x}_0 + c = 0.$$

Der Faktor von $\mathfrak{x}'$ ist Null zu setzen, wodurch genau für reguläres A eindeutig $\mathfrak{x}_0$ festgelegt wird: $A \cdot \mathfrak{x}_0 = -\mathfrak{b}$.

b) Aus dieser Formel ist außerdem $A' = A$ abzulesen sowie

$$I' = \begin{pmatrix} A & \mathfrak{b} + A \cdot \mathfrak{x}_0 \\ \mathfrak{b}^T + \mathfrak{x}_0^T \cdot A & \mathfrak{x}_0^T \cdot A \cdot \mathfrak{x}_0 + 2\mathfrak{b}^T \cdot \mathfrak{x}_0 + c \end{pmatrix}$$

Die Invarianz von Rang und Determinante von A sind daher klar, für I folgt sie so: Im Beweis von Hilfssatz 6.14 wurde gezeigt, daß Addition von Vielfachen einer Zeile zu einer anderen den Rang einer Matrix nicht beeinflußt, entsprechendes gilt für Spalten (was hier nicht bewiesen werden soll). Durch diese Operationen wird auch der Wert der Determinante nicht geändert, wie man leicht aus Satz 6.18a folgert. Multipliziert man nun die erste Spalte von I mit x_{01} und addiert sie zur letzten, dann die zweite mit x_{02} usw., so ergibt sich

$$\begin{pmatrix} A & \mathfrak{b} + A \cdot \mathfrak{x}_0 \\ \mathfrak{b}^T & c + \mathfrak{b}^T \cdot \mathfrak{x}_0 \end{pmatrix},$$

macht man hier die gleichen Operationen mit den Zeilen, also x_i-faches der i-ten Zeile wird zur (n + 1)-ten Zeile addiert usw., so erhält man gerade I′, das damit in Rang und Determinante mit I übereinstimmt.
Bei einer orthogonalen Transformation $\mathfrak{x} = P \cdot \mathfrak{x}'$ erhält man

$$\mathfrak{x}'^T \cdot (P^T \cdot A \cdot P) \cdot \mathfrak{x}' + (\mathfrak{b}^T \cdot P) \cdot \mathfrak{x}' + c = 0,$$

also $A' = P^T \cdot A \cdot P$ und

$$I' = \begin{pmatrix} P^T \cdot A \cdot P & P^T \cdot \mathfrak{b} \\ \mathfrak{b}^T \cdot P & c \end{pmatrix} = \begin{pmatrix} P^T & \mathfrak{o} \\ \mathfrak{o}^T & 1 \end{pmatrix} \cdot \begin{pmatrix} A & \mathfrak{b} \\ \mathfrak{b}^T & c \end{pmatrix} \cdot \begin{pmatrix} P & \mathfrak{o} \\ \mathfrak{o}^T & 1 \end{pmatrix}.$$

Wegen $P^T = P^{-1}$ ist auch

$$\begin{pmatrix} P^T & \mathfrak{o} \\ \mathfrak{o}^T & 1 \end{pmatrix} = \begin{pmatrix} P & \mathfrak{o} \\ \mathfrak{o}^T & 1 \end{pmatrix}^{-1}$$

Damit bleiben der Rang von A und I unverändert, denn A und I werden nur mit regulären Matrizen multipliziert.
Wegen Satz 6.20c folgt schließlich auch det A = det A′ und det I = det I′, da det $(A^{-1}) = (\det A)^{-1}$.
Nun ist der Rest einfach, man drehe zuerst das Koordinatensystem so, daß A in eine Diagonalmatrix übergeht, die natürlich die Eigenwerte in der Hauptdiagonale enthält. Danach beseitige man durch $x''^i = x'^i + \frac{\mu_i}{\lambda_i}$ für $\lambda_i \neq 0$ die μ_i. Sind etwa $\lambda_{r+1} = \ldots = \lambda_n = 0$ und nicht alle zugehörigen μ_i in $\mathfrak{b}^T \cdot P = (\mu_1, \ldots, \mu_n)$ gleich Null, so drehe man die Koordinaten $x^{r+1}, \ldots, x^n$ so, daß nur der Faktor von x'_n von Null verschieden ist. Durch eine abschließende Translation $x''^n = x'^n + \frac{c}{2\mu_n}$ kann dann auch noch c zu Null gemacht werden, womit alles bewiesen ist.

14.31. Folgerung (Übersicht über die Kegelschnitte, n = 2):
Es wird $x^1 = x$, $x^2 = y$ gesetzt sowie γ zu ± 1 normiert, falls $\gamma \neq 0$:

det I $\neq 0$, det A > 0	$\frac{x^2}{a^2} + \frac{y^2}{b^2} = 1$ $\frac{x^2}{a^2} + \frac{y^2}{b^2} = -1$	Ellipse sog. nullteiliger Kegelschnitt ohne reelle Punkte
det I $\neq 0$, det A < 0	$\frac{x^2}{a^2} - \frac{y^2}{b^2} = \pm 1$	Hyperbel
det I $\neq 0$, det A $= 0$	$x^2 = 2py$	Parabel
Rang I = 2,det A > 0	$\frac{x^2}{a^2} + \frac{y^2}{b^2} = 0$	ein reeller Punkt (imaginäres Geradenpaar)
Rang I = 2,det A < 0	$\frac{x^2}{a^2} - \frac{y^2}{b^2} = 0$	zwei sich schneidende Geraden
Rand I = 2,det A = 0	$x^2 = a^2 > 0$ $x^2 = -a^2 < 0$	paralleles Geradenpaar kein reeller Punkt
Rang I = 1, det A = 0	$x^2 = 0$	Doppelgerade

Für die nicht entarteten Kegelschnitte sind auch andere Darstellungen von Interesse (Aufgaben 12, 13, 14).

14.32. Folgerung (Übersicht über die Flächen 2. Grades im Raum, n = 3):
Es wird $x^1 = x$, $x^2 = y$, $x^3 = z$ gesetzt und γ zu ± 1 normiert, falls $\gamma \neq 0$:

det I > 0 det A $\neq 0$	$\frac{x^2}{a^2} + \frac{y^2}{b^2} + \frac{z^2}{c^2} = -1$ $\frac{x^2}{a^2} + \frac{y^2}{b^2} - \frac{z^2}{c^2} = 1$	kein reeller Punkt einschaliges Hyperboloid (Abb. 14.1)
det I < 0 det A $\neq 0$	$\frac{x^2}{a^2} + \frac{y^2}{b^2} + \frac{z^2}{c^2} = 1$ $-\frac{x^2}{a^2} - \frac{y^2}{b^2} + \frac{z^2}{c^2} = 1$	Ellipsoid (Abb.14.2) zweischaliges Hyperboloid (Abb. 14.3)
det I > 0 det A = 0	$\frac{x^2}{a^2} - \frac{y^2}{b^2} = 2z$	hyperbolisches Paraboloid (Abb. 14.4)
det I < 0 det A = 0	$\frac{x^2}{a^2} + \frac{y^2}{b^2} = 2z$	elliptisches Paraboloid (Abb. 14.5)
Rang I = 3 det A $\neq 0$	$\frac{x^2}{a^2} + \frac{y^2}{b^2} + \frac{z^2}{c^2} = 0$ $\frac{x^2}{a^2} + \frac{y^2}{b^2} - \frac{z^2}{c^2} = 0$	ein reeller Punkt (elliptischer) Kegel
Rang I = 3 Rang A = 2	$\frac{x^2}{a^2} + \frac{y^2}{b^2} = 1$ $\frac{x^2}{a^2} - \frac{y^2}{b^2} = 1$ $\frac{x^2}{a^2} + \frac{y^2}{b^2} = -1$	elliptischer Zylinder hyperbolischer Zylinder kein reeller Punkt
Rang I = 3 Rang A = 1	$\frac{x^2}{a^2} = 2z$	parabolischer Zylinder
Rang I = 2 Rang A = 2	$\frac{x^2}{a^2} + \frac{y^2}{b^2} = 0$ $\frac{x^2}{a^2} - \frac{y^2}{b^2} = 0$	eine reelle Gerade (als Schnitt komplexer Ebenen) zwei sich schneidende Ebenen

Rang I = 2 Rang A = 1	$x^2 = a^2 > 0$ $x^2 = -a^2 < 0$	zwei parallele Ebenen kein reeller Punkt
Rang I = 1 Rang A = 1	$x^2 = 0$	Doppelebene

Eine Diskussion dieser Flächen muß aus Platzgründen unterbleiben, es seien aber noch Skizzen der nicht entarteten Flächen angefügt:

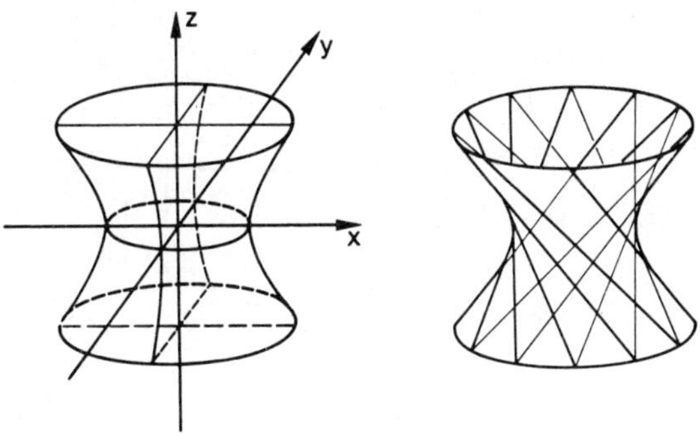

Abb. 14.1

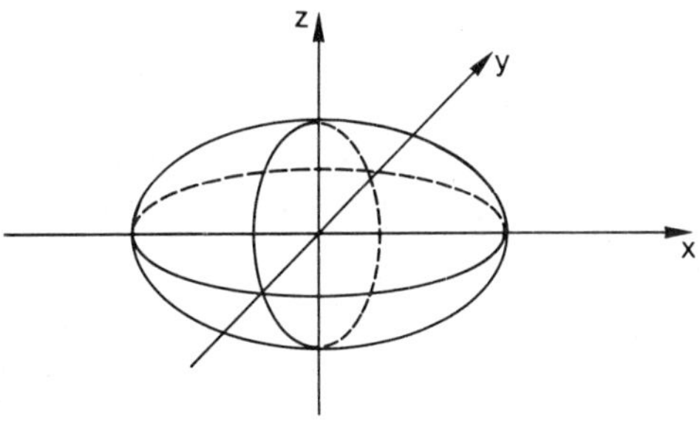

Abb. 14.2

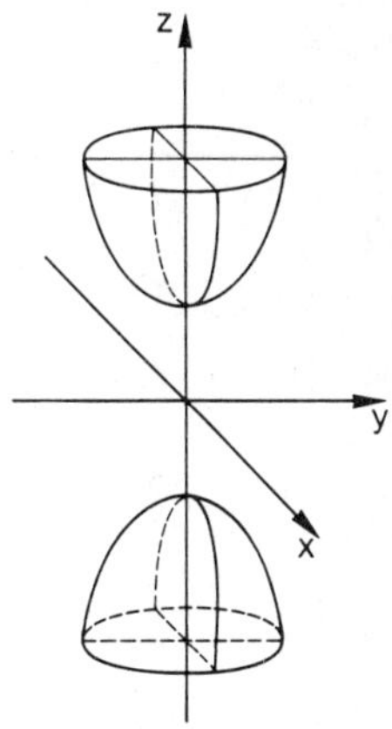

Abb. 14.3

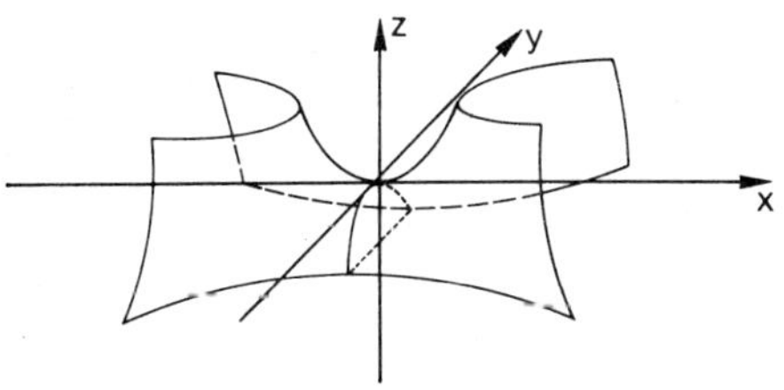

Abb. 14.4

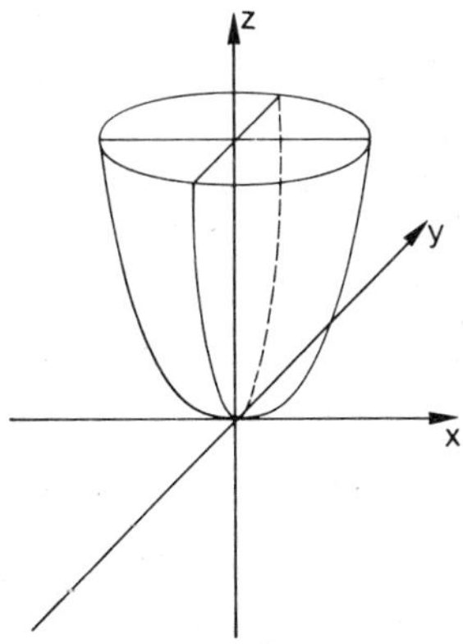

Abb. 14.5

Aufgaben zu Kap. 14:

1. Es sei $f : \mathbb{R}^3 \to \mathbb{R}^3$ eine lineare Abbildung und der Matrix

$$\text{a)} \begin{pmatrix} 3 & 1 & 0 \\ 1 & 2 & -5 \\ 7 & 3 & 6 \end{pmatrix}, \quad \text{b)} \begin{pmatrix} 0 & 0 & 1 \\ 1 & 0 & 0 \\ 0 & 1 & 0 \end{pmatrix}$$

   bezüglich der kanonischen Basis $\mathfrak{e}_1, \mathfrak{e}_2, \mathfrak{e}_3$ zugeordnet. Man gebe die Bilder von $\mathfrak{x} = (1, 1, 1)$ sowie von $\mathfrak{e}_1, \mathfrak{e}_2$ und $\mathfrak{e}_3$ an.

2. Man bestimme die Eigenwerte und Eigenvektoren der folgenden Matrizen:

$$\text{a)} \begin{pmatrix} a & b \\ -b & a \end{pmatrix}, \quad \text{b)} \begin{pmatrix} 3 & 1 \\ 0 & 1 \end{pmatrix}, \quad \text{c)} \begin{pmatrix} 3 & 1 \\ -4 & 1 \end{pmatrix},$$

$$\text{d)} \begin{pmatrix} 3 & 1 \\ 6 & 1 \end{pmatrix}, \quad \text{e)} \begin{pmatrix} 2 & 0 & 0 \\ 0 & 1 & 1 \\ 0 & 0 & 1 \end{pmatrix}, \quad \text{f)} \begin{pmatrix} -1 & 1 & \sqrt{2} \\ 1 & -1 & \sqrt{2} \\ \sqrt{2} & \sqrt{2} & 0 \end{pmatrix}.$$

3. Man gebe die Transformationsgleichungen für die folgende Koordinatentransformation im $\mathbb{R}^2$ an:

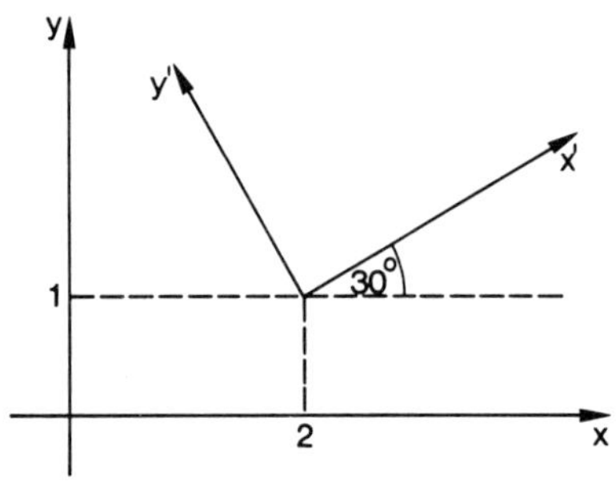

Abb. 14.6

4. Im $\mathbb{R}^2$ sei die kovariante Basis $\mathfrak{b}_1 = \begin{pmatrix} 1 \\ 1 \end{pmatrix}$, $\mathfrak{b}_2 = \begin{pmatrix} 0 \\ 1 \end{pmatrix}$ gegeben. Man berechne die zugehörige kontravariante Basis $\mathfrak{b}^1$, $\mathfrak{b}^2$.

5. T: $\mathbb{R}^2 \times \mathbb{R}^2 \to \mathbb{R}$ sei definiert durch

$$T(\mathfrak{x}, \mathfrak{y}) = x^1 y^1 + 2x^2 y^2 - 2x^1 y^2 - 2x^2 y^1$$

   mit $\mathfrak{x} = \begin{pmatrix} x^1 \\ x^2 \end{pmatrix}$, $\mathfrak{y} = \begin{pmatrix} y^1 \\ y^2 \end{pmatrix}$. Man zeige, daß T ein Tensor 2. Stufe ist und berechne seine ko- und kontravarianten Koordinaten.

6. Man bestimme die dem dyadischen Produkt $(\mathfrak{a}\,\mathfrak{b})$ zugeordnete lineare Abbildung $f : \mathbb{R}^n \to \mathbb{R}^n$ (gemäß Beispiel 14.22e).

7. Man zeige, daß die Symmetrie der Koordinaten eines Tensors zweiter Stufe nicht vom Koordinatensystem abhängig ist.

8. Es sei $T = (\mathfrak{e}_i\,\mathfrak{b}^i)$ der Tensor, der durch die entsprechende Summe der dyadischen Produkte der kanonischen Einheitsvektoren und der Basis

$$\mathfrak{b}_1 = \begin{pmatrix}1\\1\\1\end{pmatrix}, \quad \mathfrak{b}_2 = \begin{pmatrix}0\\1\\1\end{pmatrix}, \quad \mathfrak{b}_3 = \begin{pmatrix}2\\0\\1\end{pmatrix} \text{ gebildet wird.}$$

Man bestimme die kontravariante Basis $\mathfrak{b}^1, \mathfrak{b}^2, \mathfrak{b}^3$ und die diesbezüglichen kontravarianten Koordinaten von T.

9. Man orthonormiere die Basis $\mathfrak{b}_1 = \begin{pmatrix}1\\1\\1\end{pmatrix}$, $\mathfrak{b}_2 = \begin{pmatrix}0\\1\\1\end{pmatrix}$, $\mathfrak{b}_3 = \begin{pmatrix}2\\0\\1\end{pmatrix}$ des letzten Beispiels mit dem Verfahren des Beweises von Satz 14.9a. Dann gebe man die orthogonale Matrix an, die die Drehung von $\mathfrak{e}_1, \mathfrak{e}_2, \mathfrak{e}_3$ in die orthonormierte Basis angibt.

10. Man bestimme den Typus der folgenden Kegelschnitte sowie, falls vorhanden und eindeutig bestimmt, die Koordinaten des Mittelpunktes.

   a) $16x^2 + 24xy + 9y^2 + 22x + 4y - 16 = 0$

   b) $x^2 + 2\sqrt{2}\,xy - 4\sqrt{2}\,x - 2\sqrt{2}\,y + 4\sqrt{2} = 0$

   c) $5x^2 - 6xy + 5y^2 + 26x - 22y + 5 = 0$

   d) $x^2 - 3xy + 4y^2 + 5x - 18y + 36 = 0$

   e) $x^2 - xy - 12y^2 = 0$

   f) $3x^2 + 2xy + 3y^2 - 4x + 4y + 4 = 0$

11. Man bestimme den Typus der folgenden Flächen 2. Grades:

   a) $x^2 + 2y^2 + 2xz + 4yz + 3z^2 + 2y + 1 = 0$

   b) $2x^2 + y^2 + 2xz + 6yz + z^2 + 2x + 2z = 0$

   c) $x^2 + 2y^2 + 2xz + 4yz + 3z^2 - 2z + 2 = 0.$

12. Die Ellipse $\frac{x^2}{a^2} + \frac{y^2}{b^2} = 1$ mit $a^2 > b^2$ sei gegeben. Man bezeichnet die Punkte

$$\mathfrak{b}_\pm = \begin{pmatrix}\pm e\\0\end{pmatrix} \quad \text{mit} \quad e = \sqrt{a^2 - b^2} \quad \text{als Brennpunkte. Man beweise:}$$

   a) Für jeden Punkt $\mathfrak{x}$ auf der Ellipse ist $|\mathfrak{x} - \mathfrak{b}_+| + |\mathfrak{x} - \mathfrak{b}_-|$ gleich einem festen Wert (Gärtnerkonstruktion).

   b) Verschiebt man den Nullpunkt des Koordinatensystems nach $\mathfrak{b}_+$, so zeige man, daß die Ellipse in Polarkoordinaten die Darstellung

$$r = \frac{p}{\epsilon\ \cos\varphi + 1}, \quad -\pi < \varphi \leq \pi$$

   hat mit der Exzentrizität $\epsilon = \frac{e}{a}$ und dem Halbparameter $p = \frac{b^2}{a}$.

13. a) Man bestimme für die Hyperbel $\frac{x^2}{a^2} - \frac{y^2}{b^2} = 1$ die Asymptoten und zeige, daß diese auch Asymptoten der konjugierten Hyperbel $\frac{x^2}{a^2} - \frac{y^2}{b^2} = -1$ sind.

b) Mit $e = \sqrt{a^2 + b^2}$ heißen $\mathfrak{b}_\pm = \binom{\pm e}{0}$ die Brennpunkte der Hyperbel, $\epsilon = \frac{e}{a}$ heißt wieder Exzentrizität und $p = \frac{b^2}{a}$ Halbparameter. Verschiebt man den Nullpunkt des Koordinatensystems nach $\mathfrak{b}_-$, so zeige man, daß in Polarkoordinaten die beiden Zweige der Hyperbel die Darstellung haben ($\epsilon \cos \varphi_0 = 1$):

$$r = \frac{p}{\epsilon \cos\varphi - 1}, \quad -\varphi_0 < \varphi < \varphi_0; \quad r = \frac{p}{\epsilon \cos\varphi + 1}, \quad -\pi + \varphi_0 < \varphi < \pi - \varphi_0.$$

14. Für die Parabel $y^2 = -2px$ heißt $\mathfrak{b} = (-\frac{p}{2}, 0)$ Brennpunkt, p Halbparameter ($p > 0$).

a) Man verschiebe den Nullpunkt des Koordinatensystems in den Brennpunkt und zeige, daß dann die Parabel in Polarkoordinaten die Darstellung hat

$$r = \frac{p}{\cos\varphi + 1}, \quad -\pi < \varphi < \pi.$$

b) Man zeige, daß in jedem Punkt $\mathfrak{x}$ der Parabel der Vektor $\mathfrak{b} - \mathfrak{x}$ denselben Winkel mit der Normalen in $\mathfrak{x}$ einschließt wie der Vektor

$-\mathfrak{n}_1 = \binom{-1}{0}$ (Parabolspiegel).

15. Differentialrechnung der Funktionen von mehreren Veränderlichen

I. Stetigkeit und Differentiation

Wie schon zu Beginn des letzten Paragraphen bemerkt, treten in den mathematischen Modellen physikalischer oder technischer Vorgänge naturgemäß vielfach Funktionen der drei räumlichen Variablen und der Zeit auf. Zum einen handelt es sich dabei um reellwertige Funktionen (z. B. Druck, Temperatur), zum anderen um vektorwertige Funktionen (z. B. elektrisches und magnetisches Feld, Strömungsfelder) der vier genannten Variablen. Daher werden jetzt allgemein Abbildungen von Teilmengen des $\mathbb{R}^n$ $(n \geqq 1)$ in den $\mathbb{R}^m$ $(m \geqq 1)$ betrachtet. Die einfachsten Beispiele, nämlich die linearen Abbildungen, sind bereits in Abschnitt I des vorigen Paragraphen kurz behandelt worden.
Funktionen einer Veränderlichen waren im allgemeinen auf einem Intervall definiert. Entsprechend sollen jetzt Gebiete des $\mathbb{R}^n$ erklärt werden, die von uns als Definitionsbereiche von Funktionen mehrerer Variablen verwendet werden sollen.

15.1. Definition: a) Eine Menge $M \subseteq \mathbb{R}^n$ heißt offen, wenn zu jedem $\mathfrak{x}_0 \in M$ eine Kugel (bzw. Kreis) $U_\epsilon(\mathfrak{x}_0) = \{\mathfrak{x} \mid |\mathfrak{x} - \mathfrak{x}_0| < \epsilon\}$ existiert, die in M liegt. $U_\epsilon(\mathfrak{x}_0)$ heißt ϵ-Umgebung von $\mathfrak{x}_0$; jede Menge V, die eine ϵ-Umgebung von $\mathfrak{x}_0$ enthält, heißt Umgebung von $\mathfrak{x}_0$.

b) Eine offene Menge $M \subseteq \mathbb{R}^n$ heißt zusammenhängend, wenn man je zwei ihrer Punkte $\mathfrak{x}$, $\tilde{\mathfrak{x}}$ durch einen Polygonzug verbinden kann, der ganz in M verläuft. Dabei besteht ein Polygonzug aus endlich vielen Ecken $\mathfrak{x} = \mathfrak{x}_0, \mathfrak{x}_1, \ldots, \mathfrak{x}_n = \tilde{\mathfrak{x}}$ und den Verbindungsstrecken von $\mathfrak{x}_i$ und $\mathfrak{x}_{i+1}$ für $i = 0, \ldots, n-1$.

c) Eine nicht leere, offene und zusammenhängende Menge im $\mathbb{R}^n$ heißt Gebiet.

d) Ein Punkt $\mathfrak{x}_0$ heißt Randpunkt der Menge M, wenn in jeder ϵ-Umgebung von $\mathfrak{x}_0$ sowohl Punkte aus M als auch Punkte liegen, die nicht zu M gehören. Die Menge der Randpunkte wird mit ∂M bezeichnet, und $\overline{M} = M \cup \partial M$ heißt abgeschlossene Hülle oder Abschließung von M.

e) Eine Menge M heißt beschränkt, wenn es ein $K > 0$ gibt, so daß $|\mathfrak{x}| \leqq K$ für alle $\mathfrak{x} \in M$.

Für $n = 1$ sind Gebiete offene Intervalle, Abschließungen von Gebieten gerade die abgeschlossenen Intervalle. Für ein Gebiet ist nach a) und d) $G \cap \partial G = \phi$.

15.2. Beispiele:
a) Kreise bzw. Kugeln: $G = \{\mathfrak{x} \mid |\mathfrak{x} - \mathfrak{x}_0| < R\}$ ist das Innere einer Kugel und offenbar zusammenhängend und offen, also ein Gebiet. $\partial G = \{\mathfrak{x} \mid |\mathfrak{x} - \mathfrak{x}_0| = R\}$ ist die Oberfläche der Kugel (dabei $R > 0$).

b) Sind $\mathfrak{a} = (a_1, \ldots, a_n)$, $\mathfrak{b} = (b_1, \ldots, b_n) \in \mathbb{R}^n$ gegeben, so heißt

$$Q = \{\mathfrak{x} \mid \mathfrak{x} = (x_1, \ldots, x_n),\ a_i < x_i < b_i \text{ für } i = 1, \ldots, n\} =:]\mathfrak{a}, \mathfrak{b}[$$

Quader (Rechteck für $n = 2$) oder auch *Intervall.*
Nur dann gilt $Q \neq \phi$, wenn $a_i < b_i$ für alle $i = 1, \ldots, n$. Auch hier ist die Gebietseigenschaft offensichtlich, die leere Menge ist offen. Der Rand ist die auch anschaulich darunter verstandene Menge
$\partial Q = \{\mathfrak{x} \mid x_{i_0} = a_{i_0} \text{ oder } b_{i_0} \text{ für ein } i_0,\ a_i \leqq x_i \leqq b_i \text{ für } i \neq i_0\}$.

c) $\mathbb{R}^n$ ist ein Gebiet mit $\partial \mathbb{R}^n = \phi$.

d) Das Gebiet $G = \{\mathfrak{x} \mid 0 \leqq r_1 < |\mathfrak{x}| < r_2,\ x_n > 0\}$ ist eine halbe Kugelschale der Dicke $r_2 - r_1$.

Die praktisch auftretenden Mengen sind fast immer leicht als Gebiet zu erkennen, auch der Rand ist meist ohne weiteres zu beschreiben. Der Begriff des Gebietes wird uns im folgenden kaum beschäftigen. Es sei darauf hingewiesen, daß der Durchschnitt zweier Gebiete im allgemeinen nur offen, aber nicht zusammenhängend und damit kein Gebiet ist.
Wir wenden uns nun Funktionen zu. $f\colon G \to \mathbb{R}$ mit G Gebiet im $\mathbb{R}^n$ läßt sich durch seinen Graph $\{(\mathfrak{x}, f(\mathfrak{x})) \mid \mathfrak{x} \in G\} \subseteq \mathbb{R}^{n+1}$ veranschaulichen. Allerdings führt dies nur noch für $n = 2$ zu einer anschaulichen Fläche im $\mathbb{R}^3$ (Abb. 15.1).

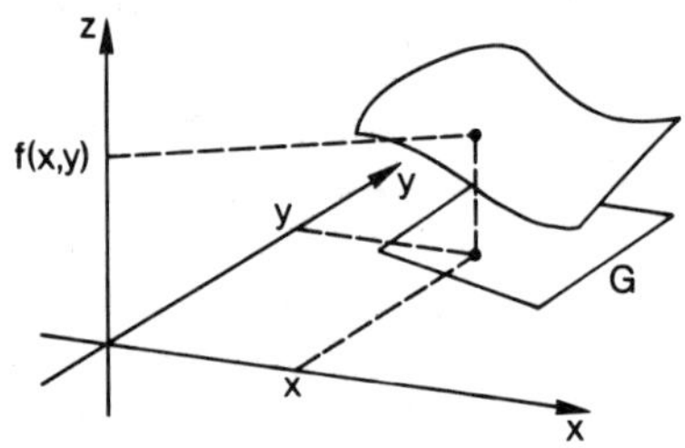

Abb. 15.1

Abbildungen $f\colon G \to \mathbb{R}^3$ mit $G \subseteq \mathbb{R}^n$ kann man sich noch durch den Wertebereich $f(G)$ veranschaulichen, für $n = 1$ handelt es sich um Kurven, für $n = 2$ um Flächen im $\mathbb{R}^3$. In Kap. 17 wird dies ausführlich behandelt. Der Begriff der stetigen Funktion bringt nichts Neues gegenüber Kap. 8, insbesondere gilt Definition 8.2a, d im wesentlichen unverändert, wenn man die Absolutstriche gegebenenfalls als Länge eines Vektors deutet: f besitzt in $\mathfrak{x}_0$ den Grenzwert a, wenn es zu jedem $\epsilon > 0$ ein δ gibt, so daß $|f(\mathfrak{x}) - a| < \epsilon$ für $\mathfrak{x} \in U_\delta(\mathfrak{x}_0)$. Ist $f\colon G \to \mathbb{R}^m$ vektorwertig $(m > 1)$, so ist a durch einen Vektor $\mathfrak{a} \in \mathbb{R}^m$ zu ersetzen. f ist stetig in $\mathfrak{x}_0$, wenn es dort den Grenzwert $f(\mathfrak{x}_0)$ besitzt, wir verwenden wieder die Schreibweise
$f(\mathfrak{x}) = f(\mathfrak{x}_0) + o(1)$. $o(1)$ steht hier gegebenenfalls für einen Vektor mit Komponenten, die ein $o(1)$ sind. Es sei darauf hingewiesen, daß die o-Schreibweise nur die Eigenschaft einer Funktion ausdrückt, für $\mathfrak{x} \to \mathfrak{x}_0$ den Grenzwert 0 zu haben, das ist im $\mathbb{R}^m$ das gleiche wie in $\mathbb{R}$.

Die Sätze 8.4 und 8.5 bleiben bei entsprechender Deutung unverändert gültig und sollen daher nicht noch einmal behandelt werden, 8.4d und 8.5b sind natürlich nur für reellwertige Funktionen g sinnvoll.
Von den anderen Sätzen überträgt sich (sogar in erweiterter Form) noch Satz 8.10, ein Beweis soll aus Platzgründen nicht gegeben werden:

15.3. Satz: Es sei $f\colon \overline{G} \to \mathbb{R}$ stetig in $\overline{G}$, G beschränktes Gebiet im $\mathbb{R}^n$. Dann nimmt f seinen größten und kleinsten Wert in $\overline{G}$ an, d. h. es existieren Punkte $\mathfrak{x}_1, \mathfrak{x}_2 \in \overline{G}$ mit

$$f(\mathfrak{x}_1) = \max\{f(\mathfrak{x}) \mid \mathfrak{x} \in \overline{G}\}, \qquad f(\mathfrak{x}_2) = \min\{f(\mathfrak{x}) \mid \mathfrak{x} \in \overline{G}\}.$$

Diese Aussage gilt auch bei Ersetzung von $\overline{G}$ durch ∂G.

Einige Beispiele sollen nun noch zeigen, daß die Vielfalt der Funktionen von mehreren Veränderlichen erheblich größer ist als bei einer Veränderlichen. Daran anschließend wird die Differentialrechnung behandelt, weitgehend analog zu Kap. 10.

15.4. Beispiele:
a) $f\colon \mathbb{R}^2 - \{(0,0)\} \to \mathbb{R}$ mit

$$f(x,y) = \begin{cases} \operatorname{Arc\,tan} \frac{y}{x} & \text{für } x > 0 \\ \pm \frac{\pi}{2} & \text{für } x = 0,\ y \gtrless 0 \\ \operatorname{Arc\,tan} \frac{y}{x} \pm \pi & \text{für } x < 0,\ y \geqq 0 \text{ bzw. } y < 0. \end{cases}$$

Offenbar ist f gleich dem Hauptwert des Argumentes φ von (x, y), $-\pi < \varphi \leqq \pi$.
f ist auf jeder Halbgeraden durch Null konstant, so daß es im Nullpunkt nicht stetig ergänzbar ist, da es in jeder Umgebung des Nullpunktes jeden Wert in $]-\pi, \pi]$ annimmt. Außerhalb des Nullpunktes und der negativen x-Achse ist f offenbar stetig. Auf der negativen x-Achse ist f unstetig, da man bei Annäherung durch Punkte mit negativer y-Koordinate den Wert $-\pi$ erhält, bei Annäherung durch positive y-Werte π.
b) Ein ähnliches Beispiel ist $f\colon \mathbb{R}^2 - \{(0,0)\} \to \mathbb{R}$ mit

$$f(x,y) = \frac{x^2}{x^2 + y^2}.$$

In Polarkoordinaten ist $f(r\cos\varphi, r\sin\varphi) = \cos^2\varphi$ und daher im Nullpunkt nicht stetig. Der Graph hat die Form einer sich um die z-Achse windenden Wendeltreppe (Abb. 15.2).

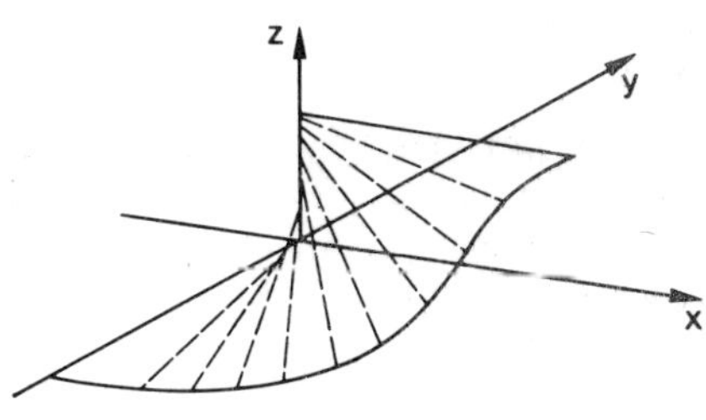

Abb. 15.2

c) Stetige Funktionen sind analog zu $\mathbb{R}$ die Funktionen $f\colon A \to \mathbb{R}$, $A \subseteq \mathbb{R}^n$ mit $f(\mathfrak{x}) = |\mathfrak{x}|$, $f(\mathfrak{x}) = \sqrt{1 - |\mathfrak{x} - \mathfrak{x}_0|^2}$, erstere für alle $\mathfrak{x}$, letztere für $\{|\mathfrak{x} - \mathfrak{x}_0| \leqq 1\}$. Der Graph beschreibt im ersten Fall einen Kegel (Abb. 15.3) im letzteren die Halbkugel vom Radius 1 um $\mathfrak{x}_0$.

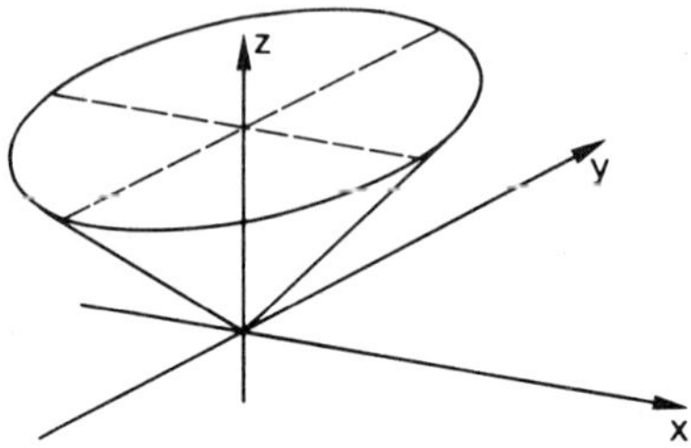

Abb. 15.3

d) Stetig sind auch alle Polynome sowie die rationalen Funktionen, solange der Nenner von Null verschieden ist. Wie Beispiel b) zeigt, kann eine rationale Funktion in einer Nullstelle des Nenners unstetig sein, auch wenn sie in einer Umgebung der Nullstelle beschränkt ist. Das ist für eine Variable anders, da man dort entsprechende Linearfaktoren in Zähler und Nenner kürzen kann. Stetigkeit ist aber auch für mehrere Variable möglich: $f\colon \mathbb{R}^2 \to \mathbb{R}$ mit

$$f(x, y) = \begin{cases} \dfrac{x^3}{x^2 + y^2} & \text{für } (x, y) \neq (0, 0) \\[2ex] 0 & \text{für } (x, y) = (0, 0) \end{cases}$$

ist stetig im Nullpunkt, da $f(r\cos\varphi,\ r\sin\varphi) = r\cos^3\varphi \to 0$ für $r = |\mathfrak{x}| \to 0$.

15.5. Definition: a) In einem Gebiet $G \subseteq \mathbb{R}^n$ sei eine Funktion $f\colon G \to \mathbb{R}$ gegeben. f heißt in $\mathfrak{x}_0 \in G$ differenzierbar, wenn es eine lineare Abbildung $L\colon \mathbb{R}^n \to \mathbb{R}$ gibt, so daß

$$f(\mathfrak{x}) = f(\mathfrak{x}_0) + L(\mathfrak{x} - \mathfrak{x}_0) + o(|\mathfrak{x} - \mathfrak{x}_0|) \quad \text{für} \quad \mathfrak{x} \to \mathfrak{x}_0.$$

L heißt Ableitung oder *Gradient* von f, Bezeichnungsweise: $f_{\mathfrak{x}}(\mathfrak{x}_0)$ oder $\operatorname{grad} f(\mathfrak{x}_0)$ oder $\nabla f(\mathfrak{x}_0)$ (letzteres gesprochen: Nabla).

b) Für eine Abbildung $f\colon G \to \mathbb{R}^m$ mit $m > 1$ gilt die gleiche Definition, die Ableitung ist eine lineare Funktion $L\colon \mathbb{R}^n \to \mathbb{R}^m$ und heißt auch Funktionalmatrix $f_{\mathfrak{x}}(\mathfrak{x}_0)$.

Gemäß Satz 14.2b entspricht der Ableitung eine Matrix, in der kanonischen Basis ist $L(\mathfrak{x} - \mathfrak{x}_0)$ einfach das Matrizenprodukt dieser Matrix mit $\mathfrak{x} - \mathfrak{x}_0$. Wir wollen – wenn nicht ausdrücklich etwas anderes festgestellt wird – stets $f_{\mathfrak{x}}$ als diese Matrix auffassen und schreiben

$$f(\mathfrak{x}) = f(\mathfrak{x}_0) + f_{\mathfrak{x}}(\mathfrak{x}_0) \cdot (\mathfrak{x} - \mathfrak{x}_0) + o(|\mathfrak{x} - \mathfrak{x}_0|) \quad \text{für } \mathfrak{x} \to \mathfrak{x}_0.$$

Speziell grad f ist ein Zeilenvektor. Ist er von Null verschieden, so ist $\operatorname{grad} f(\mathfrak{x}_0) \cdot (\mathfrak{x} - \mathfrak{x}_0)$ am größten, wenn $\mathfrak{x} - \mathfrak{x}_0$ in die Richtung von $\operatorname{grad} f(\mathfrak{x}_0)$ weist, so daß f in dieser Richtung am stärksten ansteigt: $\operatorname{grad} f(\mathfrak{x}_0)$ weist in die Richtung stärksten Anstieges von f. Später werden wir sehen, daß $\operatorname{grad} f(\mathfrak{x}_0)$ senkrecht auf der Niveaufläche $\{\mathfrak{x} \mid f(\mathfrak{x}) = f(\mathfrak{x}_0)\}$ steht.

Der Fall vektorwertiger Funktionen $f = \begin{pmatrix} f_1 \\ \vdots \\ f_m \end{pmatrix}$ läßt sich auf den Fall reellwertiger Funktionen durch koordinatenweise Betrachtung zurückführen, es ist

$$f_{\mathfrak{x}}(\mathfrak{x}_0) = \begin{pmatrix} \operatorname{grad} f_1(\mathfrak{x}_0) \\ \vdots \\ \operatorname{grad} f_m(\mathfrak{x}_0) \end{pmatrix}.$$

Der Fall einer Variablen $\mathfrak{x} = (x_1)$ ist natürlich überall eingeschlossen. In Kap. 17 werden wir diesen Fall bei den Raumkurven untersuchen. Die Bildmenge von $f(x_0) + f_x(x_0)(x - x_0)$ ist dann gerade die Tangente, physikalisch betrachtet ist f_x der Geschwindigkeitsvektor der durch $f\colon [a, b] \to \mathbb{R}^n$ beschriebenen Bahn eines Massenpunktes.
Vor der Betrachtung von Beispielen und Rechenregeln soll die Zurückführung auf gewisse Ableitungen nach einer Variablen behandelt werden, die eine leichte Berechnung der Funktionalmatrix ermöglicht.

15.6. Definition: a) Für ein Gebiet $G \subseteq \mathbb{R}^n$ sei $f\colon G \to \mathbb{R}$ gegeben. f ist in $\mathfrak{a} \in G$ *partiell differenzierbar nach* x_i, wenn die durch $g(x_i) = f(a_1, \ldots, a_{i-1}, x_i, a_{i+1}, \ldots, a_n)$ erklärte Funktion $g\colon\,]a_i - \delta, a_i + \delta[\, \to \mathbb{R}$ in a_i differenzierbar ist. $g'(a_i)$ heißt partielle Ableitung von f nach x_i in a, diese wird durch $\frac{\partial f}{\partial x_i}(\mathfrak{a})$ oder $f_{x_i}(\mathfrak{a})$ bezeichnet.

b) Die partiellen Ableitungen sind ein Spezialfall der Richtungsableitung: Ist ein Vektor $\mathfrak{n} \in \mathbb{R}^n$ gegeben, so besitzt f in $\mathfrak{x}_0$ eine Richtungsableitung in Richtung $\mathfrak{n}$, wenn die Funktion $g\colon\,]-\delta, \delta] \to \mathbb{R}$ mit

$g(t) = f(\mathfrak{x}_0 + t\mathfrak{n})$

für $t = 0$ differenzierbar ist. Bezeichnung: $\frac{\partial f}{\partial \mathfrak{n}}(\mathfrak{x}_0)$.

c) Für vektorwertige Funktionen $f = \begin{pmatrix} f_1 \\ \vdots \\ f_m \end{pmatrix}$ sei

$$f_{x_i}(\mathfrak{x}_0) = \begin{pmatrix} f_{1x_i}(\mathfrak{x}_0) \\ \vdots \\ f_{mx_i}(\mathfrak{x}_0) \end{pmatrix},$$

entsprechend für Richtungsableitungen.

Offenbar ist $f_{x_i}(\mathfrak{x}_0) = \frac{\partial f}{\partial \mathfrak{n}_i}(\mathfrak{x}_0)$ mit dem kanonischen Einheitsvektor $\mathfrak{n}_i$.

Die partiellen und Richtungsableitungen nutzen nur die Werte von f auf einer Geraden durch $\mathfrak{x}_0$ aus, daher braucht eine partiell differenzierbare Funktion nicht einmal stetig zu sein, geschweige denn differenzierbar. Demgegenüber gilt für Differenzierbarkeit im Sinne von Definition 15.5 sofort Hilfssatz 10.2a, b: Eine in $\mathfrak{x}_0$ differenzierbare Funktion ist in $\mathfrak{x}_0$ auch stetig und die Ableitung ist eindeutig, Beweis wie dort.
Die Beziehungen zwischen Differenzierbarkeit und partieller Differenzierbarkeit beschreibt der nächste Satz, der auch einen expliziten Ausdruck für die Funktionalmatrix durch leicht zu bildende partielle Ableitungen enthält.

15.7. Satz: a) Eine in $\mathfrak{x}_0$ differenzierbare Funktion f ist in $\mathfrak{x}_0$ auch in jeder Richtung differenzierbar, insbesondere also partiell differenzierbar. Es gilt (im kanonischen Koordinatensystem)

$$\frac{\partial f}{\partial \mathfrak{v}}(\mathfrak{x}_0) = f_{\mathfrak{x}}(\mathfrak{x}_0)\cdot\mathfrak{v}, \quad f_{x_i}(\mathfrak{x}_0) = f_{\mathfrak{x}}(\mathfrak{x}_0)\cdot\mathfrak{e}_i$$

und

$$\operatorname{grad} f(\mathfrak{x}_0) = (f_{x_1}(\mathfrak{x}_0), \ldots, f_{x_n}(\mathfrak{x}_0)).$$

Für vektorwertige Funktionen $f = \begin{pmatrix} f_1 \\ \vdots \\ f_m \end{pmatrix}$ hat man analog

$$f_{\mathfrak{x}}(\mathfrak{x}_0) = \left(\frac{\partial f_i}{\partial x_j}(\mathfrak{x}_0)\right)_{\substack{i=1,\ldots,m \\ j=1,\ldots,n}} = \begin{pmatrix} \frac{\partial f_1}{\partial x_1}(\mathfrak{x}_0) & \ldots & \frac{\partial f_1}{\partial x_n}(\mathfrak{x}_0) \\ \vdots & & \vdots \\ \frac{\partial f_m}{\partial x_1}(\mathfrak{x}_0) & \ldots & \frac{\partial f_m}{\partial x_n}(\mathfrak{x}_0) \end{pmatrix}.$$

b) Ist f in einer Umgebung von $\mathfrak{x}_0$ partiell differenzierbar und sind die partiellen Ableitungen von f in $\mathfrak{x}_0$ stetig, so ist f in $\mathfrak{x}_0$ differenzierbar. Dies gilt auch für vektorwertige f.

Die Notwendigkeit der Forderungen in b) zeigt unten das Beispiel 15.8a. Der Satz erlaubt die Sprechweise „*f ist stetig differenzierbar in G*“, wenn f in G stetige partielle Ableitungen besitzt, f ist dann auch differenzierbar und $f_{\mathfrak{x}}$ hat stetige Koordinaten.

Beweis: a) Aus der Definition 15.5 der Differenzierbarkeit ergibt sich sofort

$$f(\mathfrak{x}_0 + \mathfrak{v}t) = f(\mathfrak{x}_0) + f_{\mathfrak{x}}(\mathfrak{x}_0)\cdot\mathfrak{v}t + o(t) \quad \text{für } t \to 0,$$

also gemäß Definition 15.6

$$\frac{\partial f}{\partial \mathfrak{v}}(\mathfrak{x}_0) = f_{\mathfrak{x}}(\mathfrak{x}_0)\cdot\mathfrak{v}.$$

Speziell für $\mathfrak{v} = \mathfrak{e}_i$ ist $f_{x_i}(\mathfrak{x}_0) = f_{\mathfrak{x}}(\mathfrak{x}_0)\cdot\mathfrak{e}_i$ die i-te Koordinate des $\operatorname{grad} f(\mathfrak{x}_0)$ darstellenden Zeilenvektors. Für eine vektorwertige Funktion hat man einfach für jede Koordinate eine entsprechende Zeile.

b) Es sei $\mathfrak{x}_0 = \begin{pmatrix} x_1 \\ \vdots \\ x_n \end{pmatrix}$, $\quad \mathfrak{x} = \mathfrak{x}_0 + \mathfrak{h} = \begin{pmatrix} x_1 + h_1 \\ \vdots \\ x_n + h_n \end{pmatrix}$.

Wegen der partiellen Differenzierbarkeit von f in einer Umgebung von $\mathfrak{x}_0$ gilt für genügend kleines $|\mathfrak{h}|$ nach dem Mittelwertsatz der Differentialrechnung einer Veränderlichen 10.8 mit $0 < \Theta < 1$

$$f(x_1+h_1, x_2+h_2, \ldots, x_n+h_n) = f(x_1, x_2+h_2, \ldots, x_n+h_n) +$$
$$+ f_{x_1}(x_1+\Theta h_1, x_2+h_2, \ldots, x_n+h_n)\, h_1 .$$

Wegen der Stetigkeit von f_{x_1} in $\mathfrak{x}_0$ hat man

$f_{x_1}(x_1+\Theta h_1, x_2+h_2, \ldots, x_n+h_n) = f_{x_1}(x_1, \ldots, x_n) + o(|\mathfrak{h}|)$ für $\mathfrak{h} \to \mathfrak{o}$,
also

$$f(\mathfrak{x}_0+\mathfrak{h}) = f_{x_1}(\mathfrak{x}_0)\, h_1 + f(x_1, x_2+h_2, \ldots, x_n+h_n) + o(|\mathfrak{h}|).$$

Behandelt man die anderen Variablen entsprechend, so folgt nach n Schritten

$$f(\mathfrak{x}_0+\mathfrak{h}) = f(\mathfrak{x}_0) + \sum_{i=1}^{n} f_{x_i}(\mathfrak{x}_0)\, h_i + o(|\mathfrak{h}|)$$
$$= f(\mathfrak{x}_0) + (\operatorname{grad} f(\mathfrak{x}_0)) \cdot \mathfrak{h} + o(|\mathfrak{h}|),$$

somit die Differenzierbarkeit von f in $\mathfrak{x}_0$.

15.8. Beispiele:

a) $f\colon \mathbb{R}^2 \to \mathbb{R}$ mit $f(x, y) = \begin{cases} \dfrac{xy}{(x^2+y^2)^2} & \text{für } (x, y) \neq (0, 0) \\ 0 & \text{für } (x, y) = (0, 0) \end{cases}$ ist auf den Koordinatenachsen Null und besitzt daher für alle x und y partielle Ableitungen $f_x(x, 0) = 0$, $f_y(0, y) = 0$. f ist aber im Nullpunkt nicht stetig, geschweige denn differenzierbar, da in Polarkoordinaten $f(r\cos\varphi, r\sin\varphi) = r^{-2}\cos\varphi\sin\varphi \to \infty$ für $r \to 0$ mit festem $\varphi \neq 0, \pi, \pm\frac{\pi}{2}$.

b) Für $f\colon G \to \mathbb{R}$ mit G Gebiet im $\mathbb{R}^2$ stellt der Graph $\{(\mathfrak{x}, f(\mathfrak{x})) \mid \mathfrak{x} \in G\}$ eine Fläche über G dar. Die Differenzierbarkeit von f in $\mathfrak{x}_0$ bedeutet

$$f(\mathfrak{x}) = f(\mathfrak{x}_0) + f_x(\mathfrak{x}_0)(x - x_0) + f_y(\mathfrak{x}_0)(y - y_0) + o(|\mathfrak{x} - \mathfrak{x}_0|)$$

für $\mathfrak{x} \to \mathfrak{x}_0$. Die affine Funktion

$$g(\mathfrak{x}) = f(\mathfrak{x}_0) + f_x(\mathfrak{x}_0)(x - x_0) + f_y(\mathfrak{x}_0)(y - y_0)$$

beschreibt eine Ebene, die als Tangentialebene bezeichnet wird.
Aus der Form $f_x(\mathfrak{x}_0)(x - x_0) + f_y(\mathfrak{x}_0)(y - y_0) - (z - z_0) = 0$ mit $z_0 = f(\mathfrak{x}_0)$ ersieht man, daß

$$\mathfrak{n} = (f_x(\mathfrak{x}_0),\ f_y(\mathfrak{x}_0), -1) = (\operatorname{grad} f(\mathfrak{x}_0), -1)$$

die Normale der Tangentialebene darstellt, die man natürlich noch normieren kann.

c) Ein Vektorfeld $\mathfrak{v}: G \to \mathbb{R}^n$ mit G Gebiet des $\mathbb{R}^n$ heißt Potentialfeld, wenn eine Funktion $f: G \to \mathbb{R}$ existiert mit $\mathfrak{v} = \operatorname{grad} f$. Solche Felder treten in der Elektrizitäts- und Strömungslehre auf sowie in der Mechanik. Als Coulombsches Potential einer Masse m im Punkt $\mathfrak{x}_0$ bezeichnet man den Ausdruck $\kappa m/|\mathfrak{x}-\mathfrak{x}_0|$ mit einer geeigneten Konstanten κ. Das durch dieses Potential erzeugte Kraftfeld ist

$$\mathfrak{k} = \operatorname{grad} \frac{\kappa m}{|\mathfrak{x}-\mathfrak{x}_0|} = -\kappa m \frac{\mathfrak{x}-\mathfrak{x}_0}{|\mathfrak{x}-\mathfrak{x}_0|^3},$$

wie sich aus $|\mathfrak{x}-\mathfrak{x}_0|_{x_i} = \frac{x_i - x_{0i}}{|\mathfrak{x}-\mathfrak{x}_0|}$ ergibt. Ein formal gleiches Potential hat eine Ladung m im Punkt $\mathfrak{x}_0$, und der Gradient ist das von der Ladung erzeugte elektrische Feld.

Für Ableitungen im $\mathbb{R}^n$ gelten die folgenden Rechenregeln, die im wesentlichen Satz 10.3a und c entsprechen. Die Frage der Existenz einer Umkehrfunktion ist hier schwieriger und wird anschließend behandelt. Die Kettenregel entspricht dagegen formal genau dem Fall einer Variablen. Der Beweis des Satzes ist vollkommen analog zu dem von Satz 10.3a, c und wird daher fortgelassen.

15.9. Satz (Rechenregeln für die Differentiation):

a) f und g seien in $\mathfrak{x}_0$ differenzierbar, dann gilt

$$(f+g)_{\mathfrak{x}}(\mathfrak{x}_0) = f_{\mathfrak{x}}(\mathfrak{x}_0) + g_{\mathfrak{x}}(\mathfrak{x}_0)$$
$$(cf)_{\mathfrak{x}}(\mathfrak{x}_0) = cf_{\mathfrak{x}}(\mathfrak{x}_0) \quad \text{für alle } c \in \mathbb{R}$$
$$(fg)_{\mathfrak{x}}(\mathfrak{x}_0) = g(\mathfrak{x}_0)\, f_{\mathfrak{x}}(\mathfrak{x}_0) + f(\mathfrak{x}_0)\, g_{\mathfrak{x}}(\mathfrak{x}_0)$$
$$\left(\frac{f}{g}\right)_{\mathfrak{x}}(\mathfrak{x}_0) = \frac{1}{g^2(\mathfrak{x}_0)} \left(g(\mathfrak{x}_0)\, f_{\mathfrak{x}}(\mathfrak{x}_0) - f(\mathfrak{x}_0)\, g_{\mathfrak{x}}(\mathfrak{x}_0)\right) \quad \text{für } g(\mathfrak{x}_0) \neq 0.$$

Die ersten beiden Regeln gelten auch für vektorwertige Funktionen f und g, die dritte lautet dann

$$(f^T \cdot g)_{\mathfrak{x}}(\mathfrak{x}_0) = g^T(\mathfrak{x}_0) \cdot f_{\mathfrak{x}}(\mathfrak{x}_0) + f^T(\mathfrak{x}_0) \cdot g_{\mathfrak{x}}(\mathfrak{x}_0).$$

Die vierte hat nur für reellwertiges g Sinn, sie lautet dann ebenso wie die dritte für vektorwertiges f und reellwertiges g, wobei $f(\mathfrak{x}_0)\, g_{\mathfrak{x}}(\mathfrak{x}_0) = (f_i(\mathfrak{x}_0)\, g_{x_j}(\mathfrak{x}_0))$ mit i Zeilen- und j Spaltenindex ist (dyadisches Produkt).

b) Kettenregel: Es seien $f: G_1 \to G_2$ und $g: G_2 \to \mathbb{R}^p$ mit Gebieten $G_1 \subseteq \mathbb{R}^n$ und $G_2 \subseteq \mathbb{R}^m$ gegeben. f sei in $\mathfrak{x}_0 \in G_1$ differenzierbar, g in $f(\mathfrak{x}_0)$. Dann ist $g \circ f$ in $\mathfrak{x}_0$ differenzierbar mit

$$(g \circ f)_{\mathfrak{x}}(\mathfrak{x}_0) = g_{\mathfrak{x}}(f(\mathfrak{x}_0)) \cdot f_{\mathfrak{x}}(\mathfrak{x}_0)$$

(im Sinn der Matrizenmultiplikation).

Hingewiesen sei hier auf die Spezialfälle $n = p = 1$, $m > 1$,

$$(g \circ f)' = (\operatorname{grad} g) \cdot f'$$

und $m = 1$

$$(g \circ f)_{\mathfrak{x}} = g' \operatorname{grad} f = (g_i' f_{x_j})_{\substack{i=1,\dots,p \\ j=1,\dots,n}}.$$

Ähnliche Rechenregeln gelten für das Vektorprodukt (vgl. Kap. 20 III).
Der Mittelwertsatz hat folgendes Aussehen:

15.10. Mittelwertsatz: $f\colon G \to \mathbb{R}$ sei differenzierbar in Gebiet $G \subseteq \mathbb{R}^n$. Dann gibt es zu je zwei Punkten $\mathfrak{x}_1, \mathfrak{x}_2 \in G$, deren Verbindungsstrecke ganz in G liegt, einen Punkt $\mathfrak{x}_0$ auf der Verbindungsstrecke, so daß

$$f(\mathfrak{x}_2) - f(\mathfrak{x}_1) = \operatorname{grad} f(\mathfrak{x}_0) \cdot (\mathfrak{x}_2 - \mathfrak{x}_1).$$

Beweis: Man betrachte $g(t) = f(\mathfrak{x}_1 + t(\mathfrak{x}_2 - \mathfrak{x}_1))$ für $t \in [0, 1]$.
Nach Satz 15.7a ist g differenzierbar und nach dem Mittelwertsatz 10.8 für eine Variable folgt $g(1) - g(0) = g'(\xi)$ für ein $\xi \in \,]0, 1[$ oder

$$f(\mathfrak{x}_2) - f(\mathfrak{x}_1) = \operatorname{grad} f(\mathfrak{x}_0) \cdot (\mathfrak{x}_2 - \mathfrak{x}_1)$$

nach der Kettenregel mit $\mathfrak{x}_0 = \mathfrak{x}_1 + \xi(\mathfrak{x}_2 - \mathfrak{x}_1)$.

15.11. Folgerung: Ist $f\colon G \to \mathbb{R}$ in dem Gebiet $G \subseteq \mathbb{R}^n$ differenzierbar, und $\operatorname{grad} f = \mathfrak{o}$ in G, so ist f konstant.

Beweis: Man kann in einem Gebiet je zwei Punkte $\mathfrak{x}$, $\tilde{\mathfrak{x}}$ durch einen Polygonzug mit den Ecken $\mathfrak{x} = \mathfrak{x}_0, \mathfrak{x}_1, \dots, \mathfrak{x}_n = \tilde{\mathfrak{x}}$ verbinden. Dann wende man den Satz auf die Strecken von $\mathfrak{x}_i$ nach $\mathfrak{x}_{i+1}$ an und es folgt $f(\mathfrak{x}_i) = f(\mathfrak{x}_{i+1})$ für $i = 0, \dots, n-1$, also $f(\mathfrak{x}) = f(\tilde{\mathfrak{x}})$ für alle $\tilde{\mathfrak{x}}$.

15.12. Beispiele:
a) $f\colon \mathbb{R}^n \to \mathbb{R}$ mit $f(\mathfrak{x}) = e^{\mathfrak{a} \cdot \mathfrak{x}}$, $\mathfrak{a}^T \in \mathbb{R}^n$, kann mit der Kettenregel wie folgt differenziert werden:

$$\operatorname{grad} f(\mathfrak{x}) = e^{\mathfrak{a} \cdot \mathfrak{x}} \operatorname{grad}(\mathfrak{a} \cdot \mathfrak{x}) = e^{\mathfrak{a} \cdot \mathfrak{x}} \mathfrak{a}$$

b) Ist $G = \mathbb{R}^2 - \{(x, 0) \mid x \leqq 0\}$ und $Q = \{(r, \varphi) \mid 0 < r < \infty,\ -\pi < \varphi < \pi\}$, so sei $p\colon Q \to G$ die Polarkoordinatenabbildung $x = p_1(r, \varphi) = r \cos \varphi$, $y = p_2(r, \varphi) = r \sin \varphi$.
Ist $f\colon G \to \mathbb{R}$ gegeben, so spricht man bei Betrachtung der Funktion $g = f \circ p$ von Einführung neuer Koordinaten und die Kettenregel liefert

$$\operatorname{grad} g = \operatorname{grad} f \cdot (p_r \; p_\varphi)$$

oder

$$g_r = f_x x_r + f_y y_r, \quad g_\varphi = f_x x_\varphi + f_y y_\varphi.$$

Häufig wählt man dabei für g auch den Buchstaben f, da die Funktionswerte nicht berührt werden.

c) Funktionen $f\colon G \to \mathbb{R}$ mit $f(\mathfrak{x}) = g(|\mathfrak{x}|)$ sind nach Kettenregel für $\mathfrak{x} \neq \mathfrak{o}$ so zu differenzieren:

$$\operatorname{grad} f(\mathfrak{x}) = g'(|\mathfrak{x}|) \operatorname{grad} |\mathfrak{x}| = g'(|\mathfrak{x}|) \frac{\mathfrak{x}}{|\mathfrak{x}|}.$$

Für die Anwendungen ist die Einführung neuer Koordinaten besonders interessant, da man dadurch häufig eine wesentliche Vereinfachung des mathematischen Modells erhalten kann. Dabei handelt es sich um Abbildungen $f\colon G \to H$ für Gebiete $G, H \subseteq \mathbb{R}^n$ und wichtig ist die Frage der Umkehrbarkeit solcher Abbildungen, damit man die Koordinatentransformation rückgängig machen kann. Die Verhältnisse sind in mehreren Variablen komplizierter als in einer, insbesondere kann nicht so ein einfaches Kriterium für die Umkehrbarkeit wie in Folgerung 10.10 ($f' < 0$ bzw. > 0 im Intervall I) angegeben werden. Der folgende Satz ist nur lokal, die Umkehrbarkeit im ganzen Gebiet G muß stets gesondert untersucht werden.

15.13. Satz (*Umkehrbarkeit n-dimensionaler Abbildungen*):

Es sei $f\colon G \to H$ für Gebiete $G, H \subseteq \mathbb{R}^n$ in G stetig differenzierbar. Für $\mathfrak{x}_0 \in G$ sei $f_{\mathfrak{x}}(\mathfrak{x}_0)$ regulär.

Dann existiert eine Umgebung U von $\mathfrak{x}_0$, so daß die Einschränkung $f|_U\colon U \to f(U)$ mit $f|_U(\mathfrak{x}) = f(\mathfrak{x})$ auf den Definitionsbereich U und den Bildbereich $f(U)$ bijektiv wird. Insbesondere ist die Umkehrabbildung $f|_U^{-1}$ in einer Umgebung von $\mathfrak{y}_0 = f(\mathfrak{x}_0)$ erklärt und es gilt

$$(f|_U^{-1})_{\mathfrak{y}}(\mathfrak{y}_0) = (f_{\mathfrak{x}}(\mathfrak{x}_0))^{-1}.$$

Entscheidend ist die Regularität der Funktionalmatrix, diese entspricht der Bedingung $f'(x_0) \neq 0$ in einer Variablen. Aber es sei nochmals darauf hingewiesen, daß der Satz nur eine lokale Aussage gestattet. Übrigens nennt man $\det f_{\mathfrak{x}} =: J$ auch die *Jacobische oder Funktionaldeterminante* der Abbildung.

Beweis: Wegen der Stetigkeit von $f_{\mathfrak{x}}$ ist die Determinante

$$\Delta = \det \begin{pmatrix} \operatorname{grad} f_1(\mathfrak{y}_1) \\ \vdots \\ \operatorname{grad} f_n(\mathfrak{y}_n) \end{pmatrix}$$

für $|\mathfrak{y}_i - \mathfrak{x}_0| \leqq \epsilon$, $i = 1, \ldots, n$, von Null verschieden, da sie Summe von Produkten stetiger Funktionen ist und für $\mathfrak{y}_1 = \ldots = \mathfrak{y}_n = \mathfrak{x}_0$ in die nicht verschwindende Funktionaldeterminante übergeht. Ist daher $U = U_\epsilon(\mathfrak{x}_0)$ und $\mathfrak{x}_1, \mathfrak{x}_2 \in \overline{U}$, so gilt für $i = 1, \ldots, n$ nach dem Mittelwertsatz 15.10

$$f_i(\mathfrak{x}_2) - f_i(\mathfrak{x}_1) = \operatorname{grad} f_i(\mathfrak{y}_i) \cdot (\mathfrak{x}_2 - \mathfrak{x}_1)$$

mit $\mathfrak{y}_i$ auf der Verbindungsstrecke von $\mathfrak{x}_1$ nach $\mathfrak{x}_2$, die natürlich auch in U liegt. Wegen $\Delta \neq 0$ und $\mathfrak{x}_1 \neq \mathfrak{x}_2$ muß daher $f(\mathfrak{x}_2) - f(\mathfrak{x}_1) \neq \mathfrak{o}$ sein, da sonst ein homogenes System für $\mathfrak{x}_2 - \mathfrak{x}_1$ mit regulärer Matrix vorliegt, mithin ist f in $\overline{U}$ injektiv. Schränkt man den Definitionsbereich von f auf U und den Bildbereich auf $f(U)$ ein, so wird f bijektiv (wir behalten für die Einschränkung $f|_U$ denselben

Buchstaben bei). Zu zeigen ist noch, daß $f(U)$ eine δ-Umgebung V von $\mathfrak{y}_0 = f(\mathfrak{x}_0)$ enthält.

Dazu betrachte man $g(\mathfrak{x}) := |f(\mathfrak{x}) - f(\mathfrak{x}_0)|$ und es sei gemäß Satz 15.3 $2\delta = \min\{g(\mathfrak{x}) \mid \mathfrak{x} \in \partial U\}$. Wegen der eben bewiesenen Injektivität und da das Minimum angenommen wird, muß $\delta > 0$ sein. Für $\mathfrak{y}_1 \in V = U_\delta(\mathfrak{y}_0)$ soll nun die Existenz eines $\mathfrak{x}_1 \in U$ gezeigt werden mit $f(\mathfrak{x}_1) = \mathfrak{y}_1$, dann ist $V \subseteq f(U)$ und der Satz ist bewiesen. Es sei $h(\mathfrak{x}) := |f(\mathfrak{x}) - \mathfrak{y}_1|^2$, es soll $\min\{h(\mathfrak{x}) \mid \mathfrak{x} \in U\} = 0$ gefolgert werden. Erst einmal ist auf ∂U

$$h(\mathfrak{x}) \geqq (|f(\mathfrak{x}) - \mathfrak{y}_0| - |\mathfrak{y}_0 - \mathfrak{y}_1|)^2 \geqq (2\delta - \delta)^2 = \delta^2$$

und zum anderen gilt

$$h(\mathfrak{x}_0) = |f(\mathfrak{x}_0) - \mathfrak{y}_1|^2 = |\mathfrak{y}_0 - \mathfrak{y}_1|^2 < \delta^2,$$

also existiert ein $\mathfrak{x}_1 \in U$ ($\mathfrak{x}_1 \notin \partial U$!) mit

$$h(\mathfrak{x}_1) = \min\{h(\mathfrak{x}) \mid \mathfrak{x} \in U\}.$$

Gemäß dem noch zu beweisenden Hilfssatz 15.20 ist $\operatorname{grad} h(\mathfrak{x}_1) = \mathfrak{o}$, es ist aber nach Satz 15.9a $\operatorname{grad} h(\mathfrak{x}) = \operatorname{grad}[(f(\mathfrak{x}) - \mathfrak{y}_1)^T \cdot (f(\mathfrak{x}) - \mathfrak{y}_1)] =$ $= 2(f(\mathfrak{x}) - \mathfrak{y}_1)^T \cdot f_{\mathfrak{x}}(\mathfrak{x})$. Wegen der Regularität von $f_{\mathfrak{x}}(\mathfrak{x}_1)$ muß daher $f(\mathfrak{x}_1) - \mathfrak{y}_1 = \mathfrak{o}$ sein, was zu zeigen war.

Die Behauptung über die Funktionalmatrizen ergibt sich schließlich so:

Der Beweis enthält mit $V \subseteq f(U)$ gerade die Aussage $|f^{-1}(\mathfrak{y}) - f^{-1}(\mathfrak{y}_0)| = |\mathfrak{x} - \mathfrak{x}_0| < \epsilon$ für $|\mathfrak{y} - \mathfrak{y}_0| < \delta$, also die Stetigkeit von f^{-1} in $\mathfrak{x}_0$. Die Differenzierbarkeit von f liefert

$$(*) \qquad \mathfrak{y} - \mathfrak{y}_0 = f(\mathfrak{x}) - f(\mathfrak{x}_0) = f_{\mathfrak{x}}(\mathfrak{x}_0) \cdot (\mathfrak{x} - \mathfrak{x}_0) + o(|\mathfrak{x} - \mathfrak{x}_0|)$$

oder

$$\mathfrak{x} - \mathfrak{x}_0 = \left(f_{\mathfrak{x}}(\mathfrak{x}_0) + \frac{(\mathfrak{x} - \mathfrak{x}_0)^T}{|\mathfrak{x} - \mathfrak{x}_0|}\, o(1)\right)^{-1} \cdot (\mathfrak{y} - \mathfrak{y}_0).$$

Dabei ist $(\mathfrak{x} - \mathfrak{x}_0)^T\, o(1) = ((x_j - x_{0_j})\, o_i(1))_{i,j=1,\dots,n}$ eine Matrix, deren Elemente für $\mathfrak{x} \to \mathfrak{x}_0$ schneller als $|\mathfrak{x} - \mathfrak{x}_0|$ gegen Null streben, so daß wegen der Regularität von $f_{\mathfrak{x}}(\mathfrak{x}_0)$ die angegebene inverse Matrix existiert, wenn $\mathfrak{x}$ nahe genug an $\mathfrak{x}_0$ ist. Dann kann man aber sofort zeilenweise abschätzen

$$|x_i - x_{0i}| \leqq A_i\, |\mathfrak{y} - \mathfrak{y}_0|$$

und damit auch

$$|\mathfrak{x} - \mathfrak{x}_0| \leqq A\, |\mathfrak{y} - \mathfrak{y}_0|.$$

Dies bedeutet, daß man $|\mathfrak{x} - \mathfrak{x}_0|\, o(1)$ durch $|\mathfrak{y} - \mathfrak{y}_0|\, o(1)$ für $\mathfrak{x} \to \mathfrak{x}_0$ ersetzen kann und wegen der Stetigkeit von f^{-1} kann man auch $\mathfrak{y} \to \mathfrak{y}_0$ schreiben. Damit ist alles gezeigt, denn (*) liefert bei Multiplikation mit $(f_{\mathfrak{x}}(\mathfrak{x}_0))^{-1}$

$$f^{-1}(\mathfrak{y}) - f^{-1}(\mathfrak{y}_0) = (f_{\mathfrak{x}}(\mathfrak{x}_0))^{-1} \cdot (\mathfrak{y} - \mathfrak{y}_0) + f_{\mathfrak{x}}(\mathfrak{x}_0)^{-1} \cdot o(|\mathfrak{y} - \mathfrak{y}_0|)$$

für $\mathfrak{y} \to \mathfrak{y}_0$ und die Multiplikation mit einer konstanten Matrix ändert nichts am Charakter des letzten Summanden:

$$f^{-1}(\mathfrak{y}) = f^{-1}(\mathfrak{y}_0) + (f_{\mathfrak{x}}(\mathfrak{x}_0))^{-1} \cdot (\mathfrak{y} - \mathfrak{y}_0) + o(|\mathfrak{y} - \mathfrak{y}_0|).$$

Aus diesem Satz lassen sich zahlreiche verwandte Sätze folgern, von denen einer für uns wichtig ist:

15.14. Folgerung: Sei $f\colon G \to \mathbb{R}$ in dem Gebiet $G \subseteq \mathbb{R}^n$ stetig differenzierbar und für $\mathfrak{x}_0 \in G$ sei $f(\mathfrak{x}_0) = 0$, $f_{x_n}(\mathfrak{x}_0) \neq 0$.
Setzt man $\mathfrak{x}' = (x_1, \ldots, x_{n-1})$, so existiert eine Umgebung U' von $\mathfrak{x}'_0$ und eine stetig differenzierbare Funktion $g\colon U' \to \mathbb{R}$ mit $f(\mathfrak{x}', g(\mathfrak{x}')) = 0$ für alle $\mathfrak{x}' \in U'$ und $(\mathfrak{x}'_0, g(\mathfrak{x}'_0)) = \mathfrak{x}_0$.

Beweis: Es sei $\tilde{f}\colon G \to \mathbb{R}^n$ definiert durch $\tilde{f}(\mathfrak{x}) = \begin{pmatrix} \mathfrak{x}' \\ f(\mathfrak{x}) \end{pmatrix}$, dann ist $\tilde{f}$ in G stetig differenzierbar mit

$$\tilde{f}_{\mathfrak{x}} = \begin{pmatrix} 1 & 0 & 0 \\ 0 & & \vdots \\ 0 & 1 & 0 \\ \text{grad} & f & \end{pmatrix}.$$

$\tilde{f}_{\mathfrak{x}}$ ist regulär in $\mathfrak{x}_0$ wegen $f_{x_n}(\mathfrak{x}_0) \neq 0$, es existiert also in einer Umgebung V von $\mathfrak{y}_0 = \tilde{f}(\mathfrak{x}_0)$ eine stetig differenzierbare Umkehrfunktion $\tilde{g}$ mit $\tilde{g}(\mathfrak{y}_0) = \mathfrak{x}_0$. Offenbar ist dabei $\mathfrak{x}' = \mathfrak{y}'$ und $\tilde{g}(\mathfrak{y}) = \begin{pmatrix} \mathfrak{y}' \\ g(\mathfrak{y}) \end{pmatrix}$. Setzt man $y_n = f(\mathfrak{x}) = 0$, so wird $f(\mathfrak{y}', g(\mathfrak{y}', 0)) = 0$ für $\mathfrak{y}' \in V' = \{\mathfrak{y} \mid \mathfrak{y} \in V,\ y_n = 0\}$. Wegen $\mathfrak{y}' = \mathfrak{x}'$ ist das aber gerade die Behauptung.

15.15. Beispiele:

a) Polarkoordinaten in der Ebene.

Es sei $\mathfrak{y} = \begin{pmatrix} r \\ \varphi \end{pmatrix}$, $\mathfrak{x} = \begin{pmatrix} x \\ y \end{pmatrix}$, $G = \{\mathfrak{y} \mid r > 0\}$ und $f\colon G \to \mathbb{R}^2$ mit

$$\mathfrak{x} = f(\mathfrak{y}) := \begin{pmatrix} r \cos\varphi \\ r \sin\varphi \end{pmatrix}.$$

Dann ist

$$\mathfrak{x}_{\mathfrak{y}} = \begin{pmatrix} \cos\varphi & -r\sin\varphi \\ \sin\varphi & r\cos\varphi \end{pmatrix} \quad \text{und} \quad \det \mathfrak{x}_{\mathfrak{y}} = r.$$

Also ist die Abbildung lokal umkehrbar, allerdings nicht global, dazu ist z. B. φ einzuschränken durch $-\pi < \varphi < \pi$.
Die achsenparallelen Geraden der (r, φ)-Ebene gehen in Kreise um und Halbgeraden durch den Nullpunkt der x-y-Ebene über (Abb. 15.4). Der
Übergang von Ableitungen nach x und y zu denen nach r und φ ist bereits in Beispiel 15.12b behandelt worden. In der umgekehrten Richtung hat man für eine Funktion g

$$g_x = g_r r_x + g_\varphi \varphi_x = g_r \cos\varphi - g_\varphi \frac{\sin\varphi}{r}$$

$$g_y = g_r r_y + g_\varphi \varphi_y = g_r \sin\varphi + g_\varphi \frac{\cos\varphi}{r}.$$

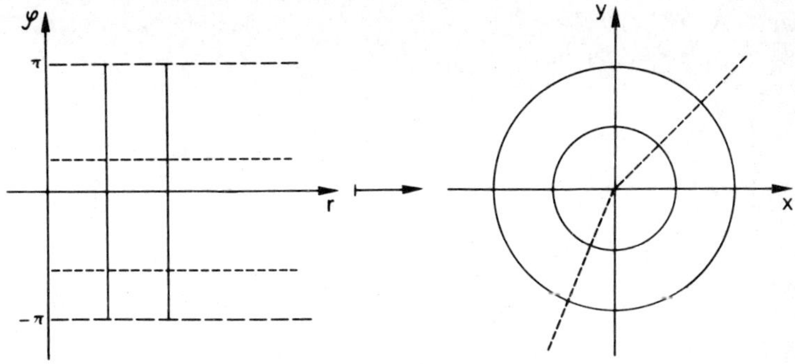

Abb. 15.4

b) Kugelkoordinaten im Raum.
Häufig sind die folgenden Koordinaten im Raum von Nutzen (Abb. 15.5).

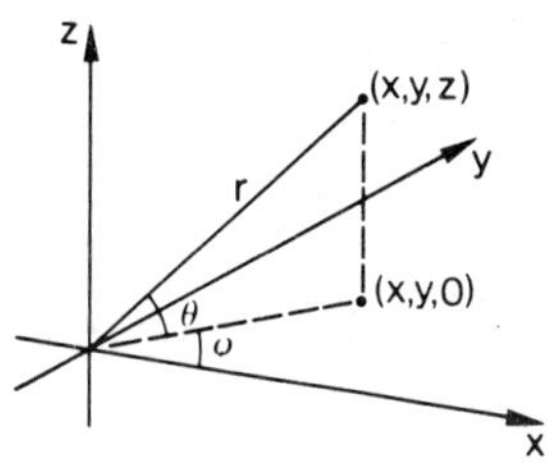

Abb. 15.5

Man lege $\mathfrak{x} = \begin{pmatrix} x \\ y \\ z \end{pmatrix}$ durch den Abstand vom Nullpunkt r, den Winkel φ der Projektion in die x-y-Ebene mit der x-Achse und den Winkel θ der Projektion mit $\mathfrak{x}$ fest. Man überlegt sich leicht

$$\begin{aligned} x &= r\cos\theta\cos\varphi & r &= \sqrt{x^2+y^2+z^2} \\ y &= r\cos\theta\sin\varphi & \varphi &= \operatorname{Arc\,tan}\frac{y}{x}\ (+\pi \text{ für } x<0) \text{ für } x \neq 0 \\ z &= r\sin\theta & \theta &= \operatorname{Arc\,tan}\frac{z}{\sqrt{x^2+y^2}} \text{ für } x^2+y^2 \neq 0 \end{aligned}$$

und $0 \leqq r,\ \ 0 \leqq \varphi < 2\pi,\ \ -\frac{\pi}{2} \leqq \theta \leqq \frac{\pi}{2}$.

Setzt man $\mathfrak{y} = \begin{pmatrix} r \\ \varphi \\ \theta \end{pmatrix}$, so gilt

$$\mathfrak{x}_{\mathfrak{y}} = \begin{pmatrix} \cos\theta\cos\varphi & -r\cos\theta\sin\varphi & -r\sin\theta\cos\varphi \\ \cos\theta\sin\varphi & r\cos\theta\cos\varphi & -r\sin\theta\sin\varphi \\ \sin\theta & 0 & r\cos\theta \end{pmatrix}$$

mit $\det \varphi_{\eta\gamma} = r^2 \cos\theta$. Für $r \neq 0$ und $\theta \neq \pm \frac{\pi}{2}$, d. h. mit Ausnahme der z-Achse, ist die Abbildung lokal umkehrbar, die globale Umkehrbarkeit in $G = \{(r, \varphi, \theta) \mid r > 0,\ \ 0 < \varphi < 2\pi,\ |\theta| < \frac{\pi}{2}\}$ ergibt sich aus der Herleitung der Transformation. $\eta\gamma_{\varphi}$ kann man entweder direkt oder durch Bildung von $(\varphi_{\eta\gamma})^{-1}$ ausrechnen:

$$\eta\gamma_{\varphi} = \begin{pmatrix} \frac{x}{r} & \frac{y}{r} & \frac{z}{r} \\ -\frac{y}{x^2+y^2} & \frac{x}{x^2+y^2} & 0 \\ -\frac{xz}{r^2\sqrt{x^2+y^2}} & -\frac{yz}{r^2\sqrt{x^2+y^2}} & \frac{\sqrt{x^2+y^2}}{r^2} \end{pmatrix}.$$

c) Häufig verwendet man Zylinderkoordinaten: Für x und y werden Polarkoordinaten eingeführt und z wird nicht transformiert:

$$x = r\cos\varphi, \quad y = r\sin\varphi, \quad z = z.$$

d) Als Beispiel für weitere Koordinatensysteme seien parabolische Koordinaten in der Ebene angeführt, die z. B. bei Spiegelung an einem parabolischen Zylinder von Nutzen sind.
Man betrachtet alle Parabeln, die symmetrisch zur x-Achse sind und den Brennpunkt im Nullpunkt haben (Abb. 15.6)

$$y^2 = 2p\left(x + \frac{p}{2}\right).$$

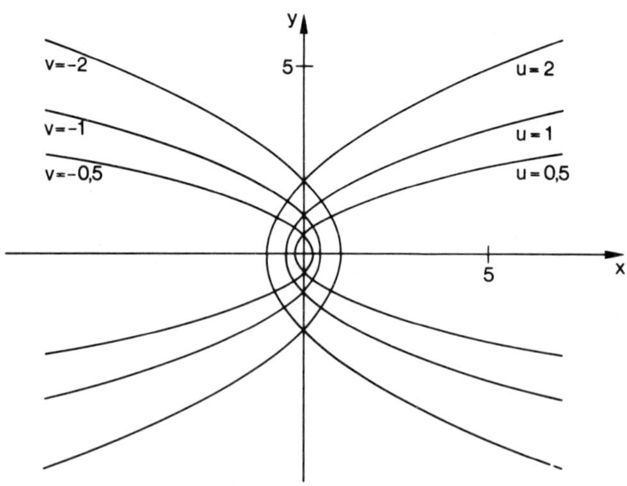

Abb. 15.6

Durch jeden Punkt der Ebene gehen zwei Parabeln der Schar, nämlich die mit den Werten

$$p_{1,2} = -x \pm \sqrt{x^2 + y^2}\,.$$

Führen wir die beiden Werte als neue Variablen ein,

$$u = -x + \sqrt{x^2 + y^2}\,, \qquad v = -x - \sqrt{x^2 + y^2}\,,$$

so spricht man von parabolischen Koordinaten. $u = c$ entspricht einer nach rechts offenen Parabel, $v = c$ einer nach links offenen. Offenbar ist $u \geqq 0$, $v \leqq 0$ und man muß sich der eindeutigen Umkehrbarkeit wegen auf $y \geqq 0$ beschränken. Man erhält

$$x = -\tfrac{1}{2}(u + v), \quad y = \sqrt{-uv}$$

und mit $\mathfrak{u} = \begin{pmatrix} u \\ v \end{pmatrix}$

$$\mathfrak{u}_{\mathfrak{x}} = \begin{pmatrix} -1 + \dfrac{x}{\sqrt{x^2 + y^2}} & \dfrac{y}{\sqrt{x^2 + y^2}} \\[2ex] -1 - \dfrac{x}{\sqrt{x^2 + y^2}} & \dfrac{-y}{\sqrt{x^2 + y^2}} \end{pmatrix},$$

$$\mathfrak{x}_{\mathfrak{u}} = \begin{pmatrix} -\frac{1}{2} & -\frac{1}{2} \\[2ex] \frac{1}{2}\sqrt{-\frac{v}{u}} & -\frac{1}{2}\sqrt{-\frac{u}{v}} \end{pmatrix}$$

sowie $\det \mathfrak{u}_{\mathfrak{x}} = \dfrac{2y}{\sqrt{x^2 + y^2}}$, lokale Umkehrbarkeit ist für $y \neq 0$ gegeben.

d) Als weiteres Beispiel zur Differentialrechnung mehrerer Veränderlichen sei das in Kap. 11 II behandelte Newtonsche Näherungsverfahren für mehrere Variable angeführt.

Es sei $f\colon G \to \mathbb{R}^n$ die Abbildung eines Gebietes $G \subseteq \mathbb{R}^n$, gesucht ist eine Nullstelle von f. Nach Satz 15.13 wird man für ein konvergentes Verfahren, das eine eindeutige Nullstelle erfordert, $f_{\mathfrak{x}}$ regulär verlangen müssen.

Man geht analog zu einer Veränderlichen wie folgt vor: $\mathfrak{x}_0$ sei ein Näherungswert für die Nullstelle $\mathfrak{x}$, man ersetzt f in einer Umgebung von $\mathfrak{x}_0$ durch die lineare Funktion

$$f(\mathfrak{x}_0) + f_{\mathfrak{x}}(\mathfrak{x}_0) \cdot (\mathfrak{x} - \mathfrak{x}_0)$$

und bestimmt deren Nullstelle $\mathfrak{x}_1$:

$$\mathfrak{x}_1 = \mathfrak{x}_0 - (f_{\mathfrak{x}}(\mathfrak{x}_0))^{-1} \cdot f(\mathfrak{x}_0).$$

Iteration liefert

$$\mathfrak{x}_n = \mathfrak{x}_{n-1} - (f_{\mathfrak{x}}(\mathfrak{x}_{n-1}))^{-1} \cdot f(\mathfrak{x}_{n-1}).$$

Diese Formel entspricht genau der für eine Variable, die Konvergenz soll nicht untersucht, dafür das folgende Beispiel betrachtet werden (n = 2):

$$f_1(x, y) = x^2 + y^2 - 2 = 0 \qquad \text{(Kreis um den Nullpunkt)}$$
$$f_2(x, y) = 5xy + (x^2 - y^2) - 4 = 0 \qquad \text{(Hyperbel).}$$

Es ist

$$f_{\mathfrak{x}}(x, y) = \begin{pmatrix} 2x & 2y \\ 5y + 2x & 5x - 2y \end{pmatrix}, \quad [f_{\mathfrak{x}}(x, y)]^{-1} = \frac{1}{10x^2 - 8xy - 10y^2} \begin{pmatrix} 5x - 2y & -2y \\ -5y - 2x & 2x \end{pmatrix}.$$

Beginnt man mit $\mathfrak{x}_0 = \begin{pmatrix} 1 \\ 1 \end{pmatrix}$, so folgt

$$\mathfrak{x}_1 = \begin{pmatrix} 1 \\ 1 \end{pmatrix} + \frac{1}{8} \begin{pmatrix} 3 & -2 \\ -7 & 2 \end{pmatrix} \cdot \begin{pmatrix} 0 \\ 1 \end{pmatrix} = \begin{pmatrix} 3/4 \\ 5/4 \end{pmatrix},$$

$$\mathfrak{x}_2 = \begin{pmatrix} 3/4 \\ 5/4 \end{pmatrix} + \frac{2}{35} \begin{pmatrix} 5/4 & -10/4 \\ -31/4 & 6/4 \end{pmatrix} \cdot \begin{pmatrix} 2/16 \\ -5/16 \end{pmatrix} = \begin{pmatrix} 45/56 \\ 327/280 \end{pmatrix}.$$

II. Taylorsche Formel und Extremwerte

Für eine in einem Gebiet $G \subseteq \mathbb{R}^n$ differenzierbare Funktion $f: G \to \mathbb{R}$ kann man nach der Existenz höherer Ableitungen fragen. Wir beschränken uns auf die Betrachtung höherer partieller Ableitungen, deren Stetigkeit nach Satz 15.7 die Existenz höherer Ableitungen im Sinne von Definition 15.5 nach sich zieht.

Bezeichnungsweise: $\frac{\partial}{\partial x_i}\left(\frac{\partial f}{\partial x_j}\right) =: \frac{\partial^2 f}{\partial x_i \partial x_j}$, $(f_{x_j})_{x_i} =: f_{x_j x_i}$ usw.

f heiße *n-mal stetig differenzierbar* in G, wenn alle partiellen Ableitungen bis zur n-ten Ordnung einschließlich in G existieren und stetig sind.
Die Vielfalt der höheren Ableitungen wird eingeschränkt durch den

15.16. Satz (von H. A. Schwarz): Es sei G ein Gebiet des $\mathbb{R}^n$ und $f: G \to \mathbb{R}$ in G stetig differenzierbar. Existiert $f_{x_i x_j}$ in G und ist es in $\mathfrak{x}_0 \in G$ stetig, so existiert auch $f_{x_j x_i}(\mathfrak{x}_0)$ und es gilt

$$f_{x_i x_j}(\mathfrak{x}_0) = f_{x_j x_i}(\mathfrak{x}_0).$$

Bei entsprechender stetiger Differenzierbarkeit von f spielt also die Reihenfolge der partiellen Ableitungen keine Rolle. Die Stetigkeit der 2. Ableitungen ist dabei wichtig, wie Beispiel 15.17a zeigen wird.

Beweis: Ohne Beschränkung der Allgemeinheit kann man i = 1 und j = 2 annehmen. Dann ist mit $\mathfrak{x}' = (x_3, \ldots, x_n)$ nach dem Mittelwertsatz für eine Variable mit $\mathfrak{x}_0 = (x_1, \ldots, x_n)$, $\mathfrak{x} = \mathfrak{x}_0 + \mathfrak{h}$

$$\begin{aligned}\Delta &= f(x_1+h_1, x_2+h_2, \varphi') - f(x_1+h_1, x_2, \varphi') - f(x_1, x_2+h_2, \varphi') + f(x_1, x_2, \varphi') = \\ &= [f_{x_1}(x_1+\xi_1, x_2+h_2, \varphi') - f_{x_1}(x_1+\xi_1, x_2, \varphi')]\, h_1 \\ &= f_{x_1x_2}(x_1+\xi_1, x_2+\xi_2, \varphi')\, h_1 h_2 .\end{aligned}$$

Andererseits ist bei Anwendung des Mittelwertsatzes in bezug auf x_2

$$\Delta = [f_{x_2}(x_1+h_1, x_2+\eta_2, \varphi') - f_{x_2}(x_1, x_2+\eta_2, \varphi')]\, h_2$$

und für $h_1 h_2 \neq 0$

$$\frac{f_{x_2}(x_1+h_1, x_2+\eta_2, \varphi') - f_{x_2}(x_1, x_2+\eta_2, \varphi')}{h_1} = f_{x_1x_2}(x_1+\xi_1, x_2+\xi_2, \varphi').$$

Wegen der Stetigkeit von $f_{x_1x_2}$ in φ_0 ist weiter

$$\left| \frac{f_{x_2}(x_1+h_1, x_2+\eta_2, \varphi') - f_{x_2}(x_1, x_2+\eta_2, \varphi')}{h_1} - f_{x_1x_2}(\varphi_0) \right| < \epsilon$$

für $0 < |h_1| < \delta_1$, $0 < |h_2| < \delta_2$. Lassen wir $h_2 \to 0$ gehen, so konvergiert die linke Seite wegen der Stetigkeit von f_{x_2} und es folgt

$$\left| \frac{f_{x_2}(x_1+h_1, x_2, \varphi') - f_{x_2}(x_1, x_2, \varphi')}{h_1} - f_{x_1x_2}(\varphi_0) \right| \leqq \epsilon$$

für $0 < |h_1| < \delta_1$. Das aber bedeutet die behauptete Existenz von $f_{x_2x_1}(\varphi_0)$ und die Übereinstimmung mit $f_{x_1x_2}(\varphi_0)$.

15.17. Beispiele:

a) Daß die Stetigkeit der zweiten Ableitung im Satz von Schwarz notwendig ist, zeigt das folgende Beispiel $f\colon \mathbb{R}^2 \to \mathbb{R}$ mit

$$f(x, y) = \begin{cases} \dfrac{x^2 y}{x^2 + y^2} & \text{für } (x, y) \neq (0, 0) \\ 0 & \text{für } (x, y) = (0, 0). \end{cases}$$

Für $(x, y) \neq (0, 0)$ ist f offenbar beliebig oft stetig differenzierbar, es ist dann

$$f_x(x, y) = \frac{2xy^3}{(x^2+y^2)^2}, \qquad f_y(x, y) = \frac{x^2(x^2-y^2)}{(x^2+y^2)^2}.$$

Im Nullpunkt gilt wegen $f(x, 0) = 0$ für alle x und $f(0, y) = 0$ für alle y

$$f_x(0, 0) = 0, \qquad f_y(0, 0) = 0.$$

Daher ist $f_x(0, y) = 0$ für alle y und $f_{xy}(0, 0) = 0$.
Andererseits ist aber $f_y(x, 0) = 1$ für $x \neq 0$, $= 0$ für $x = 0$, so daß die Ableitung $f_{yx}(0, 0)$ nicht existiert.

b) Auch höhere Ableitungen kann man natürlich bei Koordinatentransformationen umrechnen. Dies soll hier für den wichtigen Differentialoperator

$$\Delta u := \sum_{i=1}^{n} u_{x_i x_i}$$

geschehen, der Laplace-Operator heißt, bei Einführung von Polarkoordinaten in der Ebene:

$$\Delta u = u_{xx} + u_{yy} = (u_r r_x + u_\varphi \varphi_x)_x + (u_r r_y + u_\varphi \varphi_y)_y$$

$$= u_{rr}(r_x^2 + r_y^2) + 2u_{r\varphi}(r_x \varphi_x + r_y \varphi_y) + u_{\varphi\varphi}(\varphi_x^2 + \varphi_y^2) + u_r \Delta r + u_\varphi \Delta\varphi.$$

Gemäß Beispiel 15.15a folgt dann

$$\Delta u = u_{rr} + \frac{1}{r} u_r + \frac{1}{r^2} u_{\varphi\varphi}.$$

c) Ähnlich ergibt sich für Umrechnung auf Kugelkoordinaten im Raum nach Beispiel 15.15b

$$\Delta u = u_{xx} + u_{yy} + u_{zz} = (u_r r_x + u_\varphi \varphi_x + u_\theta \theta_x)_x + (u_r r_y + u_\varphi \varphi_y + u_\theta \theta_y)_y + (u_r r_z + u_\varphi \varphi_z + u_\theta \theta_z)_z$$

$$= u_{rr}(r_x^2 + r_y^2 + r_z^2) + 2u_{r\varphi}(r_x \varphi_x + r_y \varphi_y + r_z \varphi_z)$$

$$+ u_{\varphi\varphi}(\varphi_x^2 + \varphi_y^2 + \varphi_z^2) + 2u_{r\theta}(r_x \theta_x + r_y \theta_y + r_z \theta_z)$$

$$+ u_{\theta\theta}(\theta_x^2 + \theta_y^2 + \theta_z^2) + 2u_{\varphi\theta}(\varphi_x \theta_x + \varphi_y \theta_y + \varphi_z \theta_z)$$

$$+ u_r \Delta r + u_\varphi \Delta\varphi + u_\theta \Delta\theta$$

$$= u_{rr} + \frac{2}{r} u_r + \frac{1}{r^2}(u_{\varphi\varphi} \cos^{-2}\theta + u_{\theta\theta} - u_\theta \tan\theta).$$

d) Ist $f\colon G \to \mathbb{R}$ in dem Gebiet $G \subseteq \mathbb{R}^n$ zweimal stetig differenzierbar, so kann man durch eine Drehung des Koordinatensystems um den Nullpunkt, der in G liege, erreichen, daß die Matrix der zweiten Ableitungen von f in $\underline{\mathfrak{o}}$ Diagonalgestalt hat. Dies ist im allgemeinen aber nur in einem Punkt möglich. Dabei ist die Matrix der zweiten Ableitungen durch $f_{\mathfrak{x}\mathfrak{x}} := (f_{\mathfrak{x}})^T_{\mathfrak{x}} = (f_{x_i x_j})_{i,\, j = 1, \dots, n}$ erklärt.

Sei $\mathfrak{x} = P \cdot \mathfrak{y}$ mit $P^T = P^{-1}$, dann gilt nach Kettenregel mit $g(\mathfrak{y}) := f(P \cdot \mathfrak{y})$

$$g_{\mathfrak{y}}(\mathfrak{y}) = f_{\mathfrak{x}}(P \cdot \mathfrak{y}) \cdot P$$

und durch erneute Differentiation des Spaltenvektors $g_{\mathfrak{y}}^T$

$$g_{\mathfrak{y}\mathfrak{y}}(\mathfrak{y}) = [f_{\mathfrak{x}}(P \cdot \mathfrak{y}) \cdot P]^T_{\mathfrak{y}} = [P^T \cdot f_{\mathfrak{x}}(P \cdot \mathfrak{y})^T]_{\mathfrak{y}} =$$

$$= P^T \cdot [(f_{\mathfrak{x}})^T_{\mathfrak{x}}|_{\mathfrak{x} = P \cdot \mathfrak{y}}] \cdot P = P^T \cdot f_{\mathfrak{x}\mathfrak{x}}(P \cdot \mathfrak{y}) \cdot P.$$

Der letztere Ausdruck hat wegen der Symmetrie von $f_{\mathfrak{x}\mathfrak{x}}$ (gemäß Satz 15.16) für geeignetes P Diagonalgestalt (Folgerung 14.10).

Als nächstes soll die Approximation einer Funktion durch das Taylorpolynom auf mehrere Variable ausgedehnt werden:

15.18. Satz (*Taylorsche Formel*): Es sei $f\colon G \to \mathbb{R}$ in dem Gebiet $G \subseteq \mathbb{R}^n$ $(k+1)$-mal stetig differenzierbar. Dann gibt es zu jedem $\mathfrak{x}_0 \in G$ eine Umgebung U von $\mathfrak{x}_0$, so daß für $\mathfrak{x} \in U$ gilt

$$f(\mathfrak{x}) = \sum_{j=0}^{k} \frac{1}{j!} [(\mathfrak{x} - \mathfrak{x}_0) \cdot (\frac{\partial}{\partial x_1}, \ldots, \frac{\partial}{\partial x_n})]^j f|_{\mathfrak{x}_0} + R_k(\mathfrak{x})$$

mit

$$R_k(\mathfrak{x}) = \frac{1}{(k+1)!} [(\mathfrak{x} - \mathfrak{x}_0) \cdot (\frac{\partial}{\partial x_1}, \ldots, \frac{\partial}{\partial x_n})]^{k+1} f|_{\mathfrak{x}_0 + \theta(\mathfrak{x} - \mathfrak{x}_0)}$$

für ein θ, $0 < \theta < 1$.

Dabei bedeutet die eckige Klammer folgendes: Der formale (Zeilen)Vektor $\text{grad} = (\frac{\partial}{\partial x_1}, \ldots, \frac{\partial}{\partial x_n})$ ist mit $(\mathfrak{x} - \mathfrak{x}_0)$ skalar zu multiplizieren,

$$(\mathfrak{x} - \mathfrak{x}_0) \cdot (\frac{\partial}{\partial x_1}, \ldots, \frac{\partial}{\partial x_n}) = \sum_{i=1}^{n} (x_i - x_{0i}) \frac{\partial}{\partial x_i},$$

zu potenzieren und danach auf f anzuwenden, d. h. die auftretenden Ableitungen sind an f auszuführen und in diese Ableitungen (nicht in $\mathfrak{x} - \mathfrak{x}_0$!) sind die angegebenen Argumente einzusetzen.

Diese Schreibweise hat nur den Sinn, die Formel formal einfach und analog zu einer Variablen schreiben zu können, da sie sonst sehr unübersichtlich werden würde. Der formale Vektor grad wird uns noch in Kap. 20 III beschäftigen.

Beweis: Zu $\mathfrak{x}_0 \in G$ existiert eine ϵ-Umgebung $U = U_\epsilon(\mathfrak{x}_0) \subseteq G$. Für $\mathfrak{x} \in U$ definiere man $g\colon [-\delta, 1+\delta] \to \mathbb{R}$ durch $g(t) = f(\mathfrak{x}_0 + t(\mathfrak{x} - \mathfrak{x}_0))$, wobei δ so klein gewählt sei, daß alle auftretenden Punkte noch in U liegen. Mit f ist auch g $(k+1)$-mal differenzierbar und nach Kettenregel gilt

$$\dot{g}(t) = \sum_{i=1}^{n} (x_i - x_{0i}) f_{x_i}(\mathfrak{x}_0 + t(\mathfrak{x} - \mathfrak{x}_0)) =$$

$$= (\mathfrak{x} - \mathfrak{x}_0) \cdot (\text{grad } f|_{\mathfrak{x}_0 + t(\mathfrak{x} - \mathfrak{x}_0)}).$$

Jede weitere Ableitung nach t wird auf dieselbe Weise gebildet, die Ableitungen wirken immer auf f, nicht auf die davor stehenden Produkte der $(x_i - x_{0i})$. Die Taylorformel 10.13 für g liefert mit $t = 1$ das Ergebnis:

$$g(1) = f(\mathfrak{x}) = \sum_{j=0}^{k} \frac{1}{j!} \frac{d^j g}{dt^j}\Big|_{t=0} + R_k(\mathfrak{x})$$

$$= \sum_{j=0}^{k} \frac{1}{j!} [(\mathfrak{x} - \mathfrak{x}_0) \cdot \text{grad}]^j f|_{\mathfrak{x}_0} + R_k(\mathfrak{x})$$

mit entsprechendem $R_k(\mathfrak{x})$.

Hat man eine beliebig oft stetig differenzierbare Funktion f, so heißt

$$\Sigma \left([\tfrac{1}{j!} (\mathfrak{x} - \mathfrak{x}_0) \cdot (\frac{\partial}{\partial x_1}, \ldots, \frac{\partial}{\partial x_n})]^j f|_{\mathfrak{x}_0}\right)_{j \in \mathbb{N}}$$ analog zur Definition 10.16

Taylorreihe von f. Geht überdies in der Taylorformel $R_k(\mathfrak{x}) \to 0$ für $k \to \infty$ und $\mathfrak{x}$ in einer Umgebung von $\mathfrak{x}_0$, so konvergiert die Taylorreihe in dieser Umgebung

gegen f. Diese Taylorreihe ist eine Potenzreihe in mehreren Variablen, eine so darstellbare Funktion wird auch reell-analytisch genannt.
Die Taylorformel soll auf Extremwerte angewendet werden.

15.19. Definition: G sei ein Gebiet im $\mathbb{R}^n$ und $f\colon G \to \mathbb{R}$ gegeben. Existiert dann zu $\mathfrak{x}_0 \in G$ eine Umgebung $U(\mathfrak{x}_0) \subseteq G$, so daß $f(\mathfrak{x}_0) \leqq f(\mathfrak{x})$ (bzw. $f(\mathfrak{x}_0) \geqq f(\mathfrak{x})$) für alle $\mathfrak{x} \in U(\mathfrak{x}_0)$, so besitzt f in $\mathfrak{x}_0$ ein relatives Minimum (bzw. Maximum). Beide Begriffe faßt man zu dem Begriff des relativen Extremums zusammen. Dieses heißt streng, wenn

$$f(\mathfrak{x}_0) < f(\mathfrak{x}) \quad (\text{bzw. } f(\mathfrak{x}_0) > f(\mathfrak{x})) \quad \text{für } \mathfrak{x} \neq \mathfrak{x}_0 \text{ gilt.}$$

Die entsprechende Aussage zu Hilfssatz 10.6 lautet:

15.20. Hilfssatz: Besitzt f in $\mathfrak{x}_0$ ein relatives Extremum und ist f in $\mathfrak{x}_0$ differenzierbar, so gilt $\operatorname{grad} f(\mathfrak{x}_0) = \mathfrak{o}$.

Beweis: Aus der Differenzierbarkeit in $\mathfrak{x}_0$ folgt mit
$\mathfrak{x} - \mathfrak{x}_0 = t\mathfrak{u}, \quad |\mathfrak{u}| = 1,$
$f(\mathfrak{x}) - f(\mathfrak{x}_0) = [\operatorname{grad} f(\mathfrak{x}_0) \cdot \mathfrak{u} + o(1)]t.$
Je nach Richtung von $\mathfrak{u}$ ist das Skalarprodukt negativ oder positiv, wenn $\operatorname{grad} f(\mathfrak{x}_0) \neq \mathfrak{o}$. In diesen Richtungen ist dann auch $f(\mathfrak{x}) - f(\mathfrak{x}_0)$ negativ oder positiv, $\mathfrak{x}_0$ also kein relatives Extremum.

Der entsprechende Satz zu Folgerung 10.14 ist

15.21. Satz: $f\colon G \to \mathbb{R}$ sei zweimal stetig differenzierbar in G, sei $\mathfrak{x}_0 \in G$. Ist dann $\operatorname{grad} f(\mathfrak{x}_0) = \mathfrak{o}$ und die Matrix $f_{\mathfrak{x}\mathfrak{x}}(\mathfrak{x}_0) = (f_{x_i x_j}(\mathfrak{x}_0))$
positiv definit, so besitzt f in $\mathfrak{x}_0$ ein strenges relatives Minimum,
negativ definit, so besitzt f in $\mathfrak{x}_0$ ein strenges relatives Maximum,
indefinit, so besitzt f in $\mathfrak{x}_0$ kein relatives Extremum (Sattelpunkt),
semidefinit oder Null, so ist eine Entscheidung nur mit Hilfe höherer Ableitungen möglich.

Für $n = 2$ läßt sich nach Beispiel 14.28b die Unterscheidung so fassen:

$$f_{xx}(\mathfrak{x}_0) f_{yy}(\mathfrak{x}_0) - f_{xy}^2(\mathfrak{x}_0) > 0 \text{ und } \begin{cases} f_{xx}(\mathfrak{x}_0) > 0\text{: strenges relatives Minimum} \\ f_{xx}(\mathfrak{x}_0) < 0\text{: strenges relatives Maximum} \end{cases}$$

$$f_{xx}(\mathfrak{x}_0) f_{yy}(\mathfrak{x}_0) - f_{xy}^2(\mathfrak{x}_0) < 0\text{: kein Extremum; Sattelpunkt}$$

$$f_{xx}(\mathfrak{x}_0) f_{yy}(\mathfrak{x}_0) - f_{xy}^2(\mathfrak{x}_0) = 0\text{: keine Aussage.}$$

Beweis: Nach der Taylorformel ist

$$f(\mathfrak{x}) = f(\mathfrak{x}_0) + \operatorname{grad} f(\mathfrak{x}_0) \cdot (\mathfrak{x} - \mathfrak{x}_0) + \tfrac{1}{2}(\mathfrak{x} - \mathfrak{x}_0)^T \cdot f_{\mathfrak{x}\mathfrak{x}}(\mathfrak{x}_0 + \theta(\mathfrak{x} - \mathfrak{x}_0)) \cdot (\mathfrak{x} - \mathfrak{x}_0)$$

oder wegen $\operatorname{grad} f(\mathfrak{x}_0) = \mathfrak{o}$ und der Stetigkeit der zweiten Ableitungen mit $(\mathfrak{x} - \mathfrak{x}_0) = t\mathfrak{n}$, $|\mathfrak{n}| = 1$,

$$f(\mathfrak{x}) - f(\mathfrak{x}_0) = \tfrac{1}{2} t^2 [\mathfrak{n}^T \cdot f_{\mathfrak{x}\mathfrak{x}}(\mathfrak{x}_0) \cdot \mathfrak{n} + o(1)] \quad \text{für} \quad t \to 0.$$

Nach Folgerung 14.27 folgt die Behauptung: Ist $f_{\mathfrak{x}\mathfrak{x}}(\mathfrak{x}_0)$ positiv definit, so ist die eckige Klammer für genügend kleine t positiv für alle $\mathfrak{n}$ und f hat in $\mathfrak{x}_0$ ein strenges relatives Minimum; entsprechend bei negativ definitem $f_{\mathfrak{x}\mathfrak{x}}(\mathfrak{x}_0)$ ein strenges relatives Maximum. Ist $f_{\mathfrak{x}\mathfrak{x}}(\mathfrak{x}_0)$ indefinit, so ist $\mathfrak{n}^T \cdot f_{\mathfrak{x}\mathfrak{x}}(\mathfrak{x}_0) \cdot \mathfrak{n}$ für gewisse $\mathfrak{n}$ positiv, für andere negativ, das gilt dann auch für $f(\mathfrak{x}) - f(\mathfrak{x}_0)$, es liegt kein relatives Extremum vor. Für semidefinites $f_{\mathfrak{x}\mathfrak{x}}(\mathfrak{x}_0)$ kann in den Richtungen, in denen $\mathfrak{n}^T \cdot f_{\mathfrak{x}\mathfrak{x}}(\mathfrak{x}_0) \cdot \mathfrak{n} = 0$ ist, das $o(1)$ den Ausschlag geben.

15.22. Beispiele:

a) $f: \mathbb{R}^2 \to \mathbb{R}$ mit $f(x, y) = xy$.
Wegen $\operatorname{grad} f(x, y) = (y, x)$ liegt möglicherweise im Nullpunkt ein Extremum vor. Wegen $f_{xx} = f_{yy} = 0$, $f_{xy} = 1$ ist ein Sattelpunkt vorhanden. Es handelt sich um ein in Abb. 14.4 skizziertes hyperbolisches Paraboloid, an dem die Bezeichnung Sattelpunkt sehr kennzeichnend ist.

b) $f: \mathbb{R}^2 \to \mathbb{R}$ mit $f(x, y) = \frac{1}{2}(x^2 + y^2)$.
Wegen $\operatorname{grad} f(x, y) = (x, y)$, $f_{xx} = f_{yy} = 1$, $f_{xy} = 0$ liegt im Nullpunkt ein relatives Minimum vor. Es handelt sich um ein in Abb. 14.5 skizziertes elliptisches Paraboloid und dessen tiefsten Punkt.

c) Gegeben $f: \mathbb{R}^2 \to \mathbb{R}$ mit $f(x, y) = -x^4 + x^2y^2 + y^3 + y^2$.
Es ist $\operatorname{grad} f(x, y) = (-4x^3 + 2xy^2,\ 2x^2y + 3y^2 + 2y)$, Nullstellen des Gradienten liegen vor für

$$2x(-2x^2 + y^2) = 0, \qquad y(2x^2 + 3y + 2) = 0.$$

Aus der ersten Gleichung erhält man $x = 0$ und $2x^2 = y^2$, ersteres liefert mit Hilfe der zweiten Gleichung $y = 0$ und $y = -\frac{2}{3}$, letzteres $y = 0$ und $y = -\frac{3}{2} \pm \frac{1}{2}$.
Also hat man 6 mögliche relative Extremwerte

$$(0, 0),\ (0, -\tfrac{2}{3}),\ (\tfrac{1}{2}\sqrt{2}, -1),\ (-\tfrac{1}{2}\sqrt{2}, -1),\ (\sqrt{2}, -2),\ (-\sqrt{2}, -2).$$

Wegen $f_{xx}(x, y) = -12x^2 + 2y^2$, $f_{xy}(x, y) = 4xy$, $f_{yy}(x, y) = 2x^2 + 6y + 2$ ergibt sich mit $\Delta = f_{xx}f_{yy} - f_{xy}^2$:

$\Delta(0, 0) = 0$: keine Aussage; $\Delta(0, -\frac{2}{3}) = -\frac{16}{9}$: Sattelpunkt;

$\Delta(\pm\frac{1}{2}\sqrt{2}, -1) = 4$, $f_{xx}(\pm\frac{1}{2}\sqrt{2}, -1) < 0$: Maxima; $\Delta(\pm\sqrt{2}, -2) = -32$: Sattelpunkte.

Im Nullpunkt kann man sich noch überlegen, daß die quadratische Form $f_{xx}(0, 0)\, x^2 + 2f_{xy}(0, 0) \cdot xy + f_{yy}(0, 0)\, y^2 = 2y^2$ ist. Sie ist somit semidefinit und Null für $y = 0$. Man liest aber aus $f(x, 0) = -x^4$ ab, daß f auf $y = 0$ negativ ist (für $x \neq 0$), also liegt wegen $f(0, y) = y^3 + y^2 > 0$ für $0 < |y| < 1$ ein Sattelpunkt vor.

d) Häufig hat man bei der Extremwertbestimmung Nebenbedingungen zu beachten, z. B. wenn man sich für die Maxima der Temperatur $\theta\,(x, y, z)$ auf den Kugeln um den Nullpunkt interessiert o. ä.
Man kann die Aufgabe wie folgt stellen: Gegeben seien in einem Gebiet $G \subseteq \mathbb{R}^n$ Funktionen $f\colon G \to \mathbb{R}$, $g\colon G \to \mathbb{R}$. Gesucht sind die relativen Extremwerte von f unter der Nebenbedingung $g(\mathfrak{x}) = 0$. Wir setzen f und g stetig differenzierbar voraus und wollen zumindest eine notwendige Bedingung für einen Extremwert ableiten. Ist $\mathfrak{x}_0$ ein Extremwert, so nehmen wir $\operatorname{grad} g(\mathfrak{x}_0) \neq \mathfrak{o}$ an, ohne Beschränkung der Allgemeinheit sei $g_{x_n}(\mathfrak{x}_0) \neq 0$. Nach Folgerung 15.14 existiert dann mit $\mathfrak{x}' = (x_1, \ldots, x_{n-1})$ in einer Umgebung U' von $\mathfrak{x}'_0$ eine eindeutige Funktion h mit $g(\mathfrak{x}', h(\mathfrak{x}')) = 0$ für alle $\mathfrak{x}' \in U'$ und $(\mathfrak{x}'_0, h(\mathfrak{x}'_0)) = \mathfrak{x}_0$. Der Extremwert ist also ein relativer Extremwert für $\tilde{f}(\mathfrak{x}') := f(\mathfrak{x}', h(\mathfrak{x}'))$ und dafür muß nach Hilfssatz 15.20 $\operatorname{grad} \tilde{f}(\mathfrak{x}'_0) = \operatorname{grad}_{\mathfrak{x}'} f(\mathfrak{x}_0) + f_{x_n}(\mathfrak{x}_0) \operatorname{grad} h(\mathfrak{x}'_0) = \mathfrak{o}'$ sein, dabei deute der Index $\mathfrak{x}'$ an grad an, daß der Gradient nur bezüglich der ersten Variablen zu bilden ist:
$\operatorname{grad}_{\mathfrak{x}'} f = (f_{x_1}, \ldots, f_{x_{n-1}})$. Wegen $\tilde{g}(\mathfrak{x}') := g(\mathfrak{x}', h(\mathfrak{x}')) = 0$ gilt auch $\operatorname{grad} \tilde{g}(\mathfrak{x}'_0)$ $\operatorname{grad}_{\mathfrak{x}'} g(\mathfrak{x}_0) + g_{x_n}(\mathfrak{x}_0) \operatorname{grad} h(\mathfrak{x}'_0) = \mathfrak{o}'$. Wegen $g_{x_n}(\mathfrak{x}_0) \neq 0$ folgt mit
$\lambda = f_{x_n}(\mathfrak{x}_0) / g_{x_n}(\mathfrak{x}_0)$

$$\operatorname{grad}_{\mathfrak{x}'} f(\mathfrak{x}_0) - \lambda \operatorname{grad}_{\mathfrak{x}'} g(\mathfrak{x}_0) = \mathfrak{o}'$$

oder zusammen

$$\operatorname{grad} f(\mathfrak{x}_0) = \lambda \operatorname{grad} g(\mathfrak{x}_0).$$

In dieser Form ist auch die Sonderstellung von x_n wieder aufgehoben.
Wir fassen zusammen:

15.23. Hilfssatz: In einem Gebiet G des $\mathbb{R}^n$ seien $f, g\colon G \to \mathbb{R}$ stetig differenzierbar gegeben. f hat unter der Nebenbedingung $g(\mathfrak{x}) = 0$, $\operatorname{grad} g(\mathfrak{x}) \neq \mathfrak{o}$ nur in Punkten $\mathfrak{x}_0$ einen relativen Extremwert, in denen eine Zahl λ existiert, so daß

$$\operatorname{grad} f(\mathfrak{x}_0) = \lambda \operatorname{grad} g(\mathfrak{x}_0) \quad \text{und} \quad g(\mathfrak{x}_0) = 0.$$

λ heißt Lagrangescher Multiplikator.

Man hat also $(n + 1)$ Gleichungen für die $(n + 1)$ Unbekannten $\mathfrak{x}_0$ und λ zu lösen. Für $\operatorname{grad} g(\mathfrak{x}_0) = \mathfrak{o}$ hat man keine Aussage.

e) Als Beispiel hierfür sei aus der Ausgleichsrechnung angeführt: Man hat die Winkel eines Dreiecks zu α, β, γ bestimmt und $\alpha + \beta + \gamma = \pi - \delta$ erhalten. Es sollen Korrekturen x, y, z angebracht werden, so daß $f(x, y, z) = x^2 + y^2 + z^2$ (Fehlerquadratsumme) möglichst klein wird und $g(x, y, z) = (\alpha + x) + (\beta + y) + (\gamma + z) - \pi = 0$.
Als Bedingung erhält man

$$(2x, 2y, 2z) = \lambda\,(1, 1, 1), \qquad x + y + z = \delta$$

oder

$$x = y = z = \frac{\lambda}{2}, \ \frac{3}{2}\lambda = \delta\colon \ x = y = z = \frac{\delta}{3}.$$

III. Implizite ebene Kurven

15.24. Definition: Ist $F\colon G \to \mathbb{R}$ in dem Gebiet $G \subseteq \mathbb{R}^2$ stetig differenzierbar, so heißt die Punktmenge $C = \{\mathfrak{x} \mid F(\mathfrak{x}) = 0,\ \mathfrak{x} \in G\}$ implizit gegebene ebene Kurve. Ein Punkt der Kurve mit $\operatorname{grad} F \neq \mathfrak{o}$ heißt regulär, mit $\operatorname{grad} F = \mathfrak{o}$ singulär.

Ähnlich kann man im $\mathbb{R}^3$ implizit gegebene Flächen betrachten. In einem regulären Punkt kann gemäß Folgerung 15.14 $F(x, y) = 0$ nach x oder y aufgelöst werden und man erhält in der Umgebung die Kurve in der Form $y = f(x)$ oder $x = g(y)$ mit $F_x + F_y f' = 0$ oder $F_x g' + F_y = 0$.

In einem regulären Punkte ist daher die Tangentenrichtung $\begin{pmatrix}1\\ f'\end{pmatrix}$ bzw. $\begin{pmatrix}g'\\ 1\end{pmatrix}$ senkrecht auf $\operatorname{grad} F$:

15.25. Hilfssatz: In der Umgebung eines regulären Punktes kann man die implizite Darstellung $F(x, y) = 0$ durch eine explizite Darstellung $y = f(x)$ oder $x = g(y)$ ersetzen. $\operatorname{grad} F$ ist dann der Normalenvektor der Kurve.

Untersucht werden sollen nun die singulären Punkte und die Asymptoten. Wie bei den Extremwerten beschränken wir uns auf Aussagen, die mit Hilfe der zweiten Ableitungen von F möglich sind.

15.26. Satz: $F\colon G \to \mathbb{R}$ sei zweimal stetig differenzierbar und $\mathfrak{x}_0$ ein singulärer Punkt der durch $F(x, y) = 0$ gegebenen Kurve.
Mit $\Delta = F_{xx}F_{yy} - F_{xy}^2$ gilt dann:

a) $\Delta(\mathfrak{x}_0) > 0$: $\mathfrak{x}_0$ ist isolierter Punkt (oder Einsiedlerpunkt), d. h. es existiert eine Umgebung U von $\mathfrak{x}_0$ mit $F(\mathfrak{x}) \neq 0$ für $\mathfrak{x} \in U - \{\mathfrak{x}_0\}$.

b) $\Delta(\mathfrak{x}_0) < 0$: Doppelpunkt, die Kurve besteht in einer Umgebung von $\mathfrak{x}_0$ aus zwei stetig differenzierbaren Zweigen, die sich in $\mathfrak{x}_0$ unter positivem Winkel schneiden. Die Tangentenrichtungen $(\dot{x}, \dot{y})$ ergeben sich aus

$$(*) \qquad \dot{x}^2 F_{xx}(\mathfrak{x}_0) + 2\dot{x}\dot{y}F_{xy}(\mathfrak{x}_0) + \dot{y}^2 F_{yy}(\mathfrak{x}_0) = 0.$$

c) $\Delta(\mathfrak{x}_0) = 0$: Keine allgemeine Aussage möglich. Sind nicht alle zweiten Ableitungen von F in $\mathfrak{x}_0$ Null, so existiert höchstens eine Tangentenrichtung (Spitze), die sich auch aus $(*)$ bestimmt.

Beweis: a) Nach Satz 15.21 hat in diesem Fall F in $\mathfrak{x}_0$ ein strenges relatives Extremum, also $F(\mathfrak{x}) \underset{(<)}{>} F(\mathfrak{x}_0)$ in $U(\mathfrak{x}_0)$. Somit liegt ein isolierter Punkt vor.

b) Nach einer Translation können wir $\mathfrak{x}_0 = \mathfrak{o}$ und nach einer Drehung gemäß Beispiel 15.17d $F_{xx}(\mathfrak{x}_0) > 0$, $F_{yy}(\mathfrak{x}_0) < 0$ und $F_{xy}(\mathfrak{x}_0) = 0$ annehmen. Wir beschränken uns auf ein genügend kleines Rechteck $R = \{\mathfrak{x} \mid |x| \leqq a,\ |y| \leqq b\}$

(Abb. 15.7), so daß in $\overline{R}$ $F_{xx}(\mathfrak{p}) > 0$, $F_{yy}(\mathfrak{p}) < 0$, $\Delta(\mathfrak{p}) < 0$. Nach der Taylorformel ist

$$F(0, y) = \tfrac{1}{2}\, y^2 F_{yy}(0, \eta) < 0, \quad F(x, 0) = \tfrac{1}{2}\, x^2 F_{xx}(\xi, 0) > 0$$

für $\mathfrak{p} \neq \mathfrak{o}$, wir können daher $F < 0$ auf dem oberen und unteren Rand von R annehmen.

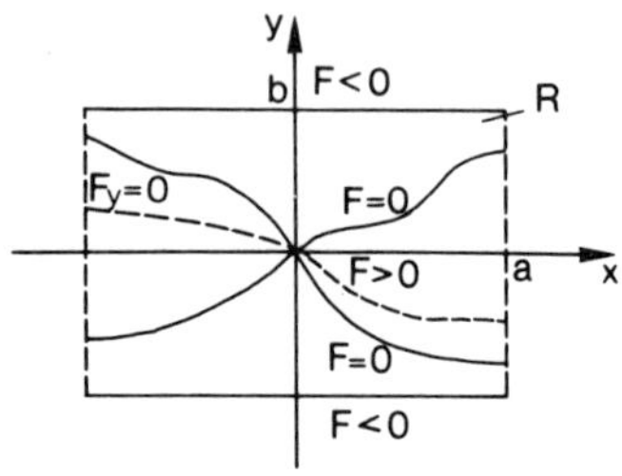

Abb. 15.7

Da $(\operatorname{grad} F)^T_{\mathfrak{p}} = \begin{pmatrix} F_{xx} & F_{xy} \\ F_{yx} & F_{yy} \end{pmatrix}$ in R regulär ist, wird nach Satz 15.13 durch grad F eine bijektive Abbildung von R vermittelt, wenn R genügend klein. Diese Bedingungen für R seien alle erfüllt, dann ist $\mathfrak{o}$ der einzige singuläre Punkt in R, auf dem oberen und unteren Rand von R ist $F(\mathfrak{p}) < 0$, auf der x-Achse $F(\mathfrak{p}) > 0$ mit Ausnahme des Nullpunktes. Nach dem Zwischenwertsatz 8.8 besitzt $F(x_0, y)$ für jedes $x_0 \neq 0$ mindestens eine Nullstelle in $]0, b[$ und $]-b, 0[$. Nach dem Satz von Rolle 10.7 hat $F_y(x_0, y)$ zwischen je zwei Nullstellen von $F(x_0, y)$ mindestens eine Nullstelle. Da $F_y(x_0, y)$ in $[-b, b]$ aber wegen $F_{yy} < 0$ in $\overline{R}$ höchstens eine Nullstelle hat, kann $F(x_0, y)$ nur genau zwei Nullstellen haben, die in der Form $y = f(x)$, $y = g(x)$, $x \in [a, b]$ beschrieben werden können.
Diese beiden Kurven sind bis auf den Nullpunkt nach Hilfssatz 15.25 stetig differenzierbar. In der Nähe des Nullpunktes gilt nach der Taylorformel

$$2F(x, y) = x^2 F_{xx}(\xi, \eta) + 2xy\, F_{xy}(\xi, \eta) + y^2 F_{yy}(\xi, \eta) = 0$$

oder

$$\frac{y}{x} = \frac{-F_{xy}(\xi, \eta) \pm \sqrt{-\Delta(\xi, \eta)}}{F_{yy}(\xi, \eta)}.$$

Etwa für das positive Vorzeichen erhält man $y = f(x)$, für das negative $y = g(x)$. Wegen der Beschränktheit der rechten Seite in R muß $f \to 0$, $g \to 0$ gelten, für $x \to 0$ erhalten wir außerdem

$$y' = \frac{-F_{xy}(0, 0) \pm \sqrt{-\Delta(0, 0)}}{F_{yy}(0, 0)},$$

wie im Satz angegeben. Daß diese Ableitungen im Nullpunkt auch noch stetig sind, kann man sich mit dem Mittelwertsatz überlegen: Für $x \neq 0$ ist

$$y'(x) = -\frac{F_x(x, y)}{F_y(x, y)} = -\frac{F_{xx}(\xi, \eta)\, x + F_{xy}(\xi, \eta)\, y}{F_{yx}(\xi', \eta')\, x + F_{yy}(\xi', \eta')\, y} \to -\frac{F_{xx}(0, 0)}{F_{yy}(0, 0)\, y'(0)},$$

was mit dem eben berechneten Wert übereinstimmt, da ja $F_{xy}(0, 0) = 0$ angenommen worden war.

c) Für $\Delta(\varphi_0) = 0$ kann keine Aussage gemacht werden, die einzige mögliche Tangentenrichtung folgt aus denselben Überlegungen wie unter b).

Die Diskussion impliziter Kurven soll mit der Bestimmung von Asymptoten für den wichtigen Fall abgeschlossen werden, daß F ein Polynom in x und y ist. Solche Kurven heißen algebraische Kurven.

15.27. Satz: Es sei $F(x, y) := \sum_{k=0}^{n} \sum_{i+j=k} a_{ij} x^i y^j$ ein Polynom und

$p_k(t) := \sum_{i+j=k} a_{ij} t^j.$

Ist dann $p_n(a) = 0$, $p_{n-1}(a) + b p_n'(a) = 0$ nach a und b auflösbar, insbesondere also $p_n'(a) \neq 0$, so ist $g(x) = ax + b$ Asymptote für $x \to \pm\infty$ an die implizite Kurve $F(x, y) = 0$. Umgekehrt ist für jede Asymptote $g(x) = ax + b$ auch $p_n(a) = p_{n-1}(a) + b p_n'(a) = 0$. Senkrechte Asymptoten können entsprechend durch Vertauschung von x und y gewonnen werden.

Beweis: Mit $y = ax + b + \Delta$ folgt

$$F(x, ax + b + \Delta) = x^n p_n(a) + x^{n-1}\,[p_{n-1}(a) + (b + \Delta)\, p_n'(a)] + *,$$

wobei der Stern für Potenzen von x vom Grad $\leqq n-2$ steht. Auf der Kurve gilt also

$$0 = x^{-n} F(x, ax + b + \Delta) = p_n(a) + x^{-1}\,[p_{n-1}(a) + (b + \Delta)\, p_n'(a)] + o\left(\tfrac{1}{x}\right)$$

für $x \to \pm\infty$. Ist $g(x) = ax + b$ Asymptote, so gilt $\Delta \to 0$ für $x \to \pm\infty$, also ist $p_n(a) = 0$ und durch Betrachtung von $x^{n-1} F(x, ax + b + \Delta) = 0$ folgt auch die zweite Gleichung. Ist umgekehrt $p_n(a) = p_{n-1}(a) + b p_n'(a) = 0$ und $p_n'(a) \neq 0$, so stellt

$$0 = x^{n-1} F(x, ax + b + \Delta) = * + \Delta\,(p_n'(a) + *) + \Delta^2 * + \ldots + \Delta^n *$$

eine Gleichung für Δ dar, der Stern steht für negative Potenzen von x. Wegen $p_n'(a) \neq 0$ ist diese Gleichung für genügend große $|x|$ nach Δ auflösbar mit $\Delta \to 0$ für $|x| \to \infty$ (man kann etwa $\frac{1}{x} = \xi$ als neue Variable einsetzen und Folgerung 15.14 anwenden). Daher ist $g(x) = ax + b$ Asymptote.

15.28. Beispiele:

a) $F(x, y) := x^2 - 4y^2 + x - 4y + 3 = 0$ beschreibt nach Folgerung 14.31 eine Hyperbel:

$$\det A = \det \begin{pmatrix} 1 & 0 \\ 0 & -4 \end{pmatrix} = -4 < 0, \quad \det I = \det \begin{pmatrix} 1 & 0 & \frac{1}{2} \\ 0 & -4 & -2 \\ \frac{1}{2} & -2 & 3 \end{pmatrix} = -15 \neq 0.$$

$F_x(x, y) = 2x + 1$, $F_y(x, y) = -8y - 4$ haben nur die Lösung $x = -\frac{1}{2}$, $y = -\frac{1}{2}$, aber $F(-\frac{1}{2}, -\frac{1}{2}) \neq 0$, so daß keine singulären Punkte existieren.

$$\begin{aligned} F(x, ax + b) &= x^2 - 4(ax + b)^2 + x - 4(ax + b) + 3 = \\ &= (1 - 4a^2)x^2 + x(1 - 4a - 8ab) + \ldots \end{aligned}$$

$p_n(a) = 1 - 4a^2 = 0$ $(n = 2)$ liefert $a = \pm\frac{1}{2}$, $p_{n-1}(a) + bp_n'(a) = 1 - 4a - 8ab = 0$ liefert $b = \pm\frac{1}{4} - \frac{1}{2}$. Also sind $g(x) = \pm\frac{x}{2} \pm \frac{1}{4} - \frac{1}{2}$ die Asymptoten (Abb. 15.8):

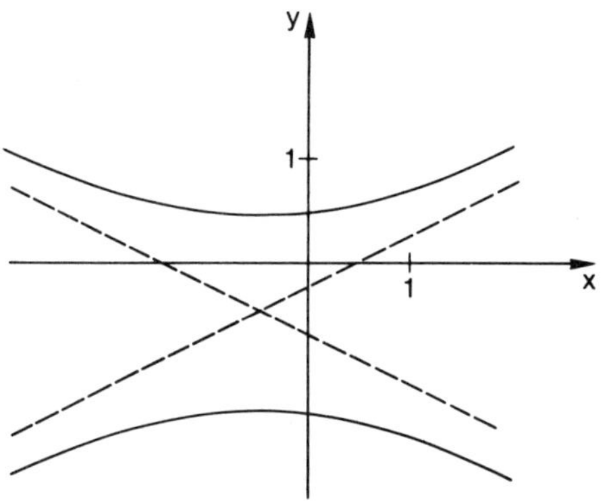

Abb. 15.8

b) $F(x, y) := x^3 + y^3 - 3\alpha xy = 0$ mit $\alpha \neq 0$ wird als Cartesisches Blatt bezeichnet. $F_x(x, y) = 3x^2 - 3\alpha y = 0$, $F_y(x, y) = 3y^2 - 3\alpha x = 0$ liefert $\alpha y = x^2$ aus der ersten Gleichung und $x^4 - \alpha^3 x = 0$ aus der zweiten, also $x = 0$, $y = 0$ und $x = \alpha$, $y = \alpha$. $F(\alpha, \alpha) = -\alpha^3 \neq 0$, also ist $(0, 0)$ der einzige singuläre Punkt mit $F_{xx}(0, 0) = 0$, $F_{xy}(0, 0) = -3\alpha$, $F_{yy}(0, 0) = 0$, es liegt ein Doppelpunkt vor. Die Tangentenrichtungen fallen wegen $\dot{x}\dot{y}(-6\alpha) = 0$ in die Koordinatenachsen.

$$\begin{aligned} F(x, ax + b) &= x^3 + (ax + b)^3 - 3\alpha x(ax + b) \\ &= (1 + a^3)x^3 + (3a^2 b - 3a\alpha)x^2 + \ldots \end{aligned}$$

liefert wegen $1 + a^3 = 0$, $b = \frac{\alpha}{a}$ die Werte $a = -1$, $b = -\alpha$, also die Asymptote $g(x) = -x - \alpha$. Senkrechte Asymptoten sind wegen

$$F(cy + d, y) = (1 + c^3)y^3 + \ldots$$

nicht vorhanden, da nur $c = -1$ herauskommt.

Da $F(x, -x-\alpha) = x^3 - (x+\alpha)^3 + 3\alpha x(x+\alpha) = -\alpha^3 \neq 0$, liegt kein Schnittpunkt mit der Asymptote vor (Abb. 15.9):

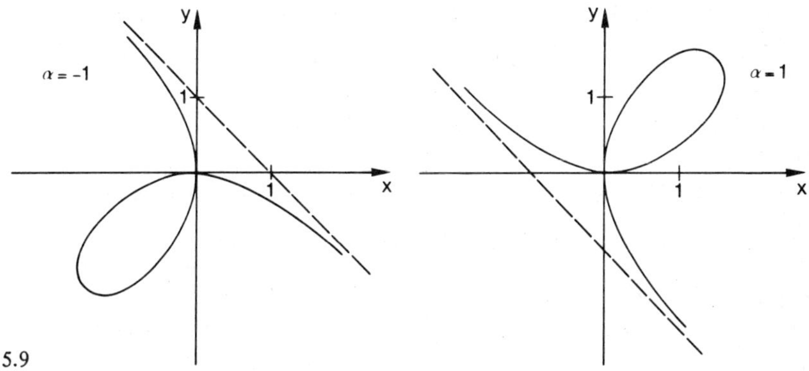

Abb. 15.9

c) $F(x, y) := y^2 - \alpha x^3 = 0$ mit $\alpha \neq 0$.
$F_x(x, y) = -3\alpha x^2 = 0$ und $F_y(x, y) = 2y = 0$ liefern den einzigen singulären Punkt (0, 0). In ihm ist $F_{xx}(0,0) = 0$, $F_{xy}(0,0) = 0$, $F_{yy}(0,0) = 2$, es liegt also ein nicht ohne weiteres entscheidbarer Fall mit der möglichen Tangentenrichtung $(\dot{x}, \dot{y}) = (1, 0)$ vor. Asymptoten sind nicht vorhanden, da wegen

$$F(x, ax+b) = -\alpha x^3 + a^2 x^2 + \ldots$$

$-\alpha = 0$, $a^2 = 0$ wegen $\alpha \neq 0$ nicht erfüllt werden kann (ähnlich für die senkrechten Asymptoten). Aus der expliziten Form $y = \pm\sqrt{\alpha x^3}$ für $\alpha x \geqq 0$ ersieht man, daß tatsächlich eine Spitze vorliegt (Abb. 15.10).

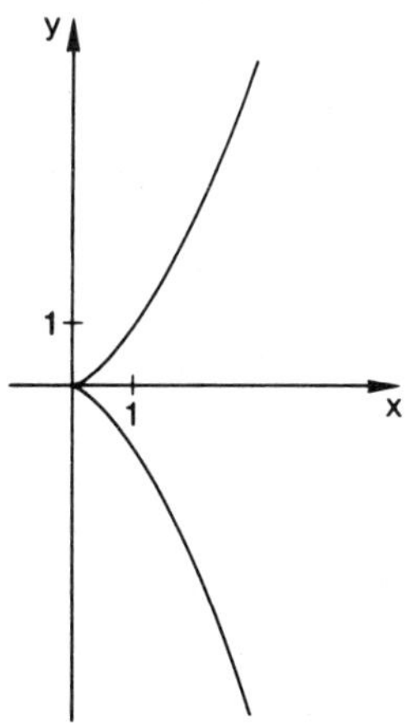

Abb. 15.10

Aufgaben zu Kap. 15:

1. Man bestimme für die folgenden Funktionen $f: G \to \mathbb{R}$ mit einem Gebiet $G \subseteq \mathbb{R}^2$ jeweils das maximale Definitionsgebiet G und grad f:
   a) $f(x, y) = x^3 y + x^2 y^2 + 1$, b) $f(x, y) = \ln(x^2 + y^2)^{3/4}$,
   c) $f(x, y) = \operatorname{arc}\cos_0(2x - y)$.

2. Die Temperatur einer in der x-y-Ebene liegenden rechteckigen Platte werde durch $\theta(x, y) = (1 + x^2 + y^2)^{-1}$ gegeben. Man berechne im Punkt $(3, 2)$ die Temperaturänderung (normierte Richtungsableitung) in einer um den Winkel α gegen die x-Achse geneigten Richtung. Für welche α ist die Änderung extremal?

3. a) Gegeben sei $f\colon \mathbb{R}^2 \to \mathbb{R}$ mit $f(x, y) = \frac{x}{4}\sqrt{e^y}$. Man bestimme grad f und gebe die Gleichung der Tangentialebene im Punkt $(2, 0)$ an.
Welchen Abstand hat die Ebene vom Nullpunkt?

b) Für welche Gebiete der Ebene ist $f\colon G \to \mathbb{R}$ mit $f(x, y) = 4\left(\operatorname{Arc\,tan} \frac{y}{x}\right)^2$ definiert? Man bestimme die Gleichung der Tangentialebene im Punkt $(1, 1)$.

4. Man beweise aus Satz 15.9a die Regeln

$$(fg)_{\mathfrak{r}}(\mathfrak{r}_0) = g(\mathfrak{r}_0)\, f_{\mathfrak{r}}(\mathfrak{r}_0) + f(\mathfrak{r}_0)\, g_{\mathfrak{r}}(\mathfrak{r}_0)$$
$$(f^T \cdot g)_{\mathfrak{r}}(\mathfrak{r}_0) = g^T(\mathfrak{r}_0) \cdot f_{\mathfrak{r}}(\mathfrak{r}_0) + f^T(\mathfrak{r}_0) \cdot g_{\mathfrak{r}}(\mathfrak{r}_0)$$

Mit $G \subseteq \mathbb{R}^n$ sei im ersten Fall $f, g\colon G \to \mathbb{R}$, im zweiten $f, g\colon G \to \mathbb{R}^m$.

5. Gegeben sei $\mathfrak{u}\colon \mathbb{R}^2 \to \mathbb{R}^2$ mit $\mathfrak{u} = \begin{pmatrix} u \\ v \end{pmatrix}$ und $u(x, y) = x^2 - y^2$, $v(x, y) = 2xy$.
Man skizziere den Verlauf der Kurven $u(x, y) = c$ und $v(x, y) = c$ in der (x, y)-Ebene und bestimme ihre Schnittwinkel. Wo ist die Abbildung lokal umkehrbar? Ist sie global umkehrbar?

6. Durch $\mathfrak{u}\colon \{(x, y) \mid x < 0\} \to \mathbb{R}^2$ mit $\mathfrak{u} = \begin{pmatrix} u \\ v \end{pmatrix}$ und

$$u(x, y) = 2\sqrt{-x^3} + 3y, \qquad v(x, y) = 2\sqrt{-x^3} - 3y$$

wird eine Abbildung vermittelt. Man untersuche, ob die Abbildung lokal und global umkehrbar ist und transformiere den Ausdruck $Lf\colon = -\frac{1}{x} f_{xx} + f_{yy}$ auf Ableitungen nach den Koordinaten u, v.

7. Man bestimme nach dem Newtonschen Näherungsverfahren die in der Nähe von $x = 3$ gelegene Lösung der Gleichungen

$$f(x, y) = x(1 + y) - 1 = 0$$
$$g(x, y) = (1 + x)\, y \sin x - \cos x = 0.$$

8. Man untersuche die gemischten 2. Ableitungen im Nullpunkt der Funktion $f\colon \mathbb{R}^2 \to \mathbb{R}$ mit

$$f(x, y) = xy\,\frac{x^2 - y^2}{x^2 + y^2} \quad \text{für } (x, y) \neq (0, 0),\ f(0, 0) = 0.$$

9. Man entwickle die Funktion $f(x, y) = e^{y/(x-2)}$ nach der Taylorschen Formel um den Punkt $(13, -11)$ mit dem Restglied R_2. Man gebe eine Schranke für $|R_2(x, y)|$ im Gebiet $\{(x, y) \mid 12 < x < 14,\ -12 < y < -10\}$ an.

10. Man untersuche die folgenden Funktionen $f\colon \mathbb{R}^2 \to \mathbb{R}$ auf relative Extrema:
a) $f(x, y) = x(3y^2 - x^2) + 4(x^2 + y^2)$, b) $f(x, y) = x^4 - y^4 - 4x^2y + y^2$.

11. Man untersuche die folgenden Extremwertprobleme mit Nebenbedingungen:
a) $f(x, y, z) := \sinh(x^4 + y^4 + z^4)$, $g(x, y, z) := x^2z^2 + y^2z^2 - 2\sqrt{2} = 0$.
b) Für welches Dreieck ist das Produkt der Winkel am größten?

12. Für die folgenden impliziten Kurven bestimme man die Asymptoten, die singulären Punkte und deren Typus und gebe eine Skizze für den grundsätzlichen Verlauf der Kurven:
a) $F(x, y) := 2x^2y + y^3 - 2x^2 - 3y - 2 = 0$,
b) $F(x, y) := 4x^3 - xy^2 + 2xy - 13x - 8 = 0$.

16. Ergänzungen zur Integralrechnung

In diesem Paragraphen sollen einige Ergänzungen zur Integralrechnung in Kap. 12 und Kap. 13 behandelt werden, für die zum Teil Begriffe der Differentialrechnung mehrerer Veränderlichen erforderlich sind.

I. Näherungsweise Integration

Aus den vielen Möglichkeiten $\int_a^b f\,dx$ für eine Funktion $f\colon [a, b] \to \mathbb{R}$ näherungsweise zu berechnen, sei die folgende Situation herausgegriffen: Das Intervall $[a, b]$ sei durch $x_i = a + ih$; $i = 0, 1, \ldots, 2n$; $h = (b-a)/2n$ in $2n$ gleichlange Teilintervalle zerlegt und die Funktionswerte $f(x_i)$ seien bekannt.
Dann wird im Intervall $[x_{2k}, x_{2k+2}]$, $k = 0, \ldots, n-1$, die Fläche zwischen dem Graph von f und der x-Achse auf verschiedene Weise angenähert:
1. Man ersetzt f in $[x_{2k}, x_{2k+1}]$ und $[x_{2k+1}, x_{2k+2}]$ durch die Sehnen zwischen den bekannten Punkten $(x_i, f(x_i))$, $i = 2k, 2k+1, 2k+2$.
2. Man ersetzt f in $[x_{2k}, x_{2k+2}]$ durch die Tangente in x_{2k+1}.
3. Man ersetzt f in $[x_{2k}, x_{2k+2}]$ durch die Parabel des 2. Grades durch die drei Punkte $(x_i, f(x_i))$, $i = 2k, 2k+1, 2k+2$.
An einer Skizze (Abb. 16.1)

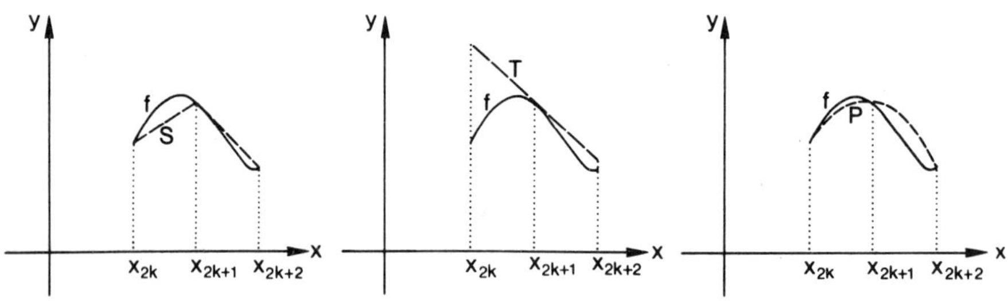

Abb. 16.1

liest man sofort ab, daß die Sehnen den Inhalt

$$\frac{h}{2}\,\{f(x_{2k}) + 2f(x_{2k+1}) + f(x_{2k+2})\}$$

liefern, die Tangente unabhängig von der Steigerung

$$2h\,f(x_{2k+1}).$$

Die Parabel $P(x) = ax^2 + bx + c$ führt zu einem Beitrag

$\frac{a}{3}(x_{2k+2}^3 - x_{2k}^3) + \frac{b}{2}(x_{2k+2}^2 - x_{2k}^2) + c(x_{2k+2} - x_{2k})$

$= \frac{h}{3}\{2a(x_{2k+2}^2 + x_{2k+2}x_{2k} + x_{2k}^2) + 3b(x_{2k+2} + x_{2k}) + 6c\}$

$= \frac{h}{3}\{f(x_{2k+2}) + f(x_{2k}) + a(x_{2k+2}^2 + 2x_{2k+2}x_{2k} + x_{2k}^2) + 2b(x_{2k+2} + x_{2k}) + 4c\}$

und wegen $x_{2k+2} + x_{2k} = 2x_{2k+1}$ ergibt sich

$$= \frac{h}{3}\{f(x_{2k+2}) + 4f(x_{2k+1}) + f(x_{2k})\}.$$

Zusammengefaßt hat man

16.1. Definition: Für $\int_a^b f\,dx$ heißen die Näherungsformeln:

1. $S_{2n} = \frac{h}{2}\{f(x_0) + 2f(x_1) + \ldots + 2f(x_{2n-1}) + f(x_{2n})\}$
   Sehnen- oder Trapezformel,
2. $T_{2n} = 2h\{f(x_1) + f(x_3) + \ldots + f(x_{2n-1})\}$
   Tangentenformel,
3. $P_{2n} = \frac{h}{3}\{f(x_0) + 4f(x_1) + 2f(x_2) + 4f(x_3) + \ldots + 2f(x_{2n-2}) +$
   $+ 4f(x_{2n-1}) + f(x_{2n})\}$
   Simpsonsche Regel.

Die Simpsonsche Regel ist für $n = 1$ von Kepler als *Faßregel* angegeben worden:

$$\int_a^b f\,dx \approx \frac{b-a}{6}\{f(a) + 4f(\tfrac{a+b}{2}) + f(b)\}.$$

Bevor die drei Näherungen an einem Beispiel verglichen werden, soll für die wichtigste, die Simpsonsche Regel, eine Fehlerabschätzung angegeben werden:

16.2. Hilfssatz: Ist $f: [a, b] \to \mathbb{R}$ in $[a, b]$ viermal stetig differenzierbar, so existiert ein $\xi \in [a, b]$ mit

$$R := \int_a^b f\,dx - P_{2n} = -\frac{(b-a)^5}{2880\,n^4} f^{(4)}(\xi).$$

Insbesondere ist die Simpsonsche Regel für Polynome bis zum dritten Grad genau.

Beweis: Wir betrachten ein Teilintervall $[x_{2k}, x_{2k+2}]$ und nehmen ohne Beschränkung der Allgemeinheit $x_{2k} = -h$, $x_{2k+1} = 0$, $x_{2k+2} = h$ an.
Dann sei $R: [0, h] \to \mathbb{R}$ definiert durch

$$R(t) = \int_{-t}^{t} f\,dx - \frac{t}{3}\{f(-t) + 4f(0) + f(t)\}.$$

Wegen des Hauptsatzes der Differential- und Integralrechnung 12.17 und Definition 12.14 gilt

$R'(t) = \frac{2}{3}\{f(-t) + f(t) - 2f(0)\} - \frac{t}{3}\{-f'(-t) + f'(t)\}$

$R''(t) = \frac{1}{3}\{-f'(-t) + f'(t)\} - \frac{t}{3}\{f''(-t) + f''(t)\}$

$R'''(t) = -\frac{t}{3}\{-f'''(-t) + f'''(t)\} = -\frac{2t^2}{3} f^{(4)}(\xi)$

mit $\xi \in\,]-t, t[$, letzteres nach dem Mittelwertsatz 10.8. Ist nun $m = \min\{f^{(4)}(x) \mid x \in [a, b]\}$, $M = \max\{f^{(4)}(x) \mid x \in [a, b]\}$, so erhält man

$$-\frac{2t^2}{3} M \leqq R'''(t) \leqq -\frac{2t^2}{3} m.$$

Mehrmalige Integration von 0 bis t ergibt wegen $R''(0) = R'(0) = R(0) = 0$ und Hilfssatz 12.15 b

$$-\frac{2t^3}{9} M \leqq R''(t) \leqq -\frac{2t^3}{9} m, \quad -\frac{t^4}{18} M \leqq R'(t) \leqq -\frac{t^4}{18} m$$

und für $t = h$

$$-\frac{h^5}{90} M \leqq R(h) \leqq -\frac{h^5}{90} m.$$

Addition dieser Abschätzung des Fehlers für alle Teilintervalle $[x_{2k}, x_{2k+2}]$, $k = 0, \ldots, n-1$ liefert

$$-nM\frac{h^5}{90} \leqq \int_a^b f\,dx - P_{2n} \leqq -nm\frac{h^5}{90}.$$

Nach dem Zwischenwertsatz gibt es ein $\xi \in [a, b]$ mit

$$\int_a^b f\,dx - P_{2n} = -n\frac{h^5}{90} f^{(4)}(\xi) = -\frac{(b-a)^5}{2880\,n^4} f^{(4)}(\xi).$$

16.3. Beispiel:

$4\int_0^1 \frac{dx}{1+x^2} = 4 \operatorname{Arc\,tan} 1 = \pi$ kann man mit $f(x) = \frac{1}{1+x^2}$ für 5 Teilpunkte

$x_0 = 0$, $x_1 = \frac{1}{4}$, $x_2 = \frac{1}{2}$, $x_3 = \frac{3}{4}$, $x_4 = 1$, $h = \frac{1}{4}$ mit den folgenden Ergebnissen näherungsweise berechnen:

$S_4 = \frac{5323}{1700} = 3{,}131\ldots$, $T_4 = \frac{1344}{425} = 3{,}162\ldots$, $P_4 = \frac{8011}{2550} = 3{,}141568\ldots$

Die Genauigkeit der Simpsonschen Regel ist erheblich größer als die der beiden anderen Werte.

II. Uneigentliche Integrale

A. Unendliches Integrationsintervall

Das in Kap. 12 entwickelte elementare Integral konnte nur für endliche Integrationsintervalle erklärt werden. Das Lebesguesche Integral hat zwar diesen Mangel nicht, ist jedoch nur für absolut integrierbare Funktionen definiert, so daß die nachstehenden Begriffe auch in diesem Fall noch von Interesse sind.

16.4. Definition: $f\colon [a, \infty[\to \mathbb{R}$ sei für alle $b > a$ über $[a, b]$ integrierbar und es existiere

$$\lim_{b \to \infty} \int_a^b f\,dx =: \int_a^\infty f\,dx.$$

Dann heißt das uneigentliche Integral über f von a bis ∞ konvergent. Existiert der Grenzwert nicht, so heißt das uneigentliche Integral divergent. Es heißt absolut konvergent, wenn das uneigentliche Integral über $|f|$ von a bis ∞ konvergiert.

Entsprechend ist $\int_{-\infty}^b f\,dx$ erklärt; $\int_{-\infty}^\infty f\,dx$ ist durch die Zerlegung in

$\int_{-\infty}^a f\,dx + \int_a^\infty f\,dx$ definiert (a beliebig).

Ein in diesem Sinn absolut konvergentes Integral stimmt mit dem Lebesgueschen Integral überein. Auf das nachstehende grundlegende Konvergenzkriterium folgen Beispiele:

16.5. Satz (Vergleichskriterium): Ist $f\colon [a, \infty[\to \mathbb{R}$ für alle $b > a$ über $[a, b]$ integrierbar, existiert ein $g\colon [a, \infty[\to \mathbb{R}$ mit $|f(x)| \leqq g(x)$ für alle

$x \in [a, \infty[$ und konvergiert $\int_a^\infty g\,dx$, so konvergiert auch $\int_a^\infty f\,dx$.

Speziell folgt aus der absoluten Konvergenz die Konvergenz.

Ist $f(x) \geqq g(x) \geqq 0$ für alle $x \in [a, \infty[$ und $\int_a^\infty g\,dx$ divergent,

so ist auch $\int_a^\infty f\,dx$ divergent.

Als Vergleichsfunktion wird vor allem $g(x) = x^\alpha$ verwendet, und zwar für $\alpha < -1$, um Konvergenz, für $\alpha \geqq -1$, um Divergenz zu zeigen (s. Beispiel 16.6a). Dieses Vergleichskriterium liefert stets die absolute Konvergenz.

Beweis: Es sei $F(b) = \int_a^b f\,dx$, $G(b) = \int_a^b g\,dx$ für alle $b > a$. Wegen der Konvergenz von $G(b)$ für $b \to \infty$ konvergiert auch speziell die Folge $(G(n))_{n \geqq n_0}$, nach dem Cauchykriterium 7.11 konvergiert dann auch $(F(n))_{n \geqq n_0}$, denn

$$|F(n) - F(m)| = \left| \int_n^m f\,dx \right| \leqq \int_n^m g\,dx = G(m) - G(n)$$

für $n < m$. Gilt etwa $F(n) \to F_0$, so schließt man weiter

$$\begin{aligned} |F(b) - F_0| &\leqq |F(b) - F(n)| + |F(n) - F_0| \\ &\leqq |G(b) - G(n)| + |F(n) - F_0|. \end{aligned}$$

Beide Summanden rechts werden nach Annahme klein, womit $F(b) \to F_0$ gezeigt ist.

16.6. Beispiele:

a) Für $\alpha \neq -1$ gilt

$$\int_1^\infty x^\alpha dx = \lim_{b \to \infty} \int_1^b x^\alpha dx = \lim_{b \to \infty} \frac{1}{\alpha+1}(b^{\alpha+1} - 1) = \begin{cases} \infty & \text{für } \alpha > -1 \\ -\frac{1}{\alpha+1} & \text{für } \alpha < -1 \end{cases}$$

und für $\alpha = -1$

$$\int_1^\infty \frac{dx}{x} = \lim_{b \to \infty} \ln b = \infty,$$

so daß Divergenz für $\alpha \geqq -1$ und Konvergenz für $\alpha < -1$ vorliegt.

b) $\int_0^\infty \frac{dx}{1+x^2}$ ist wegen $\frac{1}{1+x^2} < \frac{1}{x^2}$ konvergent, der Wert ergibt sich zu

$$\int_0^\infty \frac{dx}{1+x^2} = \lim_{b \to \infty} \operatorname{Arc\,tan} b = \frac{\pi}{2}.$$

c) $\int_0^\infty \frac{\sin x}{x}\,dx$ kann mit dem Vergleichskriterium nicht erfaßt werden, da es nicht absolut konvergiert. Es gilt nämlich mit $x = t + n\pi$

$$\int_{n\pi}^{(n+1)\pi} \left|\frac{\sin x}{x}\right| dx = \int_0^\pi \frac{\sin t}{t + n\pi}\,dt \geqq \frac{1}{(n+1)\pi} \int_0^\pi \sin t\,dt = \frac{2}{(n+1)\pi},$$

so daß

$$\int_0^{n\pi} \left|\frac{\sin x}{x}\right| dx \geqq \frac{2}{\pi} \sum_{k=1}^n \frac{1}{k}$$

und die harmonische Reihe divergiert (Beispiel 7.16a). Das Integral konvergiert aber, da für $(n+1)\pi \leqq b < (n+2)\pi$

$$\int_0^b \frac{\sin x}{x}\,dx = \sum_{k=0}^n (-1)^k \int_{k\pi}^{(k+1)\pi} \left|\frac{\sin x}{x}\right| dx + \int_{(n+1)\pi}^b \frac{\sin x}{x}\,dx.$$

Die absoluten Beträge der Reihenglieder nehmen wegen $k\pi + t < (k+1)\pi + t$ für $t \in [0, 1]$ mit wachsendem k ab, so daß die Reihe nach dem Leibnizschen Kriterium 7.18 konvergiert. Das Restintegral kann man leicht durch $2/\pi(n+1)$ abschätzen. Damit konvergiert das betrachtete Integral für $b \to \infty$.

d) **16.7. Hilfssatz** (Integralkriterium für Reihen):

Ist für ein $n_0 \in \mathbb{N}$ die Funktion $f\colon [n_0, \infty[\to \mathbb{R}$ monoton fallend und nicht negativ, so konvergieren bzw. divergieren

$$\int_{n_0}^{\infty} f\,dx \quad \text{und} \quad \sum_{k=n_0}^{\infty} f(k)$$

gleichzeitig.

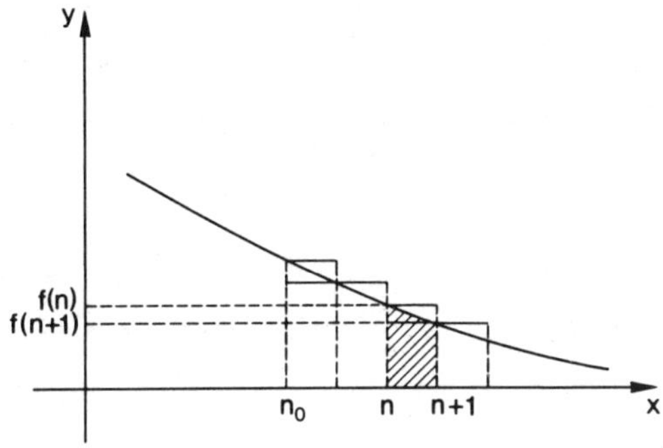

Abb. 16.2

Beweis: Abb. 16.2 entnimmt man leicht

$$\sum_{k=n_0}^{n} f(k+1) \leqq \int_{n_0}^{n+1} f\,dx \leqq \sum_{k=n_0}^{n} f(k),$$

daraus folgt für $n \to \infty$ die Behauptung.

e) Eine sofortige Folge des Integralkriteriums ist die Konvergenz der Reihen $\Sigma\, n^{\alpha}$ für $\alpha > 1$ und Divergenz für $0 \leqq \alpha \leqq 1$.

B. Kritische Integralgrenze im Endlichen

Auch für ein endliches Integrationsintervall erfaßt die elementare Integrationstheorie des Kap. 12 nicht alle praktisch wichtigen Fälle, z. B. nicht beschränkte Integranden (Folgerung 12.11b). Man geht völlig analog vor wie beim unendlichen Integrationsintervall und erhält bei absoluter Konvergenz auch hier nichts Neues gegenüber dem Lebesgueschen Integral.

16.8. Definition: f: $]a, b] \to \mathbb{R}$ sei für jedes ϵ mit $0 < \epsilon < b - a$ über $[a + \epsilon, b]$ integrierbar und es existiere

$$\lim_{\epsilon \to 0} \int_{a+\epsilon}^{b} f\,dx =: \int_{a}^{b} f\,dx.$$

Dann heißt das uneigentliche Integral über f von a bis b konvergent, existiert der Grenzwert nicht, so heißt es divergent. Von absoluter Konvergenz spricht man, wenn das uneigentliche Integral über $|f|$ konvergiert.

Analog ist der Fall zu behandeln, daß f: $[a, b[\to \mathbb{R}$ für jedes ϵ mit $0 < \epsilon < b - a$ über $[a, b - \epsilon]$ integrierbar ist.

Es sei ausdrücklich darauf hingewiesen, daß bei über $[a, b]$ integrierbarem f wegen Hilfssatz 12.13c und der Beschränktheit von f nichts Neues gegenüber dem gewöhnlichen Integral herauskommt. Auch hier gilt ein Vergleichskriterium:

16.9. Satz (Vergleichskriterium): f: $]a, b] \to \mathbb{R}$ sei für alle ϵ mit $0 < \epsilon < b - a$ über $[a + \epsilon, b]$ integrierbar und es existiere ein g: $]a, b] \to \mathbb{R}$ mit $|f(x)| \leqq g(x)$ für alle $x \in]a, b]$ und konvergentem $\int_a^b g\,dx$. Dann konvergiert auch $\int_a^b f\,dx$. Speziell folgt aus der absoluten Konvergenz die Konvergenz. Ist $f(x) \geqq g(x) \geqq 0$ für alle $x \in]a, b]$ und $\int_a^b g\,dx$ divergent, so ist $\int_a^b f\,dx$ gleichfalls divergent.

Eine völlig analoge Aussage gilt, wenn b die kritische Stelle ist.

Üblicherweise dient $g(x) = (x - a)^\alpha$ als Vergleichsfunktion, für $\alpha > -1$, um auf Konvergenz, für $\alpha \leqq -1$, um auf Divergenz zu schließen. Auch dieses Vergleichskriterium gestattet es nur, absolute Konvergenz zu folgern.

Beweis: Entsprechend dem Beweis von Satz 16.5 betrachte man

$$F(\epsilon) = \int_{a+\epsilon}^{b} f\,dx, \qquad G(\epsilon) = \int_{a+\epsilon}^{b} g\,dx,$$

die Folge $(G(\frac{1}{n}))_{n \geqq n_0}$ ist konvergent. Daher folgt nach dem Cauchykriterium die Konvergenz von $(F(\frac{1}{n}))_{n \geqq n_0}$ und schließlich die von $F(\epsilon)$ für $\epsilon \to 0$.

16.10. Beispiele:

a) Für $\alpha \neq -1$ gilt

$$\int_0^1 x^\alpha dx = \lim_{\epsilon \to 0} \int_\epsilon^1 x^\alpha dx = \lim_{\epsilon \to 0} \frac{1}{\alpha+1} (1 - \epsilon^{\alpha+1}) = \begin{cases} \frac{1}{\alpha+1} & \text{für } \alpha > -1 \\ \infty & \text{für } \alpha < -1 \end{cases}$$

und für $\alpha = -1$

$$\int_0^1 \frac{dx}{x} = \lim_{\epsilon \to 0} \ln \frac{1}{\epsilon} = \infty .$$

Also liegt für $\alpha > -1$ Konvergenz, für $\alpha \leqq -1$ Divergenz vor.

b) $\int\limits_0^1 \frac{dx}{\sqrt{1-x^2}}$ verhält sich an der kritischen Stelle 1 wegen

$\sqrt{1-x^2} = \sqrt{1+x}\,\sqrt{1-x}$ etwa wie $(1-x)^{-1/2}$, ist also nach a) konvergent. Der Wert ergibt sich zu

$$\int_0^1 \frac{dx}{\sqrt{1-x^2}} = \lim_{\epsilon \to 0} \operatorname{Arc\,sin}(1-\epsilon) = \operatorname{Arc\,sin} 1 = \frac{\pi}{2} .$$

c) $\int\limits_0^\infty e^{-t} t^{x-1} dt$ hat für $x < 1$ bei $t = 0$ eine kritische Stelle, außerdem ist das Integrationsintervall unendlich. Bei $t = 0$ kommt es wegen $e^{-t} \to 1$ für $t \to 0$ nur auf t^{x-1} an, nach a) ist für $x > 0$ Konvergenz gegeben. Für $t \to \infty$ wird e^{-t} schneller Null als jede Potenz von t (Hilfssatz 9.12c), daher ist $|e^{-t} t^{x-1}| \leqq C_x t^{-2}$ für $t \geqq 1$ und das Integral von 1 bis ∞ konvergiert für alle x.

16.11. Definition: Die für $x > 0$ erklärte Funktion $\Gamma\colon\ ]0, \infty[\ \to \mathbb{R}$ mit

$$\Gamma(x) = \int_0^\infty e^{-t} t^{x-1} dt$$

heißt Gammafunktion.

Die Gammafunktion ist im Gegensatz zu den in Kap. 9 betrachteten Funktionen eine sogenannte nichtelementare Funktion. Der nachstehende Hilfssatz erlaubt es, Γ als Interpolation der Fakultät aufzufassen. Die Differenzierbarkeit von Γ wird im Abschnitt III gezeigt.

16.12. Hilfssatz: a) Für alle $x > 0$ gilt $\Gamma(x+1) = x\,\Gamma(x)$ (*Eulersche Funktionalgleichung der Gammafunktion*).

b) Für alle $n \in \mathbb{Z}$, $n \geqq 0$ gilt $\Gamma(n+1) = n!$

Teil a) kann zur Definition von $\Gamma(x)$ für $x < 0$, $x \notin \mathbb{Z}$, herangezogen werden.

Beweis: a) $\Gamma(x+1) = \int\limits_0^\infty e^{-t} t^x \, dt$

$$= \lim_{\substack{\epsilon \to 0 \\ b \to \infty}} \int_\epsilon^b e^{-t} t^x \, dt$$

$$= \lim_{\substack{\epsilon \to \infty \\ b \to \infty}} \left\{ \left[-e^{-t} t^x\right]_\epsilon^b + x \int_\epsilon^b e^{-t} t^{x-1} \, dt \right\} = x\,\Gamma(x).$$

b) Folgt aus a) mit Induktion nach n, wenn man

$$\Gamma(1) = \int_0^\infty e^{-t}\,dt = \lim_{b\to\infty} [-e^{-t}]_0^b = 1$$

berücksichtigt.

C. Cauchyscher Hauptwert

Die in A und B behandelten uneigentlichen Integrale reichen nicht in allen Fällen aus, um für die Anwendungen wichtige Integrale auszurechnen. Daher ist die folgende Definition nützlich:

16.13. Definition: Es sei $a < c < b$ und $f\colon [a, c[\ \cup\ ]c, b] \to \mathbb{R}$ sei für jedes ϵ, $0 < \epsilon < \min\{c-a, b-c\}$, über $[a, c-\epsilon]$ und $[c+\epsilon, b]$ integrierbar, dann heißt

$$C \int_a^b f\,dx := \lim_{\epsilon\to 0} \left(\int_a^{c-\epsilon} f\,dx + \int_{c+\epsilon}^b f\,dx \right)$$

Cauchyscher Hauptwert des Integrals, wenn der Grenzwert existiert. Ähnlich setzt man

$$C \int_{-\infty}^\infty f\,dx := \lim_{b\to\infty} \int_{-b}^b f\,dx.$$

Für eigentliche oder uneigentliche Integrale erhält man natürlich nichts Neues. Einige Beispiele sollen zeigen, daß man in gewissen Fällen über das bisher Untersuchte hinauskommt. Wesentlich ist das gleiche ϵ in beiden Integralen.

16.14. Beispiele:

a) $C \int_{-1}^1 \frac{dx}{x} = \lim_{\epsilon\to 0} (\ln|\epsilon| - \ln|\epsilon|) = 0,$

nach Beispiel 16.10a existiert das Integral nicht als uneigentliches Integral.

b) $C \int_{-\infty}^\infty \frac{x\,dx}{1+x^2} = \lim_{b\to\infty} [\frac{1}{2} \ln(1+x^2)]_{-b}^b = 0,$

das Integral konvergiert nicht als uneigentliches Integral, da sich der Integrand für große $|x|$ wie $\frac{1}{|x|}$ verhält (Beispiel 16.6a).

c) $I_n(\psi) = C \int_0^{\pi} \frac{\cos n\varphi}{\cos\varphi - \cos\psi}\, d\varphi, \quad n = 0, 1, 2, \ldots, \quad \psi \in [0, \pi],$

ist als uneigentliches Integral nicht konvergent, da sich der Nenner nach dem Mittelwertsatz wie $c(\varphi - \psi)$ verhält. Für $0 < \psi < \pi$ soll jedoch mit Induktion nach n gezeigt werden:

$$I_n(\psi) = \pi \frac{\sin n\psi}{\sin\psi}.$$

Für $n = 0$ gilt

$$I_0(\psi) = \lim_{\epsilon \to 0} \left\{ \int_0^{\psi - \epsilon} \frac{d\varphi}{\cos\varphi - \cos\psi} + \int_{\psi + \epsilon}^{\pi} \frac{d\varphi}{\cos\varphi - \cos\psi} \right\}.$$

Um nicht die Rationalisierung gemäß Hilfssatz 13.4 durchführen zu müssen, wird eine leicht nachzuprüfende Umrechnungsformel für den Integranden verwendet:

$$\cos\varphi - \cos\psi = 2\left(\cos^2\frac{\varphi}{2} - \cos^2\frac{\psi}{2}\right) = 2\sin\frac{\psi+\varphi}{2}\sin\frac{\psi-\varphi}{2}$$

$$\frac{1}{\cos\varphi - \cos\psi} = \frac{1}{2\sin\psi}\left(\cot\frac{\psi-\varphi}{2} + \cot\frac{\psi+\varphi}{2}\right),$$

nach Beispiel 12.3j folgt

$$I_0(\psi) = \lim_{\epsilon \to 0} \frac{1}{\sin\psi} \left\{ \left[-\ln\left|\sin\frac{\psi-\varphi}{2}\right| + \ln\left|\sin\frac{\psi+\varphi}{2}\right| \right]_0^{\psi-\epsilon} \right.$$

$$\left. + \left[-\ln\left|\sin\frac{\psi-\varphi}{2}\right| + \ln\left|\sin\frac{\psi+\varphi}{2}\right| \right]_{\psi+\epsilon}^{\pi} \right\}$$

$$= \lim_{\epsilon \to 0} \frac{1}{\sin\psi} \left\{ \ln\sin\left(\psi - \frac{\epsilon}{2}\right) - \ln\sin\left(\psi + \frac{\epsilon}{2}\right) \right\} = 0.$$

Für die Induktion braucht man noch $I_1(\psi)$, wegen $\cos\varphi = \cos\varphi - \cos\psi + \cos\psi$ ist

$$I_1(\psi) = \lim_{\epsilon \to 0} \left\{ \int_0^{\psi - \epsilon} \frac{\cos\varphi}{\cos\varphi - \cos\psi}\, d\varphi + \int_{\psi+\epsilon}^{\pi} \frac{\cos\varphi}{\cos\varphi - \cos\psi}\, d\varphi \right\}$$

$$= I_0(\psi)\cos\psi + \int_0^{\pi} d\varphi = \pi.$$

Beim Schluß auf $(n + 1)$ erhält man schließlich wegen
$\cos(n + 1)\varphi = -\cos(n - 1)\varphi + 2(\cos\varphi - \cos\psi)\cos n\varphi + 2\cos\psi\cos n\varphi$
für $n \geqq 1$

$$I_{n+1}(\psi) = -I_{n-1}(\psi) + 2 I_n(\psi)\cos\psi + 2\int_0^{\pi} \cos n\varphi\, d\varphi$$

$$= -\pi \frac{\sin(n-1)\psi}{\sin\psi} + 2\pi\cos\psi \frac{\sin n\psi}{\sin\psi} = \pi \frac{\sin(n+1)\psi}{\sin\psi}.$$

16.15. Definition: Ist $f\colon G \to \mathbb{R}$ in dem Gebiet $G \subseteq \mathbb{R}^2$ stetig und sind $a, b\colon I \to \mathbb{R}$ in einem Intervall I gegeben, so daß die Strecken $\{(x, y) \mid a(x) \leqq y \leqq b(x),\ x \in I\}$ in G liegen, so heißt $F\colon I \to \mathbb{R}$ mit

$$F(x) = \int_{a(x)}^{b(x)} f(x, y)\, dy$$

Parameterintegral, x heißt Parameter.

In Definition 16.11 war die Gammafunktion durch ein (uneigentliches) Parameterintegral erklärt worden, in den Beispielen 13.7a und 13.10b traten Parameterintegrale auf. In den letztgenannten Fällen konnte man die Integrale explizit berechnen und so die Eigenschaften untersuchen. Im allgemeinen ist dies jedoch nicht der Fall, und man möchte Eigenschaften eines Parameterintegrals feststellen können, ohne es berechnen zu müssen.

16.16. Satz: F sei gemäß Definition 16.15 gegeben, f, a und b seien stetig. Dann ist auch F stetig.

Für den Beweis ist zu zeigen, daß $|f(x, y) - f(x_0, y)|$ unabhängig von y, $a(x_0) < y < b(x_0)$, klein wird für $x \to x_0$. Die Ausführung soll aus Platzgründen unterbleiben.

16.17. Satz (*Leibnizsche Regel*): F sei gemäß Definition 16.15 gegeben. Sind f, a und b bezüglich x stetig differenzierbar, so auch F mit

$$F'(x) = \int_{a(x)}^{b(x)} f_x(x, y)\, dy + f(x, b(x))\, b'(x) - f(x, a(x))\, a'(x).$$

Beweis: Es sei $x_0 \in I$, $a(x_0) = a_0$ und $b(x_0) = b_0$. In

$$F(x) - F(x_0) = \int_{a_0}^{b_0} (f(x, y) - f(x_0, y))\, dy + \int_{a(x)}^{a_0} f(x, y)\, dy + \int_{b_0}^{b(x)} f(x, y)\, dy$$

wende man auf den ersten Summanden den Mittelwertsatz der Differentialrechnung 10.8 und auf die beiden anderen den Mittelwertsatz 12.16 der Integralrechnung an:

$$F(x) - F(x_0) = (x - x_0) \int_{a_0}^{b_0} f_x(\xi, y)\, dy + (a_0 - a(x))\, f(x, \eta) + (b(x) - b_0)\, f(x, \zeta)$$

mit von y abhängigem ξ sowie η zwischen a_0 und $a(x)$, ζ zwischen b_0 und $b(x)$. Die Differenzierbarkeit von a und b und die Stetigkeit von f in (x_0, a_0) bzw. (x_0, b_0) ergeben

$$F(x) - F(x_0) = (x - x_0)\left\{\int_{a_0}^{b_0} f_x(x_0, y)\,dy + f(x_0, b_0)\,b'(x_0) - f(x_0, a_0)\,a'(x_0)\right\}$$

$$+ (x - x_0)\int_{a_0}^{b_0} [f_x(\xi, y) - f_x(x_0, y)]\,dy + o(x - x_0)$$

für $x \to x_0$. Da f_x stetig ist, ergibt sich analog zum vorangehenden Satz, daß das letzte Integral ein $o(1)$ für $x \to x_0$ ist, womit die Behauptung des Satzes bewiesen ist.

16.18. Beispiele:

a) $F(x) = \int_0^1 e^{(x+y)^2}\,dy$ sei gegeben, es folgt

$$F'(x) = \int_0^1 2(x + y)\,e^{(x+y)^2}\,dy = \left[e^{(x+y)^2}\right]_{y=0}^{y=1} = e^{(x+1)^2} - e^{x^2}.$$

b) $F(x) = \int_{\sin x}^{x} e^{xy^2}\,dy$ sei gegeben, es folgt

$$F'(x) = \int_{\sin x}^{x} y^2 e^{xy^2}\,dy + e^{x^3} - e^{x \sin^2 x} \cos x.$$

c) Bei uneigentlichen Integralen ist Satz 16.17 nicht ohne weiteres anwendbar. Etwa bei unendlichem Integrationsintervall schreibe man

$$F(x) = \int_a^\infty f(x, y)\,dy = \sum_{n=n_0}^{\infty} \int_n^{n+1} f(x, y)\,dy + \int_a^{n_0} f(x, y)\,dy.$$

Jeder Summand ist dann entsprechend der Leibnizschen Regel differenzierbar. Daß man auf diese Weise auch den Differentialquotienten der Reihe in der Form

$$F'(x) = \sum_{n=n_0}^{\infty} \int_n^{n+1} f_x(x, y)\,dy + \int_a^{n_0} f_x(x, y)\,dy = \int_a^\infty f_x(x, y)\,dy$$

erhält, wird später in Folgerung 18.2 gezeigt werden, wenn die abgeleitete Reihe – hier also das abgeleitete Integral – gleichmäßig in einer Umgebung des Differentiationspunktes konvergiert:

Ein uneigentliches Parameterintegral ist gemäß Satz 16.17 in x_0 differenzierbar, wenn das formal differenzierte Integral gleichmäßig in einer Umgebung von x_0 konvergiert.

Wir wenden dies sofort auf die Gammafunktion an. Für $0 < \epsilon \leqq x \leqq b < \infty$ ist

$$\int_0^\infty e^{-t} t^{x-1} \ln t\,dt$$

gleichmäßig konvergent, denn $|e^{-t} t^{x-1} \ln t| \leqq e^{-t} t^{b-1} \ln t \leqq C t^{-2}$ für $t \geqq 1$ wie in Beispiel 16.10c und $|e^{-t} t^{x-1} \ln t| \leqq |t^{\epsilon-1} \ln t|$ für $t \leqq 1$.
Da ϵ und b beliebig gewählt werden können, hat man für $x > 0$

$$\Gamma'(x) = \int_0^\infty e^{-t} t^{x-1} \ln t \, dt.$$

c) $F(x) = \int_0^\infty e^{-xy^2} dy$ ist für $x > 0$ konvergent, das abgeleitete Integral

$$F'(x) = -\int_0^\infty y^2 e^{-xy^2} dy$$

ist wegen $y^2 e^{-xy^2} \leqq y^2 e^{-\epsilon y^2} \leqq C y^{-2}$ für $x \geqq \epsilon > 0$ gleichmäßig konvergent, also ist $F'(x)$ auf die angegebene Weise für $x > 0$ zu erhalten.

d) Berechnung von $\int_0^\infty \frac{\sin x}{x} dx$. Dazu sei

$$F(x) = \int_0^\infty e^{-xy} \frac{\sin y}{y} dy.$$

Für $x = 0$ wurde die Konvergenz in Beispiel 16.6c gezeigt, für $x > 0$ ist die Konvergenz klar, da e^{-xy} für $y \to \infty$ schnell genug gegen Null geht. Das formal abgeleitete Integral

$$-\int_0^\infty e^{-xy} \sin y \, dy$$

konvergiert für $x \geqq \epsilon > 0$ wegen $|e^{-xy} \sin y| \leqq e^{-\epsilon y}$ gleichmäßig, stellt somit für $x > 0$ wirklich die Ableitung dar. Nach Aufgabe 12.2a gilt

$$F'(x) = \lim_{b \to \infty} -\left[\frac{1}{1+x^2} (-xe^{-xy} \sin y - e^{-xy} \cos y)\right]_{y=0}^{y=b} = -\frac{1}{1+x^2},$$

also

$$F(x) = -\operatorname{Arc\,tan} x + C.$$

Ist $F(x)$ für $x \to 0$ stetig, so wird $C = F(0)$. Es ist nun

$$|F(x) - F(0)| = \left| \int_0^\infty (e^{-xy} - 1) \frac{\sin y}{y} dy \right|$$

$$\leqq \left| \int_0^b (e^{-xy} - 1) \frac{\sin y}{y} dy \right| + \left| \int_b^\infty e^{-xy} \frac{\sin y}{y} dy \right| + \left| \int_b^\infty \frac{\sin y}{y} dy \right|$$

$$=: \Delta_1 + \Delta_2 + \Delta_3.$$

Wegen der Konvergenz von $\int\limits_0^\infty \frac{\sin y}{y}\, dy$ gilt $|\Delta_3| < \frac{\epsilon}{3}$ für $b \geqq b_0$.

Zur Abschätzung von Δ_2 wird partielle Integration angewandt:

$$\int\limits_b^c e^{-xy} \frac{\sin y}{y}\, dy = \left[-\frac{e^{-xy}}{1+x^2}(x \sin y + \cos y)\frac{1}{y}\right]_{y=b}^{y=c} - \int\limits_b^c \frac{e^{-xy}(x \sin y + \cos y)}{(1+x^2)\, y^2}\, dy$$

$$\left|\int\limits_b^c e^{-xy} \frac{\sin y}{y}\, dy\right| \leqq \frac{1+x}{1+x^2}\left[\frac{e^{-cx}}{c} + \frac{e^{-bx}}{b} + \int\limits_b^c \frac{1}{y^2}\, dy\right]$$

$$\leqq \frac{1+x}{1+x^2}\left[\frac{e^{-cx}}{c} + \frac{e^{-bx}}{b} - \frac{1}{c} + \frac{1}{b}\right].$$

Für $c \to \infty$ folgt wegen $\frac{1+x}{1+x^2} \leqq 2$ für $0 \leqq x \leqq 1$

$$\Delta_2 = \left|\int\limits_b^\infty e^{-xy} \frac{\sin y}{y}\, dy\right| \leqq \frac{4}{b} < \frac{\epsilon}{3}$$

für $b \geqq b_0$, wenn $b_0 > \frac{12}{\epsilon}$ gewählt wird. Δ_1 schließlich wird wegen Satz 16.16 $\Delta_1 < \frac{\epsilon}{3}$ für $|x| < \delta(\epsilon, b_0)$, so daß insgesamt $|F(x) - F(0)| < \epsilon$ für $|x| < \delta$ folgt. Damit wird $F(x) = -\operatorname{Arc} \tan x + F(0)$. Nun lassen wir $x \to \infty$ streben. Dabei gilt wegen $|\sin y| \leqq y$

$$|F(x)| \leqq \int\limits_0^\infty e^{-xy} dy = \left[\frac{-1}{x} e^{-xy}\right]_{y=0}^\infty = \frac{1}{x},$$

also $F(0) = \lim\limits_{x \to \infty} (F(x) + \operatorname{Arc} \tan x) = 0 + \frac{\pi}{2} = \frac{\pi}{2}$:

$$\int\limits_0^\infty \frac{\sin y}{y}\, dy = \frac{\pi}{2}.$$

e) Die Leibnizsche Regel gestattet den Beweis der folgenden wichtigen Aussage über die Integration von Parameterintegralen:

16.19. Satz: Es sei $Q = \{(x, y) \mid a \leqq x \leqq b,\ c \leqq y \leqq d\}$ und $f\colon Q \to \mathbb{R}$ stetig. Dann gilt

$$\int\limits_a^b \left(\int\limits_c^d f(x, y)\, dy\right) dx = \int\limits_c^d \left(\int\limits_a^b f(x, y)\, dx\right) dy.$$

Für mehr Veränderliche erhält man einen entsprechenden Satz durch Induktion. Diese Vertauschbarkeit der Integrationsreihenfolge wird uns noch in Kap. 20 I beschäftigen.

Beweis: Für $x \in [a, b]$ sei

$$F(x) = \int_a^x \left(\int_c^d f(\xi, y)\,dy \right) d\xi, \quad G(x) = \int_c^d \left(\int_a^x f(\xi, y)\,d\xi \right) dy.$$

Die mehrfachen Integrale existieren nach Satz 16.16 wegen der Stetigkeit der inneren Integrale. Nach dem Hauptsatz der Differential- und Integralrechnung ergibt sich für F', nach der Leibnizschen Regel für G'

$$F'(x) = \int_c^d f(x, y)\cdot dy, \quad G'(x) = \int_c^d f(x, y)\,dy.$$

Also ist $F(x) = G(x) + C$. Wegen $F(a) = G(a) = 0$ ist $F(x) = G(x)$ für $x \in [a, b]$, speziell also für $x = b$.

f) Eine Anwendung dieses Satzes ist die nachstehende Berechnung von

$$I = \int_0^1 \frac{x^q - x^p}{\ln x}\,dx, \quad p > 0,\ q > 0.$$

Nach de l'Hospital ist für $x \to 1$

$$\lim_{x \to 1} \frac{x^q - x^p}{\ln x} = \lim_{x \to 1} \frac{qx^{q-1} - px^{p-1}}{1/x} = q - p,$$

für $x \to 0$ geht der Integrand gegen Null, so daß kein uneigentliches Integral vorliegt. Berücksichtigt man

$$\frac{x^q - x^p}{\ln x} = \int_p^q x^t dt,$$

so ergibt sich

$$I = \int_0^1 \left(\int_p^q x^t dt \right) dx = \int_p^q \left(\int_0^1 x^t dx \right) dt$$

$$= \int_p^q \left[\frac{1}{t+1} x^{t+1} \right]_{x=0}^1 dt = \int_p^q \frac{dt}{t+1} = \ln \frac{q+1}{p+1}.$$

Aufgaben zu Kap. 16:

1. Man berechne mit Hilfe der Simpsonschen Regel

   a) $\int_0^{\pi/2} \frac{\sin t}{t}\,dt$, 6 Teilintervalle, b) $\int_0^1 \sqrt{1 - x^2}\,dx$, 4 Teilintervalle.

2. Man gebe in Beispiel 16.3 einen Fehler für die Anwendung der Simpsonschen Regel an.

3. Man prüfe die Existenz der folgenden Integrale:

a) $\int\limits_0^\infty \frac{\ln^3 x}{(x-1)^2}\,dx$, b) $\int\limits_0^\infty \frac{x^{s+1}}{1+x}\,dx$, c) $\int\limits_1^\infty \frac{\sin ax}{x^2}\,dx$, d) $\int\limits_0^\infty e^{-x^2}\,dx$.

4. $f\colon [0,\infty[\, \to \mathbb{R}$ sei stetig und es existiere $\int\limits_1^\infty \frac{f(x)}{x}\,dx$.

Man zeige $\int\limits_0^\infty \frac{f(ax)-f(bx)}{x}\,dx = f(0)\ln\frac{b}{a}$ für $0 < a \leqq b$.

5. Man gebe eine positive stetige Funktion $f\colon [0,\infty[\, \to \mathbb{R}$ an, so daß $\int\limits_0^\infty f\,dx$ konvergiert, aber $f(n) \to \infty$ für $n \to \infty$.

6. Mit dem Integralkriterium untersuche man, für welche k die folgenden Reihen konvergieren oder divergieren:

a) $\Sigma \frac{1}{n(\ln n)^k}$, b) $\Sigma \frac{1}{n(\ln n)(\ln\ln n)^k}$.

7. Für welche ganzen Zahlen m, n existiert der Cauchysche Hauptwert

$C\int\limits_{-1}^{1} \frac{\sqrt{1+x^{2m+1}}}{x^{2n+1}}\,dx$?

8. Man zeige die Existenz von $C\int\limits_{-a}^{a} \frac{f(x)}{x}\,dx$, wenn $f\colon [-a, 0[\, \cup\,]0, a] \to \mathbb{R}$ eine stetige Funktion mit $|f(x) - f(-x)| \leqq C\,|x|^\alpha$ für $\alpha > 0$ ist.

9. Nach dem Planckschen Strahlungsgesetz ist die Gesamtstrahlung eines schwarzen Körpers

$$E(T) = \int\limits_0^\infty \frac{\alpha\gamma^3}{e^{\beta\gamma/T} - 1}\,d\gamma.$$

Man zeige, daß das Integral konvergiert und zu T^4 proportional ist.

10. $F(\alpha) := \int\limits_{1/\alpha}^{1/\alpha^2} \frac{1}{x} e^{\alpha x^2}\,dx$ sei in $]0,\infty[$ gegeben. Man bilde $F'(\alpha)$ und berechne das auftretende Integral.

11. Für die Durchbiegung $v(x)$ einer belasteten gespannten Saite der Länge s hat man folgenden Ausdruck errechnet:

$$v(x) = \int\limits_0^s K(x,\xi)\,q(\xi)\,d\xi \quad \text{mit} \quad K(x,\xi) = \begin{cases} \frac{x(s-\xi)}{\rho s} & \text{für } 0 \leqq x \leqq \xi \\ \frac{\xi(s-x)}{\rho s} & \text{für } \xi \leqq x \leqq s. \end{cases}$$

Hier ist $q(x)$ die Belastung pro Längeneinheit, ρ die konstante Vorspannung. Man zeige, daß $v'' = -\frac{q}{\rho}$ gilt.

17. Differentialgeometrie

I. Kurven in Ebene und Raum

Bisher sind ebene Kurven in Kap. 11, IV in der Form $\{(x, y) \mid x \in [a, b],\ y = f(x)\}$ und in Kap. 15, III in impliziter Form betrachtet worden. Die folgende Definition gibt eine dritte Darstellung, ist nicht dimensionsabhängig und entspricht genau der Beschreibung der Bahn eines Massenpunktes in Abhängigkeit von der Zeit.

17.1. Definition: Eine Abbildung $\mathfrak{x} : [a, b] \to \mathbb{R}^n$ heißt Parameterdarstellung eines Kurvenbogens (Kurvenstückes). Die Parameterdarstellung heißt regulär (oder glatt), wenn $\mathfrak{x}$ stetig differenzierbar ist mit $\dot{\mathfrak{x}}(t) \neq \mathfrak{o}$ für alle $t \in [a, b]$. Läßt sich $[a, b]$ als Vereinigung endlich vieler abgeschlossener Teilintervalle auffassen, in denen die Parameterdarstellung regulär ist, so heißt die Darstellung stückweise regulär. Eine Parametertransformation $\tau : [a, b] \to [c, d]$ heißt zulässig, wenn τ bijektiv und stetig differenzierbar ist mit $\frac{d\tau}{dt} > 0$ für alle $t \in [a, b]$. $\mathfrak{x}(a)$ heißt Anfangs-, $\mathfrak{x}(b)$ Endpunkt des Kurvenbogens. Der Kurvenbogen heißt geschlossen, wenn $\mathfrak{x}(a) = \mathfrak{x}(b)$.

Die Regularität wird offenbar durch zulässige Parametertransformationen nicht beeinflußt. Da nur monoton wachsende Parametertransformationen zugelassen sind, wird auch der durch Anfangs- und Endpunkt festgelegte Durchlaufungssinn nicht beeinflußt, der Kurvenbogen ist *orientiert*. Eigenschaften der Kurve selbst dürfen natürlich von speziellen Eigenschaften des verwendeten Parameters nicht abhängen. Verschiedene Kurvenstücke $C_1, C_2, \ldots, C_k$ kann man zu einem Weg $C_1 + C_2 + \ldots + C_k$ zusammensetzen, wobei die einzelnen Kurvenstücke einfach der Reihe nach durchlaufen werden, $-C$ bedeutet das Kurvenstück mit dem entgegengesetzten Durchlaufungssinn von C.
Faßt man die Parameterdarstellung als Beschreibung der Bahn eines Massenpunktes auf (uns interessieren natürlich nur $n = 2$ oder 3), so stellen $\dot{\mathfrak{x}}$ die momentane Geschwindigkeit und $\ddot{\mathfrak{x}}$ die Beschleunigung dar.
Die Differenzierbarkeit,

$$\mathfrak{x}(t) = \mathfrak{x}(t_0) + \dot{\mathfrak{x}}(t_0)(t - t_0) + o(t - t_0)$$

für $t \to t_0$, bedeutet geometrisch, daß sich die Gerade $\mathfrak{y}(t) = \mathfrak{x}(t_0) + \dot{\mathfrak{x}}(t_0)(t - t_0)$ der Kurve besonders gut anschmiegt, sie ist die Tangente. $\dot{\mathfrak{x}}(t_0)$ weist in die Richtung der Tangente. Dies muß unabhängig von der speziellen Parameterdarstellung sein, was wegen der Kettenregel

$$\frac{d\mathfrak{x}}{d\tau}(\tau_0) = \frac{d\mathfrak{x}}{dt}(t_0)\,\frac{dt}{d\tau}(\tau_0),$$

$\tau(t_0) = \tau_0$ und $\frac{dt}{d\tau}(\tau_0) > 0$ in der Tat zutrifft.

Auch $\ddot{\varphi}$ hat eine geometrische Bedeutung. Zuvor muß aber das Problem der Länge eines Kurvenbogens behandelt werden. Das kann auf folgende Art und Weise geschehen:
Es sei $T : a = t_0 < t_1 < \ldots < t_m = b$ eine Intervallteilung von $[a, b]$. Verbindet man die Kurvenpunkte $\varphi(a)$, $\varphi(t_1) \ldots, \varphi(b)$ durch einen Polygonzug (Abb. 17.1), so sei

$$S(T) := \sum_{i=1}^{m} | \varphi(t_i) - \varphi(t_{i-1}) |$$

dessen Länge, sie kann als Näherung für die Länge des Kurvenbogens angesehen werden.

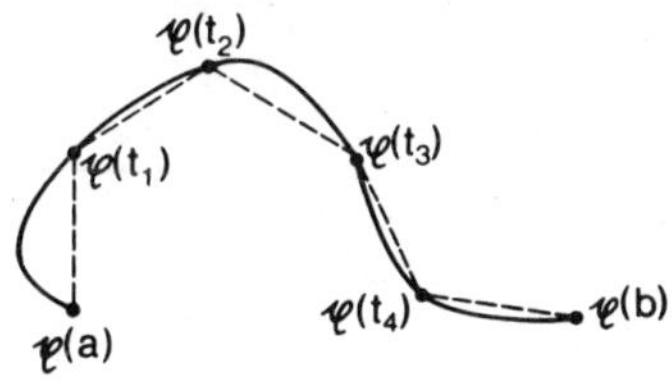

Abb. 17.1

Fügt man neue Teilpunkte hinzu, so wird der einbeschriebene Polygonzug höchstens länger, daher definiert man:

17.2. Definition: $\varphi : [a, b] \to \mathbb{R}^n$ sei eine Parameterdarstellung eines Kurvenbogens. Ist $T : a = t_0 < t_1 < \ldots < t_m = b$ eine Intervallteilung von $[a, b]$ und $S(T)$ die Länge des Polygonzuges mit den Ecken $\varphi(t_0), \varphi(t_1), \ldots, \varphi(t_n)$, so heißt $S = \sup\limits_T S(T)$ die Länge des Kurvenbogens.

Ist S endlich, so heißt der Kurvenbogen rektifizierbar.

17.3. Hilfssatz: a) S ist von der verwendeten Parameterdarstellung unabhängig.

b) Ist $a < c < b$, so ist der $[a, b]$ entsprechende Kurvenbogen genau dann rektifizierbar, wenn es die $[a, c]$ und $[c, b]$ entsprechenden Kurvenbögen sind, und es gilt in leicht verständlicher Bezeichnungsweise

$$S(\varphi(a), \varphi(b)) = S(\varphi(a), \varphi(c)) + S(\varphi(c), \varphi(b)).$$

Beweis: a) Da es bei $S(T)$ nur auf die Kurvenpunkte ankommt, kann man $S(T)$ auch durch eine entsprechende Intervallteilung in jedem anderen Parameter erhalten, so daß S von der Parameterdarstellung nicht abhängt.

b) Sind T_1 bzw. T_2 Intervallteilungen von [a, c] bzw. [c, b], so kann man daraus sofort eine Teilung $T = T_1 \cup T_2$ von [a, b] zusammensetzen.
Es ist

$$S(\varphi(a), \varphi(b)) \geqq S(T) = S(T_1) + S(T_2),$$

und durch getrennte Bildung des Supremums für T_1 und T_2 folgt

$$S(\varphi(a), \varphi(b)) \geqq S(\varphi(a), \varphi(c)) + S(\varphi(c), \varphi(b)).$$

Die andere Ungleichungsrichtung und damit die behauptete Gleichheit folgt, wenn man berücksichtigt, daß man jede Teilung T von [a, b] durch Einschieben von c in eine Teilung T′ verändern kann, die sich in Teilungen T_1 von [a, c] und T_2 von [c, b] zerlegen läßt. Dann ist

$$S(T) \leqq S(T') = S(T_1) + S(T_2) \leqq S(\varphi(a), \varphi(c)) + S(\varphi(c), \varphi(b)).$$

Die Bildung des Supremums bezüglich T ergibt die Behauptung.

Es gilt der wichtige

17.4. Satz: a) Ist $\varphi : [a, b] \to \mathbb{R}^n$ stückweise stetig differenzierbar in [a, b], so ist der Kurvenbogen rektifizierbar mit der von der speziellen Parameterdarstellung unabhängigen Länge

$$S = \int_a^b |\dot{\varphi}| \, dt.$$

b) Ist die Parameterdarstellung regulär, so ist der Übergang zur Bogenlänge s mit

$$s(t) := \int_a^t |\dot{\varphi}(\xi)| \, d\xi$$

ein zulässiger Parameterwechsel. Bezeichnet man Ableitungen nach s durch einen Strich, so ist speziell $|\varphi'(s)| = 1$ für alle $s \in [0, S]$.

Beweis: a) Für $L(t) := S(\varphi(a), \varphi(t))$ soll gezeigt werden, daß $\dot{L} = |\dot{\varphi}|$, dann folgt wegen $L(a) = 0 = S(\varphi(a), \varphi(a))$ die Behauptung aus Folgerung 10.9 und Satz 12.17. Für jede Teilung T gilt nun

$$S(T) = \sum_{i=1}^{m} |\varphi(t_i) - \varphi(t_{i-1})| = \sum_{i=1}^{m} \left| \int_{t_{i-1}}^{t_i} \dot{\varphi} \, dt \right|$$

$$\leqq \sum_{i=1}^{m} \int_{t_{i-1}}^{t_i} |\dot{\varphi}| \, dt = \int_a^b |\dot{\varphi}| \, dt.$$

Der Beweis der letzten Ungleichung soll unten in einem gesonderten Hilfssatz gegeben werden, da die Aussage auch an anderer Stelle von Interesse ist. Durch Bildung des Supremums folgt

$$S(\varphi(a), \varphi(b)) \leqq \int_a^b |\dot{\varphi}|\, dt.$$

Daraus erhält man nach dem Mittelwertsatz der Integralrechnung 12.16

$$S(\varphi(t_0), \varphi(t)) \leqq \int_{t_0}^{t} |\dot{\varphi}|\, dt = |\dot{\varphi}(\xi)|(t-t_0) = |\dot{\varphi}(t_0)|(t-t_0) + o(t-t_0)$$

für $t \to t_0$ und $t_0 \leqq \xi \leqq t$. Nach dem Mittelwertsatz der Differentialrechnung 10.8 folgt gleichfalls für $t_0 < t$ und $t \to t_0$

$$S(\varphi(t_0), \varphi(t)) \geqq |\varphi(t) - \varphi(t_0)| = (t-t_0)\left(\sum_{k=1}^{n} \dot{x}_k^2(\xi_k)\right)^{1/2}$$

$$\geqq |\dot{\varphi}(t_0)|(t-t_0) + o(t-t_0).$$

Damit gilt für $t_0 < t$ und $t \to t_0$

$$S(\varphi(t_0), \varphi(t)) = |\dot{\varphi}(t_0)|(t-t_0) + o(t-t_0),$$

durch Vertauschung von t und t_0 folgt dies auch für $t < t_0$, womit alles bewiesen ist.

b) Für eine reguläre Parameterdarstellung ist $\frac{ds}{dt} = |\dot{\varphi}| > 0$ und stetig, der Übergang von t zu s ist daher zulässig. Ferner gilt

$$|\varphi'| = \left|\frac{d\varphi}{dt}\frac{dt}{ds}\right| = \left|\dot{\varphi}\frac{1}{|\dot{\varphi}|}\right| = 1.$$

Nachzutragen ist noch der

17.5. Hilfssatz: Sind für $\varphi : [a, b] \to \mathbb{R}^n$ die Koordinaten x_i, $i = 1, \ldots, n$, integrierbar über $[a, b]$, so ist auch $|\varphi|$ integrierbar und es gilt

$$\left|\int_a^b \varphi\, dt\right| \leqq \int_a^b |\varphi|\, dt,$$

wobei das linke Integral koordinatenweise erklärt ist.

Beweis: Es sei ψ_k ein Vektor von Treppenfunktionen, dessen Koordinaten für $k \to \infty$ gleichmäßig gegen die Koordinaten von φ konvergieren, dabei werde ψ_k durch $(a_0 = a, a_1, \ldots, a_m = b;\ r_1, \ldots, r_m)$ dargestellt. Dann folgt aus der Dreiecksungleichung 5.7f

$$\left|\int \psi_k\right| = \left|\sum_{j=1}^{m} r_j (a_j - a_{j-1})\right| \leqq \sum_{j=1}^{m} |r_j|(a_j - a_{j-1}) = \int |\psi_k|.$$

Für $k \to \infty$ konvergiert das linke Integral gegen $\int\limits_a^b \varphi \, dt$.

Da $||\varphi| - |\psi_k|| \leqq |\varphi - \psi_k|$, konvergieren die Treppenfunktionen $|\psi_k|$ gleichmäßig gegen $|\varphi|$. $|\varphi|$ ist also integrierbar und $\int |\psi_k| \to \int\limits_a^b |\varphi| \, dt$ für $k \to \infty$.

17.6. Beispiele:

a) Der (obere) Halbkreis vom Radius 1 (Abb. 17.2) wird durch $f\colon [-1, 1] \to \mathbb{R}$ mit $f(t) = \sqrt{1 - t^2}$ beschrieben.

Mit $\varphi(t) = (t, \sqrt{1 - t^2})$ ist $\dot{\varphi} = (1, \frac{-t}{\sqrt{1 - t^2}})$ und

$$s(t) = \int\limits_{-1}^{t} \frac{dt}{\sqrt{1 - t^2}} = \text{Arc sin } t - \text{Arc sin}(-1) = \frac{\pi}{2} + \text{Arc sin } t.$$

Für die zum Winkel α gegen die x-Achse gehörige Bogenlänge $\alpha(t)$ zwischen $\varphi(t)$ und $\varphi(1)$ gilt

$$\alpha(t) = s(1) - s(t) = \frac{\pi}{2} - \text{Arc sin } t$$

und daher

$$t = \sin\left(\frac{\pi}{2} - \alpha(t)\right) = \cos \alpha(t).$$

Das ist die geometrische Definition des Cosinus, die somit als richtig nachgewiesen ist.

b) Die Kettenlinie wird durch $\varphi(t) = (t, \cosh t)$, $t \in \mathbb{R}$, beschrieben. Man erhält $\dot{\varphi}(t) = (1, \sinh t)$ und

$$s(t) = \int\limits_0^t \cosh t \, dt = \sinh t.$$

c) $\varphi\colon \mathbb{R} \to \mathbb{R}^3$ mit $\varphi(t) = (R \cos t, R \sin t, ht)$ wird als gemeine Schraubenlinie bezeichnet (Abb. 17.3).

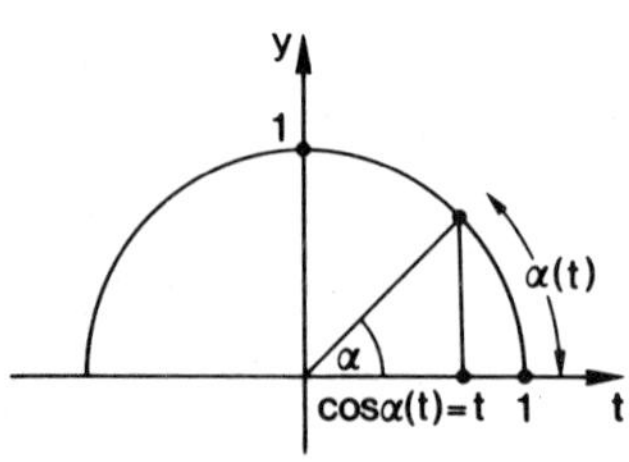

Abb. 17.2

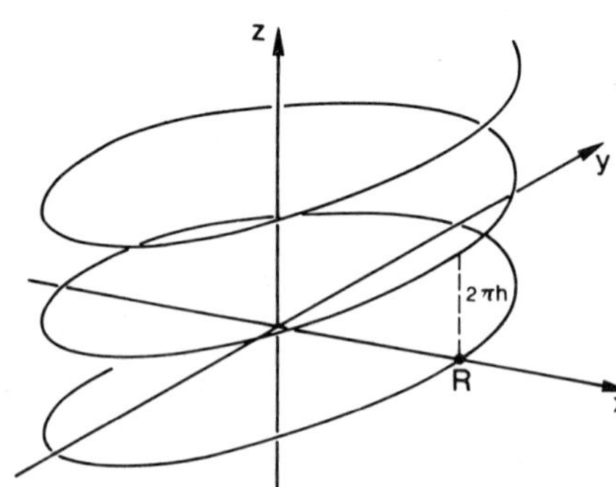

Abb. 17.3

Für sie ist $\dot{\mathfrak{x}}(t) = (-R \sin t, R \cos t, h)$ und

$$s(t) = \int_0^t \sqrt{R^2 + h^2}\, dt = \sqrt{R^2 + h^2}\; t.$$

Es soll jetzt die geometrische Bedeutung von $\ddot{\mathfrak{x}}$ untersucht werden. Dazu müssen Berührungen zwischen Kurven und Flächen betrachtet werden, was als erstes geschehen soll.

17.7. Definition: Durch $f(\mathfrak{x}) = 0$ mit $f = G \to \mathbb{R}$, G Gebiet des $\mathbb{R}^n$, sei eine Fläche (Kurve für $n = 2$) implizit gegeben, ferner sei $\mathfrak{x} : [0, S] \to \mathbb{R}^n$ die reguläre Parameterdarstellung einer Kurve mit der Bogenlänge als Parameter. Diese Kurve berührt die Fläche (bzw. Kurve) $f(\mathfrak{x}) = 0$ in $\mathfrak{x}(s_0)$ von der Ordnung m, wenn f und $\mathfrak{x}$ m-mal stetig differenzierbar sind mit

$$f(\mathfrak{x}(s_0)) = \frac{df(\mathfrak{x}(s))}{ds}\Big|_{s_0} = \ldots = \frac{d^{m-1} f(\mathfrak{x}(s))}{ds^{m-1}}\Big|_{s_0} = 0, \quad \frac{d^m f(\mathfrak{x}(s))}{ds^m}\Big|_{s_0} \neq 0.$$

17.8. Beispiele:

a) Tangenten ebener Kurven. $f(\mathfrak{x}) = \mathfrak{x} \cdot \mathfrak{n} - p = 0$ bestimmt in der Ebene $(n = 2)$ eine Gerade. Um die Gerade möglichst hoher Berührungsordnung an eine Kurve zu bestimmen, sind die folgenden Gleichungen zu lösen:

$$f(\mathfrak{x}(s)) = \mathfrak{x}(s) \cdot \mathfrak{n} - p = 0,$$

$$\frac{df(\mathfrak{x}(s))}{ds} = \mathfrak{x}'(s) \cdot \mathfrak{n} = 0,$$

$$\frac{d^2 f(\mathfrak{x}(s))}{ds^2} = \mathfrak{x}''(s) \cdot \mathfrak{n} = 0$$

usw. Die erste Gleichung besagt nur, daß sich Kurve und Gerade schneiden und legt p durch $p = \mathfrak{x}(s) \cdot \mathfrak{n}$ fest. Die zweite Gleichung erfordert $\mathfrak{n} \perp \mathfrak{t} = \mathfrak{x}'$. Diese Normale an die Kurve kann man in der Ebene eindeutig festlegen etwa durch $\mathfrak{n} = (-b, a)$, wenn $\mathfrak{t} = (a, b)$, $\mathfrak{n}$ hat die gleichen Differenzierbarkeitseigenschaften wie $\mathfrak{t}$. $\mathfrak{t}$ und $\mathfrak{n}$ heißen auch begleitendes Zweibein der Kurve. Wegen $\mathfrak{t} \cdot \mathfrak{t} = 1$ ist $\mathfrak{t} \cdot \mathfrak{t}' = 0$, so daß $\mathfrak{t}' \perp \mathfrak{t}$ und $\mathfrak{t}' = \kappa(s)\, \mathfrak{n}$, $\kappa(s)$ heißt Krümmung im entsprechenden Kurvenpunkt $\mathfrak{x}(s)$. Genau für $\kappa(s) \neq 0$ berührt die Tangente von 2. Ordnung, für $\mathfrak{t}'' = \mathfrak{o}$, $\kappa(s) = 0$ berührt die Tangente von mindestens 3. Ordnung, wechselt dabei $\kappa(s)$ das Vorzeichen, so spricht man von einem Wendepunkt.

b) Für eine durch $f\colon [a, b] \to \mathbb{R}$ gegebene Kurve $\mathfrak{x}(t) = (t, f(t))$ ergibt sich für die unter a) definierten Größen:

$$\mathfrak{t} = \frac{\dot{\mathfrak{x}}}{|\dot{\mathfrak{x}}|} = \frac{1}{\sqrt{1 + \dot{f}^2}}(1, \dot{f}), \qquad \mathfrak{n} = \frac{1}{\sqrt{1 + \dot{f}^2}}(-\dot{f}, 1),$$

$$\mathfrak{t}' = \frac{\dot{\mathfrak{t}}}{|\dot{\mathfrak{x}}|} = \frac{\ddot{f}}{(1 + \dot{f}^2)^2}(-\dot{f}, 1), \qquad \kappa = \frac{\ddot{f}}{(1 + \dot{f}^2)^{3/2}}.$$

Genau wenn $\ddot{f}$ in einem Punkt t das Vorzeichen wechselt, spricht man von einem Wendepunkt.

c) Krümmungskreise ebener Kurven. $f(\mathfrak{x}) = (\mathfrak{x} - \mathfrak{m}) \cdot (\mathfrak{x} - \mathfrak{m}) - r^2 = 0$ legt einen Kreis in der Ebene mit dem Mittelpunkt $\mathfrak{m}$ und dem Radius r fest. Um einen Kreis möglichst hoher Berührungsordnung mit der Kurve zu bestimmen, sind die folgenden Gleichungen zu lösen:

$$f(\mathfrak{x}(s)) = (\mathfrak{x}(s) - \mathfrak{m}) \cdot (\mathfrak{x}(s) - \mathfrak{m}) - r^2 = 0$$

$$\frac{df(\mathfrak{x}(s))}{ds} = 2(\mathfrak{x}(s) - \mathfrak{m}) \cdot \mathfrak{t}(s) = 0$$

$$\frac{d^2f(\mathfrak{x}(s))}{ds^2} = 2 + 2(\mathfrak{x}(s) - \mathfrak{m}) \cdot \mathfrak{t}'(s) = 0$$

$$\frac{d^3f(\mathfrak{x}(s))}{ds^3} = 2(\mathfrak{x}(s) - \mathfrak{m}) \cdot \mathfrak{t}''(s) = 0$$

usw. Dabei ist bereits $\mathfrak{t} \cdot \mathfrak{t}' = 0$ berücksichtigt. Die erste Gleichung legt r in Abhängigkeit von $\mathfrak{x}$ und $\mathfrak{m}$ fest, die zweite Gleichung erfordert $\mathfrak{x} - \mathfrak{m} = \lambda \mathfrak{n}$, die dritte dann $1 + \lambda\kappa = 0$. Für $\kappa = 0$ ist λ nicht bestimmbar, die Berührung mit allen Kreisen vom Radius λ und Mittelpunkt $\mathfrak{x} - \lambda \mathfrak{n}$ ist von zweiter Ordnung, also von kleinerer Ordnung als die Berührung mit der Tangente. Für $\kappa \neq 0$ ist $\lambda = -\frac{1}{\kappa}$, der Kreis vom Radius $\rho = \frac{1}{|\kappa|}$ und Mittelpunkt $\mathfrak{m} = \mathfrak{x} + \frac{1}{\kappa}\mathfrak{n}$ heißt *Krümmungskreis* und berührt im allgemeinen von dritter Ordnung. ρ heißt *Krümmungsradius*, $\mathfrak{m} = \mathfrak{x} - \lambda \mathfrak{n}$ *Krümmungsmittelpunkt*. Die durch $\mathfrak{m}(s) = \mathfrak{x}(s) - \lambda(s)\,\mathfrak{n}(s)$ beschriebene Kurve heißt *Evolute* der Kurve $\mathfrak{x}(s)$, diese selbst *Evolvente* der Evolute. Eine höhere Berührungsordnung des Krümmungskreises ist möglich. Dann muß wegen $\mathfrak{t}' = \kappa \mathfrak{n}$ und $\mathfrak{n}' \cdot \mathfrak{n} = 0$

$$\lambda \mathfrak{n} \cdot (\kappa' \mathfrak{n} + \kappa \mathfrak{n}') = \lambda \kappa' = 0$$

gelten. Wegen $\lambda \neq 0$ ist also $\kappa' = 0$ notwendig und hinreichend für eine Berührung 4. Ordnung (bei $\kappa \neq 0$) (Abb. 17.4).

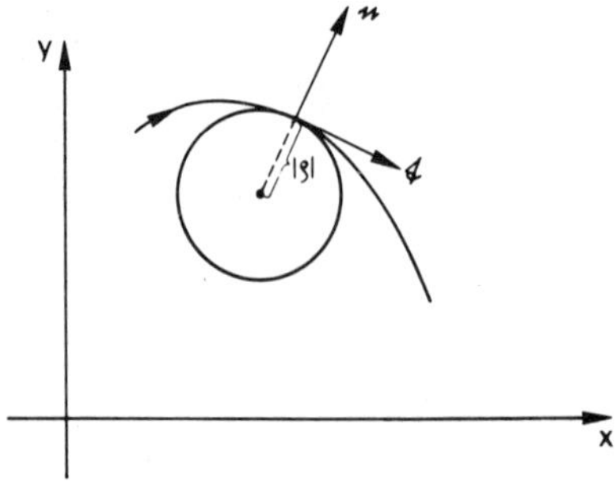

Abb. 17.4

d) Ebene Bewegung eines Massenpunktes. $|\dot{\mathfrak{x}}| = v$ ist der Betrag der momentanen Geschwindigkeit und $\dot{\mathfrak{x}} = v\,\mathfrak{t}$. Für die Beschleunigung erhält man $\ddot{\mathfrak{x}} = \dot{v}\,\mathfrak{t} + v\,\dot{\mathfrak{t}} = \dot{v}\,\mathfrak{t} + v^2\mathfrak{t}' = \dot{v}\,\mathfrak{t} + \frac{v^2}{\rho}\,\mathfrak{n}$: Die Beschleunigung setzt sich aus einer tangentialen Komponente vom Betrag $\dot{v}$ und einer normalen Komponente, der Zentripetalkraft, vom Betrag v^2/ρ zusammen.

e) Zykloide. Rollt ein Kreis vom Radius r auf einer Geraden ab, so beschreibt jeder Punkt der Kreisfläche mit dem Abstand a vom Kreismittelpunkt eine *Zykloide* (Abb. 17.5). Man erhält die Parameterdarstellung $\mathfrak{x}(t) = (rt - a\sin t,\ r - a\cos t)$.

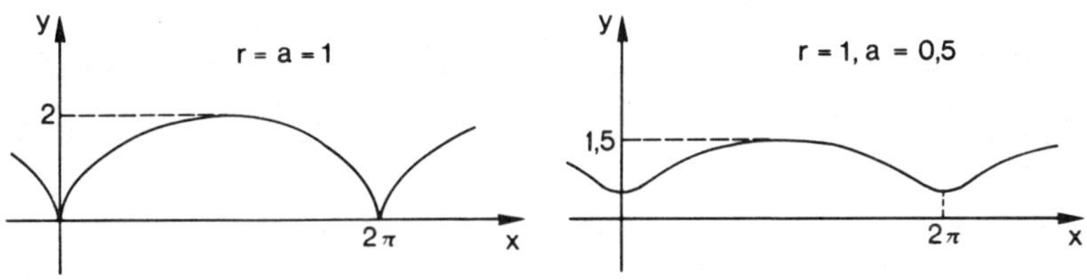

Abb. 17.5

Nur der Fall der gemeinen Zykloide (r = a) soll näher betrachtet werden. Man bekommt

$$\dot{\mathfrak{x}}(t) = r(1 - \cos t,\ \sin t), \quad s(t) = 2r\int_0^t \left|\sin\frac{\tau}{2}\right| d\tau.$$

Z. B. ist die Bogenlänge bei einer vollen Umdrehung der Kreisfläche

$$s(2\pi) = 2r\int_0^{2\pi} \sin\frac{\tau}{2}\, d\tau = -2r\left[2\cos\frac{\tau}{2}\right]_0^{2\pi} = 8r.$$

Weiter folgt bei $0 < t < 2\pi$

$$\mathfrak{t}(t) = \left(\sin\frac{t}{2},\ \cos\frac{t}{2}\right), \quad \mathfrak{n}(t) = \left(-\cos\frac{t}{2},\ \sin\frac{t}{2}\right)$$

$$\mathfrak{t}'(t) = \frac{1}{4r\sin(t/2)}\left(\cos\frac{t}{2},\ -\sin\frac{t}{2}\right), \quad \kappa(t) = \frac{-1}{\rho(t)} = -\frac{1}{4r\sin(t/2)}.$$

Damit gilt für die Evolute der Zykloide

$$\mathfrak{m}(t) = \frac{1}{\kappa(t)}\,\mathfrak{n}(t) + \mathfrak{x}(t) = r(t + \sin t,\ \cos t - 1) = \mathfrak{x}(t + \pi) - r(\pi, 2),$$

das ist aber eine kongruente Zykloide.

Bevor entsprechende Beispiele bei Raumkurven behandelt werden, sollen dafür wichtige Vektoren eingeführt werden, die man häufig als angemessenes Koordinatensystem mit Erfolg einsetzen kann.

17.9. Definition: Es sei $\mathfrak{x} : [0, S] \to \mathbb{R}^3$ die reguläre Parameterdarstellung einer Raumkurve durch die Bogenlänge. Dann heißt $\mathfrak{t} = \mathfrak{x}'$ Tangenten(einheits)vektor, $\mathfrak{n} = \mathfrak{t}'/|\mathfrak{t}'|$ für $\mathfrak{t}' \neq \mathfrak{o}$ Hauptnormalenvektor und $\mathfrak{b} = \mathfrak{t} \times \mathfrak{n}$ Binormalenvektor. $\{\mathfrak{t}, \mathfrak{n}, \mathfrak{b}\}$ heißt begleitendes Dreibein der Raumkurve.

Im folgenden machen wir stets die Voraussetzung $\mathfrak{t}' \neq \mathfrak{o}$. $\mathfrak{b}$ ist gleichfalls ein Einheitsvektor, da $\mathfrak{t} \perp \mathfrak{n}$. Für das begleitende Dreibein gilt ein wichtiges Differentialgleichungssystem:

17.10. Satz (*Frenetsche Formeln*): a) Für das begleitende Dreibein einer Raumkurve sei $|\mathfrak{t}'| =: \frac{1}{\rho}$ die Krümmung, ρ der Krümmungsradius, $\mathfrak{b}' \cdot \mathfrak{n} =: -\frac{1}{\tau}$ die Windung. Dann gelten die Frenetschen Formeln

$$\begin{aligned} \mathfrak{t}' &= \qquad\quad \tfrac{1}{\rho}\,\mathfrak{n} \\ \mathfrak{n}' &= -\tfrac{1}{\rho}\,\mathfrak{t} \qquad\qquad + \tfrac{1}{\tau}\,\mathfrak{b} \\ \mathfrak{b}' &= \qquad -\tfrac{1}{\tau}\,\mathfrak{n} \end{aligned}$$

b) Das begleitende Dreibein besitzt einen momentanen Vektor der Winkelgeschwindigkeit

$$\mathfrak{d} = \tfrac{1}{\tau}\,\mathfrak{t} + \tfrac{1}{\rho}\,\mathfrak{b},$$

Darbouxscher Vektor genannt.

Auf Grund der Ergebnisse in Kap. 21 über lineare Differentialgleichungssysteme bestimmen die Frenetschen Formeln, d. h. $\frac{1}{\rho}$ und $\frac{1}{\tau}$, die Raumkurve bis auf Bewegungen. Alle wesentlichen Eigenschaften der Raumkurve müssen also aus diesen Formeln ableitbar sein.

Beweis: a) Die erste Gleichung ist die Definitionsgleichung von ρ und $\mathfrak{n}$. Da $\mathfrak{t}, \mathfrak{n}, \mathfrak{b}$ ein orthonormiertes Koordinatensystem darstellen, gilt $\mathfrak{n}' = \alpha\,\mathfrak{t} + \beta\,\mathfrak{n} + \gamma\,\mathfrak{b}$. Wegen $\mathfrak{n} \cdot \mathfrak{n} = 1$, $\mathfrak{n} \cdot \mathfrak{t} = 0$ und $\mathfrak{n} \cdot \mathfrak{b} = 0$ folgt $\mathfrak{n} \cdot \mathfrak{n}' = \beta = 0$, $\frac{1}{\rho} = \mathfrak{t}' \cdot \mathfrak{n} = -\mathfrak{n}' \cdot \mathfrak{t} = \alpha$ und $\frac{1}{\tau} = -\mathfrak{b}' \cdot \mathfrak{n} = \mathfrak{b} \cdot \mathfrak{n}' = \gamma$.

Entsprechend gilt für $\mathfrak{b}' = \delta\,\mathfrak{t} + \epsilon\,\mathfrak{n} + \eta\,\mathfrak{b}$ $\eta = 0$, $\epsilon = -\frac{1}{\tau}$ und $0 = \mathfrak{t}' \cdot \mathfrak{b} = -\mathfrak{b}' \cdot \mathfrak{t} = -\delta$.

b) Man prüft leicht nach, daß

$$\mathfrak{t}' = \mathfrak{d} \times \mathfrak{t}, \quad \mathfrak{n}' = \mathfrak{d} \times \mathfrak{n}, \quad \mathfrak{b}' = \mathfrak{d} \times \mathfrak{b}.$$

Das bedeutet aber gemäß Beispiel 5.13a die Drehung jedes Vektors des Dreibeins mit demselben Vektor $\mathfrak{d}$ der momentanen Winkelgeschwindigkeit.

17.11. Beispiele:

a) Als reine Differentiationsaufgabe ist die Berechnung von $\mathfrak{t}$, $\mathfrak{n}$, $\mathfrak{b}$, $\frac{1}{\rho}$, $\frac{1}{\tau}$ in einer beliebigen regulären Parameterdarstellung zu betrachten.

$$\mathfrak{t} = \frac{\dot{\mathfrak{x}}}{|\dot{\mathfrak{x}}|}, \qquad \mathfrak{t}' = \frac{\dot{\mathfrak{t}}}{|\dot{\mathfrak{x}}|} = \frac{|\dot{\mathfrak{x}}|^2\,\ddot{\mathfrak{x}} - (\dot{\mathfrak{x}}\cdot\ddot{\mathfrak{x}})\,\dot{\mathfrak{x}}}{|\dot{\mathfrak{x}}|^4},$$

$$\mathfrak{n} = \frac{|\dot{\mathfrak{x}}|^2\,\ddot{\mathfrak{x}} - (\dot{\mathfrak{x}}\cdot\ddot{\mathfrak{x}})\,\dot{\mathfrak{x}}}{|\dot{\mathfrak{x}}|\sqrt{|\dot{\mathfrak{x}}|^2\,|\ddot{\mathfrak{x}}|^2 - (\dot{\mathfrak{x}}\cdot\ddot{\mathfrak{x}})^2}}, \qquad \frac{1}{\rho} = \frac{\sqrt{|\dot{\mathfrak{x}}|^2\,|\ddot{\mathfrak{x}}|^2 - (\dot{\mathfrak{x}}\cdot\ddot{\mathfrak{x}})^2}}{|\dot{\mathfrak{x}}|^3}$$

$$\mathfrak{b} = \frac{\dot{\mathfrak{x}}\times\ddot{\mathfrak{x}}}{\sqrt{|\dot{\mathfrak{x}}|^2\,|\ddot{\mathfrak{x}}|^2 - (\dot{\mathfrak{x}}\cdot\ddot{\mathfrak{x}})^2}}, \qquad \frac{1}{\tau} = \frac{(\dot{\mathfrak{x}}\times\ddot{\mathfrak{x}})\cdot\dddot{\mathfrak{x}}}{|\dot{\mathfrak{x}}|^2\,|\ddot{\mathfrak{x}}|^2 - (\dot{\mathfrak{x}}\cdot\ddot{\mathfrak{x}})^2}$$

b) Für die Schraubenlinie des Beispiels 17.6c gilt

$$\mathfrak{x}(t) = (R\cos t, R\sin t, ht), \quad \mathfrak{t}(t) = \frac{1}{\sqrt{R^2+h^2}}(-R\sin t, R\cos t, h),$$

$$\mathfrak{n}(t) = (-\cos t, -\sin t, 0), \quad \frac{1}{\rho(t)} = \frac{R}{R^2+h^2},$$

$$\mathfrak{b}(t) = \frac{1}{\sqrt{R^2+h^2}}(h\sin t, -h\cos t, R), \quad \frac{1}{\tau(t)} = \frac{h}{R^2+h^2}.$$

c) Als ein Beispiel für die Berührung von Fläche und Kurve sei nach der die Kurve von möglichst hoher Ordnung berührenden Ebene $f(\mathfrak{x}) = \mathfrak{x}\cdot\mathfrak{a} - p = 0$ gefragt. Dazu ist zu erfüllen:

$$f(\mathfrak{x}(s)) = \mathfrak{x}(s)\cdot\mathfrak{a} - p = 0,$$

$$\frac{df(\mathfrak{x})}{ds} = \mathfrak{t}\cdot\mathfrak{a} = 0,$$

$$\frac{d^2f(\mathfrak{x})}{ds^2} = \frac{1}{\rho}\,\mathfrak{n}\cdot\mathfrak{a} = 0$$

$$\frac{d^3f(\mathfrak{x})}{ds^3} = -\frac{\rho'}{\rho^2}\,\mathfrak{n}\cdot\mathfrak{a} - \frac{1}{\rho^2}\,\mathfrak{t}\cdot\mathfrak{a} + \frac{1}{\rho\tau}\,\mathfrak{b}\cdot\mathfrak{a} = 0.$$

Die erste Gleichung legt nur p fest, wegen der zweiten und dritten muß $\mathfrak{a}\perp\mathfrak{t}$, $\mathfrak{a}\perp\mathfrak{n}$ gelten, also $\mathfrak{a} = \mathfrak{b}$. Die *Schmiegungsebene* $(\mathfrak{x} - \mathfrak{x}(s))\cdot\mathfrak{b}(s) = 0$ berührt die Kurve im allgemeinen von 3. Ordnung, nur für $\frac{1}{\tau(s)} = 0$ ist die Berührungsordnung höher. Damit ist eine geometrische Bedeutung von $\mathfrak{b}$ gezeigt, während für die Bewegung eines Massenpunktes dieselben Überlegungen wie in Beispiel 17.8d gelten: Die Beschleunigung setzt sich aus einer Komponente in Richtung von $\mathfrak{t}$ und einer in Richtung von $\mathfrak{n}$ zusammen.

d) Als weiteres Beispiel für die Berührung von Kurven und Flächen sei nach der Kugel $f(\mathfrak{x}) = (\mathfrak{x} - \mathfrak{a})\cdot(\mathfrak{x} - \mathfrak{a}) - r^2 = 0$ gefragt, die die Kurve von möglichst hoher Ordnung berührt. Es ist zu lösen:

$$f(\mathfrak{x}(s)) = (\mathfrak{x}(s) - \mathfrak{m}) \cdot (\mathfrak{x}(s) - \mathfrak{m}) - r^2 = 0$$

$$\frac{df(\mathfrak{x})}{ds} = 2\mathfrak{t} \cdot (\mathfrak{x} - \mathfrak{m}) = 0$$

$$\frac{d^2 f(\mathfrak{x})}{ds^2} = 2 + \frac{2}{\rho}\mathfrak{n} \cdot (\mathfrak{x} - \mathfrak{m}) = 0$$

$$\frac{d^3 f(\mathfrak{x})}{ds^3} = -\frac{2\rho'}{\rho^2}\mathfrak{n} \cdot (\mathfrak{x} - \mathfrak{m}) - \frac{2}{\rho^2}\mathfrak{t} \cdot (\mathfrak{x} - \mathfrak{m}) + \frac{2}{\rho\tau}\mathfrak{b} \cdot (\mathfrak{x} - \mathfrak{m}) = 0.$$

Die zweite Gleichung liefert $\mathfrak{x} - \mathfrak{m} = \lambda\mathfrak{n} + \mu\mathfrak{b}$, die dritte $\lambda = -\rho$, die vierte $\mu = -\rho'\tau$, die erste $r^2 = \rho^2 + \rho'^2\tau^2$, $\mathfrak{m} = \mathfrak{x} + \rho\mathfrak{n} + \rho'\tau\mathfrak{b}$ ist der Mittelpunkt der *Schmiegungskugel,* $\sqrt{\rho^2 + \rho'^2\tau^2}$ ihr Radius. Dieser Radius ist also nicht ρ wie in der Ebene, $\mathfrak{m}$ liegt in der zu $\mathfrak{t}$ senkrechten, von $\mathfrak{b}$ und $\mathfrak{n}$ aufgespannten Ebene.

II. Flächen im Raum

Für Flächen im Raum ist bisher in Kap. 15 I die explizite Darstellung $z = f(x, y)$ durch eine Funktion $f\colon G \to \mathbb{R}$, G Gebiet im $\mathbb{R}^2$ und in Kap. 14 III für die Flächen 2. Grades die implizite Darstellung $F(\mathfrak{x}) = 0$ durch eine Funktion $F\colon G \to \mathbb{R}$, G Gebiet im $\mathbb{R}^3$, verwendet worden. Die nachstehende Definition einer Parameterdarstellung einer Fläche entspricht der im vorigen Abschnitt gegebenen Definition für Kurven. Es handelt sich dabei im allgemeinen um die flexibelste Möglichkeit, eine Fläche analytisch darzustellen. Folgerung 15.14 (oder eine leichte Verallgemeinerung davon) gestattet es, die einzelnen Darstellungen lokal ineinander überzuführen. Wir beschränken uns daher im folgenden auf die Betrachtung von Parameterdarstellungen.

17.12. Definition: Eine Abbildung $\mathfrak{x}\colon G \to \mathbb{R}^3$ mit G Gebiet im $\mathbb{R}^2$ heißt Parameterdarstellung eines (zweidimensionalen) Flächenstückes. Die Parameterdarstellung heißt regulär oder glatt, wenn $\mathfrak{x}$ in G stetig differenzierbar ist mit $\mathfrak{x}_u \times \mathfrak{x}_v \neq \mathfrak{o}$ (üblicherweise verwendet man in G die Koordinaten u, v). Der Übergang zu einer neuen Parameterdarstellung durch einen Koordinatenwechsel $\tilde{\mathfrak{u}}\colon G \to \tilde{G}$ heißt zulässig, wenn $\tilde{\mathfrak{u}}$ bijektiv und stetig differenzierbar ist mit $\det \tilde{\mathfrak{u}}_{\tilde{\mathfrak{u}}} > 0$.

$$\mathfrak{N} = \frac{\mathfrak{x}_u \times \mathfrak{x}_v}{|\mathfrak{x}_u \times \mathfrak{x}_v|}$$ heißt Normale des Flächenstückes.

Zulässige Parametertransformationen beeinflussen die Regularität und die Normale nicht. Es ist nämlich

$$\mathfrak{x}_{\tilde{u}} = \mathfrak{x}_u u_{\tilde{u}} + \mathfrak{x}_v v_{\tilde{u}}, \qquad \mathfrak{x}_{\tilde{v}} = \mathfrak{x}_u u_{\tilde{v}} + \mathfrak{x}_v v_{\tilde{v}}$$

und daher

$$\mathfrak{x}_{\tilde{u}} \times \mathfrak{x}_{\tilde{v}} = (\mathfrak{x}_u \times \mathfrak{x}_v)(u_{\tilde{u}} v_{\tilde{v}} - u_{\tilde{v}} v_{\tilde{u}}) = (\mathfrak{x}_u \times \mathfrak{x}_v) \det \mathfrak{u}_{\tilde{\mathfrak{u}}}.$$

$\mathfrak{x}_u \times \mathfrak{x}_v$ und $\mathfrak{x}_{\tilde{u}} \times \mathfrak{x}_{\tilde{v}}$ sind daher genau gleichzeitig von Null verschieden und haben dieselbe Richtung, so daß $\mathfrak{N}$ von der Transformation nicht berührt wird. Man erteilt dem Flächenstück durch die Reihenfolge u, v (und nicht v, u) und die dadurch festgelegte Richtung von $\mathfrak{N}$ eine Orientierung, die durch zulässige Parametertransformationen nicht geändert wird.

17.13. Beispiele:

a) In Beispiel 15.15b wurden Kugelkoordinaten eingeführt, sie liefern mit

$$x = r \cos v \cos u,$$
$$y = r \cos v \sin u,$$
$$z = r \sin v,$$

$0 < u < 2\pi$, $-\frac{\pi}{2} < v < \frac{\pi}{2}$, eine Parameterdarstellung der Kugeloberfläche (r ist der feste Radius), die entlang des in der Halbebene $\{x \geqq 0,\ y = 0\}$ liegenden Halbkreises aufgeschnitten ist.

b) Die Zylinderkoordinaten des Beispiels 15.15c liefern eine Parameterdarstellung eines längs einer Mantellinie aufgeschnittenen Kreiszylinders:

$$x = r \cos u, \quad y = r \sin u, \quad z = v$$

mit $0 < u < 2\pi$, $0 < v < h$.

c) Ein Ellipsoid kann man durch die Parameterdarstellung
$x = a \cos v \cos u$, $y = b \cos v \sin u$, $z = c \sin v$,
$0 < u < 2\pi$, $-\frac{\pi}{2} < v < \frac{\pi}{2}$, analog zur Kugel darstellen.

d) Ähnlich erhält man durch
$x = a \cos u \cosh v$, $y = a \sin u \cosh v$, $z = c \sinh v$
mit $0 < u < 2\pi$, $-\infty < v < \infty$ eine Parameterdarstellung des einschaligen Hyperboloids $\frac{x^2}{a^2} + \frac{y^2}{a^2} - \frac{z^2}{c^2} = 1$.

e) Eine andere Parameterdarstellung der Kugel gewinnt man durch stereographische Projektion: Man lege eine Kugel vom Durchmesser 1 (dessen Größe natürlich keine Rolle spielt) mit dem „Südpol" auf den Nullpunkt einer u-v-Ebene und verwende im Raum das Koordinatensystem, dessen x- bzw. y-Achse mit der u- bzw. v-Achse

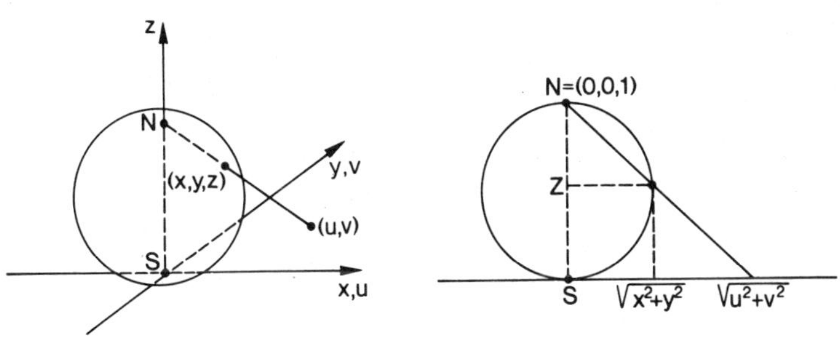

Abb. 17.6

zusammenfallen und dessen z-Achse in Richtung auf den „Nordpol" zeigt. Projiziert man nun jeden Punkt der Kugel durch eine Gerade vom Nordpol aus auf die Ebene, so erhält man eine Parameterdarstellung der Punkte der Kugeloberfläche mit Ausnahme des Nordpols (Abb. 17.6). Diese Transformationsgleichung erhält man so: Offenbar ist $x = \lambda u$, $y = \lambda v$ und nach dem Strahlensatz $1 : z = \sqrt{u^2 + v^2} : (\sqrt{u^2 + v^2} - \sqrt{x^2 + y^2}) = 1 : (1 - \lambda)$. Daraus folgt zusammen mit $x^2 + y^2 + (z - \frac{1}{2})^2 = \frac{1}{4}$ zuerst $z = 1 - \lambda$ und $\frac{1}{\lambda} = u^2 + v^2 + 1$ sowie

$$x = \frac{u}{1 + u^2 + v^2}, \qquad y = \frac{v}{1 + u^2 + v^2}, \qquad z = \frac{u^2 + v^2}{1 + u^2 + v^2}$$

für $(u, v) \in \mathbb{R}^2$. Die Umkehrung ergibt sich zu $u = \frac{x}{1-z}$, $v = \frac{y}{1-z}$.

Es sollen nun Kurven auf einem Flächenstück $\mathfrak{x} : G \to \mathbb{R}^3$ untersucht werden, die Bilder von Kurven $\mathfrak{u} : [a, b] \to G$ in G sind, die sich also in der Form $\mathfrak{x} \circ \mathfrak{u} : [a, b] \to \mathbb{R}^3$ darstellen lassen. Die einfachsten Kurven dieser Art sind die durch $u = u_0$ bzw. $v = v_0$ bestimmten Parameterlinien $\mathfrak{x}(u_0, v)$ bzw. $\mathfrak{x}(u, v_0)$. Für die Tangentenrichtung einer Flächenkurve erhält man $\dot{\mathfrak{x}} = \mathfrak{x}_u \dot{u} + \mathfrak{x}_v \dot{v}$, offenbar gilt stets $\mathfrak{N} \perp \dot{\mathfrak{x}}$. Damit ist die Definition von $\mathfrak{N}$ als Normalenvektor gerechtfertigt. Alle Tangentialvektoren spannen die Tangentialebene $(\mathfrak{x} - \mathfrak{x}_0) \cdot \mathfrak{N} = 0$ auf. Bildet man die Bogenlänge einer Flächenkurve, so erhält man

$$\left(\frac{ds}{dt}\right)^2 = \dot{\mathfrak{x}}^2 = (\mathfrak{x}_u \cdot \mathfrak{x}_u)\,\dot{u}^2 + 2\,(\mathfrak{x}_u \cdot \mathfrak{x}_v)\,\dot{u}\dot{v} + (\mathfrak{x}_v \cdot \mathfrak{x}_v)\,\dot{v}^2.$$

Dies schreibt man nach formaler Multiplikation mit $(dt)^2$ abkürzend so:

17.14. Definition: $ds^2 = E\,du^2 + 2F\,du\,dv + G\,dv^2$ mit $E = \mathfrak{x}_u \cdot \mathfrak{x}_u$, $F = \mathfrak{x}_u \cdot \mathfrak{x}_v$, $G = \mathfrak{x}_v \cdot \mathfrak{x}_v$ heißt erste Fundamentalform des Flächenstückes.

Die erste Fundamentalform ermöglicht also die Berechnung von Bogenlängen auf der Fläche, wobei E, F und G nur vom Flächenpunkt, nicht von der speziellen Flächenkurve abhängen. Es gilt darüber hinaus:

17.15. Hilfssatz: Mit Hilfe der ersten Fundamentalform lassen sich berechnen:

a) Die Bogenlänge einer Flächenkurve $\mathfrak{x}(\mathfrak{u}(t))$

$$\left(\frac{ds}{dt}\right)^2 = E\,\dot{u}^2 + 2F\,\dot{u}\dot{v} + G\,\dot{v}^2.$$

b) Der Winkel zwischen zwei Flächenkurven $\mathfrak{x}(\mathfrak{u}_1(t))$, $\mathfrak{x}(\mathfrak{u}_2(t))$,

$$\cos\alpha = \frac{E\dot{u}_1\dot{u}_2 + F\,(\dot{u}_1\dot{v}_2 + \dot{u}_2\dot{v}_1) + G\dot{v}_1\dot{v}_2}{\sqrt{(E\dot{u}_1^2 + 2F\dot{u}_1\dot{v}_1 + G\dot{v}_1^2)\,(E\dot{u}_2^2 + 2F\dot{u}_2\dot{v}_2 + G\dot{v}_2^2)}},$$

insbesondere sind die Parameterlinien aufeinander senkrecht, wenn $F = 0$.

c) $|\mathfrak{x}_u \times \mathfrak{x}_v|^2 = EG - F^2$.

Beweis: a) ist bereits oben erledigt worden, b) ergibt sich entsprechend. c) ist eine Folge der Lagrangeschen Identität 5.16

$$(\mathfrak{x}_u \times \mathfrak{x}_v) \cdot (\mathfrak{x}_u \times \mathfrak{x}_v) = (\mathfrak{x}_u \cdot \mathfrak{x}_u)(\mathfrak{x}_v \cdot \mathfrak{x}_v) - (\mathfrak{x}_u \cdot \mathfrak{x}_v)^2.$$

17.16. Beispiele:

a) Für eine Ebene $\mathfrak{x}(u, v) = \mathfrak{x}_0 + u\mathfrak{a} + v\mathfrak{b}$ erhält man $\mathfrak{x}_u = \mathfrak{a}$, $\mathfrak{x}_v = \mathfrak{b}$, also

$$\mathfrak{n} = \frac{\mathfrak{a} \times \mathfrak{b}}{|\mathfrak{a} \times \mathfrak{b}|}, \quad E = \mathfrak{a} \cdot \mathfrak{a}, \quad F = \mathfrak{a} \cdot \mathfrak{b}, \quad G = \mathfrak{b} \cdot \mathfrak{b},$$

$$EG - F^2 = |\mathfrak{a} \times \mathfrak{b}|^2.$$

b) Für die Parameterdarstellung der Kugeloberfläche durch Kugelkoordinaten gemäß Beispiel 17.13a ergibt sich

$$\mathfrak{x} = r\begin{pmatrix} \cos v \cos u \\ \cos v \sin u \\ \sin v \end{pmatrix}, \quad \mathfrak{x}_u = r\begin{pmatrix} -\cos v \sin u \\ \cos v \cos u \\ 0 \end{pmatrix}, \quad \mathfrak{x}_v = r\begin{pmatrix} -\sin v \cos u \\ -\sin v \sin u \\ \cos v \end{pmatrix}$$

$$E = r^2\cos^2 v, \quad F = 0, \quad G = r^2, \quad \mathfrak{n} = \frac{\mathfrak{x}}{r}, \quad EG - F^2 = r^4\cos^2 v.$$

Wegen $F = 0$ stehen die Parameterlinien aufeinander senkrecht, es handelt sich um die Längen- und Breitenkreise auf der Kugel.

c) Für die Parameterdarstellung eines Kreiszylinders gemäß Beispiel 17.13b folgt

$$\mathfrak{x} = \begin{pmatrix} r\cos u \\ r\sin u \\ v \end{pmatrix}, \quad \mathfrak{x}_u = \begin{pmatrix} -r\sin u \\ r\cos u \\ 0 \end{pmatrix}, \quad \mathfrak{x}_v = \begin{pmatrix} 0 \\ 0 \\ 1 \end{pmatrix},$$

$$E = r^2, \quad F = 0, \quad G = 1, \quad \mathfrak{n} = \begin{pmatrix} \cos u \\ \sin u \\ 0 \end{pmatrix}, \quad EG - F^2 = r^2.$$

d) Eine Wendelfläche (Abb. 17.7) oder Schraubenfläche

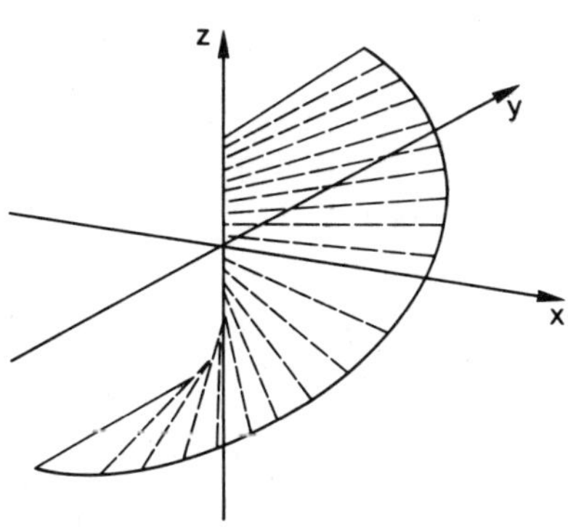

Abb. 17.7

wird durch

$$\mathfrak{x}(u, v) = \begin{pmatrix} u \cos v \\ u \sin v \\ h v \end{pmatrix}$$

mit $0 < u < \infty$, $-\infty < v < \infty$ gegeben, sie wird durch eine sich um die z-Achse schraubende Halbgerade erzeugt. Es ist

$$\mathfrak{x}_u = \begin{pmatrix} \cos v \\ \sin v \\ 0 \end{pmatrix}, \quad \mathfrak{x}_v = \begin{pmatrix} -u \sin v \\ u \cos v \\ h \end{pmatrix}, \quad \mathfrak{n} = \frac{1}{\sqrt{u^2 + h^2}} \begin{pmatrix} h \sin v \\ -h \cos v \\ u \end{pmatrix}$$

$E = 1, \quad F = 0, \quad G = u^2 + h^2, \quad EG - F^2 = u^2 + h^2.$

e) Die Flächen in expliziter Form

$$\mathfrak{x}(u, v) = \begin{pmatrix} u \\ v \\ f(u, v) \end{pmatrix}$$

mit $f\colon G \to \mathbb{R}$ in einem Gebiet $G \subseteq \mathbb{R}^2$ geben Anlaß zu den folgenden Formeln:

$$\mathfrak{x}_u = \begin{pmatrix} 1 \\ 0 \\ f_u \end{pmatrix}, \quad \mathfrak{x}_v = \begin{pmatrix} 0 \\ 1 \\ f_v \end{pmatrix}, \quad \mathfrak{n} = \frac{1}{\sqrt{1 + f_u^2 + f_v^2}} \begin{pmatrix} -f_u \\ -f_v \\ 1 \end{pmatrix},$$

$E = 1 + f_u^2, \quad F = f_u f_v, \quad G = 1 + f_v^2, \quad EG - F^2 = 1 + f_u^2 + f_v^2.$

f) Für das hyperbolische Paraboloid $z = xy$ ergibt sich somit (u wird durch x, v durch y ersetzt)

$$\mathfrak{n} = \frac{1}{\sqrt{1 + x^2 + y^2}} \begin{pmatrix} -y \\ -x \\ 1 \end{pmatrix}, \quad E = 1 + y^2, \quad F = xy, \quad G = 1 + x^2,$$

$EG - F^2 = 1 + x^2 + y^2.$

g) Für die stereographische Projektion der Kugel in Beispiel 17.13 e erhält man

$$\mathfrak{x} = \frac{1}{1 + u^2 + v^2} \begin{pmatrix} u \\ v \\ u^2 + v^2 \end{pmatrix}, \quad \mathfrak{x}_u = \frac{1}{(1 + u^2 + v^2)^2} \begin{pmatrix} 1 - u^2 + v^2 \\ -2uv \\ 2u \end{pmatrix},$$

$$\mathfrak{x}_v = \frac{1}{(1 + u^2 + v^2)^2} \begin{pmatrix} -2uv \\ 1 + u^2 - v^2 \\ 2v \end{pmatrix}$$

$$E = \frac{1}{(1 + u^2 + v^2)^2} = G, \quad F = 0, \quad EG - F^2 = \frac{1}{(1 + u^2 + v^2)^4}.$$

Zum Abschluß dieses Abschnittes sollen noch Krümmungseigenschaften von Flächenstücken betrachtet werden, wozu die zweimalige stetige Differenzierbarkeit der Parameterdarstellungen vorausgesetzt wird. Ähnlich wie bei Kurven hängen Krümmungseigenschaften mit den zweiten Ableitungen und damit mit Beschleunigungen zusammen. Man kann z. B. nach den Flächenkurven fragen, auf denen ein Massenpunkt keine seitlichen Beschleunigungskräfte erfährt. Diese bezeichnet man als geodätische Linien, sie entsprechen den Geraden in der Ebene.

Für die Krümmung von Flächenkurven gilt der

17.17. Hilfssatz (*Satz von Meusnier*): Ist eine Flächenkurve $\mathfrak{x}(\tilde{\mathfrak{u}}(t))$ mit dem Tangentenvektor $\mathfrak{t}$, dem Hauptnormalenvektor $\mathfrak{n}$ und der Krümmung $\frac{1}{\rho}$ gegeben, so gilt mit $\measuredangle(\mathrm{n}, \mathfrak{N}) = \theta$

$$\frac{\cos\theta}{\rho} = \frac{\mathfrak{n}\cdot\mathfrak{N}}{\rho} = \frac{L\dot{u}^2 + 2\dot{u}\dot{v} + N\dot{v}^2}{E\dot{u}^2 + 2F\dot{u}\dot{v} + G\dot{v}^2} =: \frac{1}{R}$$

mit $L := -\mathfrak{N}_u \cdot \mathfrak{x}_u = \mathfrak{N}\cdot\mathfrak{x}_{uu}$,

$$M := -\tfrac{1}{2}(\mathfrak{N}_u \cdot \mathfrak{x}_v + \mathfrak{N}_v \cdot \mathfrak{x}_u) = \mathfrak{N}\cdot\mathfrak{x}_{uv},$$

$$N := -\mathfrak{N}_v \cdot \mathfrak{x}_v = \mathfrak{N}\cdot\mathfrak{x}_{vv}.$$

$L\,du^2 + 2M\,du\,dv + N\,dv^2$ heißt zweite Fundamentalform des Flächenstückes.

Schneidet man aus der Fläche mittels einer Ebene durch $\mathfrak{t}$ und $\mathfrak{N}$ eine Kurve aus, so heißt diese Normalschnitt. Für den Normalschnitt ist $\theta = 0$ und die Krümmung hängt nur von $\mathfrak{t}$ ab, also nicht von zweiten Ableitungen auf der Kurve. Wegen des Satzes genügt es, sich bei der Untersuchung des Krümmungsverhaltens auf $\theta = 0$, d. h. auf Normalschnitte, zu beschränken.

Beweis: Ist die Flächenkurve in Abhängigkeit von der Bogenlänge gegeben, so gilt $\mathfrak{t} = \mathfrak{x}_u u' + \mathfrak{x}_v v'$ und

$$\frac{1}{\rho}\,\mathfrak{N}\cdot\mathfrak{n} = \mathfrak{N}\cdot\mathfrak{t}' = \mathfrak{N}\cdot(\mathfrak{x}_{uu}u'^2 + 2\mathfrak{x}_{uv}u'v' + \mathfrak{x}_{vv}v'^2 + \mathfrak{x}_u u'' + \mathfrak{x}_v v''$$
$$= Lu'^2 + 2Mu'v' + Nv'^2$$

mit den im Satz gegebenen Definitionen. Mit Hilfe der ersten Fundamentalform folgt die Behauptung des Satzes für beliebige Parameter. Aus $\mathfrak{N}\cdot\mathfrak{x}_u = \mathfrak{N}\cdot\mathfrak{x}_v = 0$ ergeben sich durch Differentiation nach u bzw. v die anderen Formen für L, M und N.

Für die Krümmung des Normalschnittes beweist man weiter:

17.18. Satz: Die Krümmung $\frac{1}{R}$ der Normalschnitte nimmt in zwei zueinander senkrechten Richtungen einen minimalen Wert $\frac{1}{R_1}$ und einen maximalen Wert $\frac{1}{R_2}$ an oder sie ist für alle Richtungen gleich (: Nabelpunkt).

Die Richtungen der extremalen Krümmungen heißen Hauptkrümmungsrichtungen; eine Flächenkurve, die in jedem Punkt die Richtung einer Hauptkrümmung hat, heißt Krümmungslinie. Die Hauptkrümmungen $\frac{1}{R_1}$ und $\frac{1}{R_2}$ sind Lösungen der Gleichung

$$\frac{1}{R^2} - \frac{1}{R}\,\frac{NE - 2MF + LG}{EG - F^2} + \frac{LN - M^2}{EG - F^2} = 0.$$

Also gilt

$$K := \frac{1}{R_1}\,\frac{1}{R_2} = \frac{LN - M^2}{EG - F^2}$$

$$2H := \frac{1}{R_1} + \frac{1}{R_2} = \frac{NE - 2MF + LG}{EG - F^2}.$$

K heißt Gaußsche Krümmung, H mittlere Krümmung, beide sind bei zulässigen Parametertransformationen invariant.

Beweis: Setzt man $A = \begin{pmatrix} E & F \\ F & G \end{pmatrix}$, $B = \begin{pmatrix} L & M \\ M & N \end{pmatrix}$ und $\mathfrak{y} = \begin{pmatrix} \dot{u} \\ \dot{v} \end{pmatrix}$, so ist $\frac{1}{R} = \frac{\mathfrak{y}^T \cdot B \cdot \mathfrak{y}}{\mathfrak{y}^T \cdot A \cdot \mathfrak{y}}$ der Quotient zweier quadratischer Formen, wobei der Nenner wegen $EG - F^2 > 0$ und $E > 0$ positiv definit ist (Beispiel 14.28b). Transformiert man $\mathfrak{y}$ durch $\mathfrak{y} = P \cdot Q \cdot \mathfrak{z}$, wobei P eine orthogonale Matrix ist mit

$P^T \cdot A \cdot P = \begin{pmatrix} \lambda_1 & 0 \\ 0 & \lambda_2 \end{pmatrix}$ und $Q = \begin{pmatrix} \lambda_1^{-1/2} & 0 \\ 0 & \lambda_2^{-1/2} \end{pmatrix}$, so ergibt sich im Nenner

$$\mathfrak{z}^T \cdot Q^T \cdot P^T \cdot A \cdot P \cdot Q \cdot \mathfrak{z} = |\mathfrak{z}|^2.$$

Da es auf einen gemeinsamen Faktor von Zähler und Nenner nicht ankommt, kann man sich auf $|\mathfrak{z}| = 1$ beschränken und erhält

$$\frac{1}{R} = \mathfrak{z}^T \cdot \widetilde{B} \cdot \mathfrak{z}.$$

$\widetilde{B} = Q^T \cdot P^T \cdot B \cdot P \cdot Q$ ist symmetrisch, so daß die Eigenwerte μ_1 und μ_2 reell sind und nach Folgerung 14.27 gilt

$$\mu_1 \leqq \frac{1}{R} \leqq \mu_2,$$

die Gleichheitszeichen werden für die entsprechenden Eigenvektoren $\mathfrak{z}_1$ und $\mathfrak{z}_2$ angenommen. Der Fall $\mu_1 = \mu_2 =: \lambda$ entspricht $\frac{1}{R} = \lambda$ oder $\mathfrak{y}^T \cdot (B - \lambda A) \cdot \mathfrak{y} = 0$ für alle $\mathfrak{y}$, also $B = \lambda A$. Diese Nabelpunkte schließen wir aus und haben: $\frac{1}{R}$ hat ein Maximum $\frac{1}{R_2}$ und ein davon verschiedenes Minimum $\frac{1}{R_1}$ ($\frac{1}{R_1} = 0$ ist zugelassen, dann sei formal $R_1 = \infty$). Die Richtungen $\mathfrak{y}_1$ und $\mathfrak{y}_2$, in denen die Extrema angenommen werden, sind aufeinander senkrecht, denn nach Hilfssatz 17.15b ist dies der Fall für

$$\mathfrak{y}_1^T \cdot A \cdot \mathfrak{y}_2 = \mathfrak{z}_1^T \cdot Q^T \cdot P^T \cdot A \cdot P \cdot Q \cdot \mathfrak{z}_2 = \mathfrak{z}_1^T \cdot \mathfrak{z}_2 = 0,$$

die letzte Gleichung folgt aus Hilfssatz 14.8b. Die Werte von $1/R_1$ und $1/R_2$ berechnet man einfacher wie folgt: Zu jedem Wert von $1/R$ bestimmt die quadratische Gleichung

$$\mathfrak{y}^T \cdot (\tfrac{1}{R} A - B) \cdot \mathfrak{y} = 0$$

keine, eine oder zwei Richtungen je nach dem Wert der Diskriminante $\det(\frac{1}{R} A - B)$. Für die extremalen $1/R$ verschwindet diese Determinante gerade und ordnet nur eine Richtung zu, so daß $1/R_1$ und $1/R_2$ Lösungen von

$$\det(\tfrac{1}{R} A - B) = (\tfrac{E}{R} - L)(\tfrac{G}{R} - N) - (\tfrac{F}{R} - M)^2 = 0$$

oder

$$(*) \qquad (\tfrac{1}{R} - \tfrac{1}{R_1})(\tfrac{1}{R} - \tfrac{1}{R_2}) = \frac{1}{R^2} - \frac{1}{R}\left(\frac{NE - 2MF + LG}{EG - F^2}\right) + \frac{LN - M^2}{EG - F^2} = 0$$

sind. Das ist die im Satz angegebene Gleichung und die Werte von K und H folgen direkt.

Die Invarianz von K und H läßt sich nachrechnen: Es ist

$$A = \begin{pmatrix} \mathfrak{x}_u \cdot \mathfrak{x}_u & \mathfrak{x}_u \cdot \mathfrak{x}_v \\ \mathfrak{x}_v \cdot \mathfrak{x}_u & \mathfrak{x}_v \cdot \mathfrak{x}_v \end{pmatrix} = (\mathfrak{x}_u\, \mathfrak{x}_v)^T \cdot (\mathfrak{x}_u\, \mathfrak{x}_v) = \mathfrak{x}_{\mathfrak{u}}^T \cdot \mathfrak{x}_{\mathfrak{u}}$$

$$B = -\begin{pmatrix} \mathfrak{N}_u \cdot \mathfrak{x}_u & \mathfrak{N}_u \cdot \mathfrak{x}_v \\ \mathfrak{N}_v \cdot \mathfrak{x}_u & \mathfrak{N}_v \cdot \mathfrak{x}_v \end{pmatrix} = -(\mathfrak{N}_u\, \mathfrak{N}_v)^T \cdot (\mathfrak{x}_u\, \mathfrak{x}_v) = -\mathfrak{N}_{\mathfrak{u}}^T \cdot \mathfrak{x}_{\mathfrak{u}}$$

Bei Übergang zu anderen Parametern $\tilde{\mathfrak{u}}$ gilt dann nach der Kettenregel mit der Matrix $U = \mathfrak{u}_{\tilde{\mathfrak{u}}}$, z. B. $\mathfrak{x}_{\tilde{\mathfrak{u}}} = \mathfrak{x}_{\mathfrak{u}} \cdot U$ und

$$\tilde{A} = U^T \cdot \mathfrak{x}_{\mathfrak{u}}^T \cdot \mathfrak{x}_{\mathfrak{u}} \cdot U = U^T \cdot A \cdot U$$
$$\tilde{B} = U^T \cdot \mathfrak{N}_{\mathfrak{u}}^T \cdot \mathfrak{x}_{\mathfrak{u}} \cdot U = U^T \cdot B \cdot U$$

und

$$\det(\tfrac{1}{R} \tilde{A} - \tilde{B}) = (\det U^T) \det(\tfrac{1}{R} A - B) \det U,$$

so daß sich die quadratische Gleichung (*) nicht ändert, deren Koeffizienten gerade K und H sind.

17.19. Beispiele:

a) Bewegung eines Massenpunktes auf einer Fläche. Ist die Bahnkurve bezogen auf die Bogenlänge mit dem begleitenden Dreibein $\mathfrak{t}, \mathfrak{n}, \mathfrak{b}$ gegeben, so zerlege man $\mathfrak{t}'$ in eine Komponente, die tangential zur Fläche ist, und eine Komponente, die in Richtung von $\mathfrak{N}$ weist:

$$\mathfrak{t}' = \kappa_g \tilde{\mathfrak{t}} + \kappa_n \mathfrak{N}, \quad |\tilde{\mathfrak{t}}| = 1,$$

κ_g heißt geodätische Krümmung der Kurve und κ_n Normalkrümmung.

$\kappa_n = \mathfrak{t}' \cdot \mathfrak{n}$ ist in Hilfssatz 17.17 berechnet worden, um κ_g zu berechnen, kann man wegen $\mathfrak{t} \perp \tilde{\mathfrak{t}}$, $\mathfrak{n}$ noch $\tilde{\mathfrak{t}} := \mathfrak{t} \times \mathfrak{n}$ setzen ($|\tilde{\mathfrak{t}}| = 1$, da $\mathfrak{t} \perp \mathfrak{n}$), es ergibt sich

$$\kappa_g = \mathfrak{t}' \cdot (\mathfrak{t} \times \mathfrak{n}).$$

Gilt längs der Kurve $\kappa_g = 0$, mithin $\mathfrak{m} = \mathfrak{n}$ und $\tilde{\mathfrak{t}} = \mathfrak{b}$, so hat die Beschleunigung

$$\ddot{\mathfrak{x}} = \dot{v}\mathfrak{t} + v^2 \mathfrak{t}' = \dot{v}\mathfrak{t} + v^2 \kappa_n \mathfrak{n}$$

nur Komponenten in Richtung der Bewegung und senkrecht zur Fläche.
Im dritten Band wird gezeigt, daß die Kurven mit dieser Eigenschaft die kürzesten Linien zwischen zwei Flächenpunkten sind, sie heißen geodätische Linien.

b) Für die Ebene $\mathfrak{x}(u, v) = \mathfrak{x}_0 + u\mathfrak{u} + v\mathfrak{v}$ aus Beispiel 17.16a ist $\mathfrak{x}_{uu} = \mathfrak{x}_{uv} = \mathfrak{x}_{vv} = \mathfrak{o}$, also $L = M = N = 0$. Daher ist $\frac{1}{R} = 0$ für alle Richtungen und $K = H = 0$. Dies charakterisiert die Ebenen (was hier nicht gezeigt werden soll).

c) Für die Kugeldarstellung in Beispiel 17.16b gilt

$$\mathfrak{x} = r\begin{pmatrix} \cos v \cos u \\ \cos v \sin u \\ \sin v \end{pmatrix}, \quad \mathfrak{x}_{uu} = r\begin{pmatrix} -\cos v \cos u \\ -\cos v \sin u \\ 0 \end{pmatrix}, \quad \mathfrak{x}_{uv} = r\begin{pmatrix} \sin v \sin u \\ -\sin v \cos u \\ 0 \end{pmatrix},$$

$$\mathfrak{x}_{vv} = r\begin{pmatrix} -\cos v \cos u \\ -\cos v \sin u \\ -\sin v \end{pmatrix}, \quad \mathfrak{n} = \frac{\mathfrak{x}}{r}, \quad L = -r\cos^2 v = \frac{-E}{r}, \; M = 0 = \frac{-F}{r},$$

$$N = -r = \frac{-G}{r}, \quad K = \frac{1}{r^2}, \quad H = -\frac{1}{r}$$

Daher gibt es auf der Kugel nur Nabelpunkte und es ist $1/R = -1/r$.

d) Für den Kreiszylinder aus Beispiel 17.16c gilt

$$\mathfrak{x} = \begin{pmatrix} r\cos u \\ r\sin u \\ v \end{pmatrix}, \quad \mathfrak{x}_{uu} = \begin{pmatrix} -r\cos u \\ -r\sin u \\ 0 \end{pmatrix}, \quad \mathfrak{x}_{uv} = \mathfrak{o}, \quad \mathfrak{x}_{vv} = \mathfrak{o}, \quad \mathfrak{n} = \begin{pmatrix} \cos u \\ \sin u \\ 0 \end{pmatrix},$$

$L = -r$, $M = N = 0$, also $K = 0$, $H = -\frac{1}{r}$.

e) Für die Wendelfläche aus Beispiel 17.16d gilt

$$\mathfrak{x} = \begin{pmatrix} u\cos v \\ u\sin v \\ hv \end{pmatrix}, \quad \mathfrak{x}_{uu} = \mathfrak{o}, \quad \mathfrak{x}_{uv} = \begin{pmatrix} -\sin v \\ \cos v \\ 0 \end{pmatrix}, \quad \mathfrak{x}_{vv} = \begin{pmatrix} -u\cos v \\ -u\sin v \\ 0 \end{pmatrix},$$

$$\mathfrak{n} = \frac{1}{\sqrt{u^2+h^2}}\begin{pmatrix} h\sin v \\ -h\cos v \\ u \end{pmatrix}, \quad L = 0, \quad M = -\frac{h}{\sqrt{u^2+h^2}}, \quad N = 0,$$

also $H = 0$, $K = \dfrac{-h^2}{(u^2+h^2)^2}$.

Flächen mit $H = 0$ haben die Eigenschaft, kleinsten Flächeninhalt bei gegebenem Rand zu haben. Sie heißen daher Minimalflächen.
Minimalflächen lassen sich leicht durch Eintauchen des aus Draht geformten Randes in Seifenwasser realisieren. Die Wendelfläche ist eine solche Minimalfläche.

f) Für die Flächen in expliziter Darstellung folgt ergänzend zu Beispiel 17.16e

$$\mathfrak{x} = \begin{pmatrix} u \\ v \\ f \end{pmatrix}, \quad \mathfrak{x}_{uu} = \begin{pmatrix} 0 \\ 0 \\ f_{uu} \end{pmatrix}, \quad \mathfrak{x}_{uv} = \begin{pmatrix} 0 \\ 0 \\ f_{uv} \end{pmatrix}, \quad \mathfrak{x}_{vv} = \begin{pmatrix} 0 \\ 0 \\ f_{vv} \end{pmatrix},$$

$$\mathfrak{N} = \frac{1}{\sqrt{1 + f_u^2 + f_v^2}} \begin{pmatrix} -f_u \\ -f_v \\ 1 \end{pmatrix}, \quad L = \frac{f_{uu}}{\sqrt{1 + f_u^2 + f_v^2}}, \quad M = \frac{f_{uv}}{\sqrt{1 + f_u^2 + f_v^2}},$$

$$N = \frac{f_{vv}}{\sqrt{1 + f_u^2 + f_v^2}}, \quad K = \frac{f_{uu} f_{vv} - f_{uv}^2}{(1 + f_u^2 + f_v^2)^2}, \quad 2H = \frac{(1 + f_v^2)\, f_{uu} - 2 f_u f_v f_{uv} + (1 + f_u^2)\, f_{vv}}{(1 + f_u^2 + f_v^2)^{3/2}}.$$

Minimalflächen in expliziter Darstellung genügen mithin der folgenden partiellen Differentialgleichung, die auch Minimalflächengleichung heißt:

$$(1 + f_v^2)\, f_{uu} - 2 f_u f_v f_{uv} + (1 + f_u^2)\, f_{vv} = 0.$$

g) Für das hyperbolische Paraboloid in expliziter Darstellung $z = xy$ in Beispiel 17.16f ergibt sich $f_x = y$, $f_y = x$, $f_{xx} = f_{yy} = 0$, $f_{xy} = 1$, also $L = N = 0$,

$$M = \frac{1}{\sqrt{1 + x^2 + y^2}}, \quad K = \frac{-1}{(1 + x^2 + y^2)^2}, \quad H = \frac{-2xy}{(1 + x^2 + y^2)^{3/2}}.$$

Aufgaben zu Kap. 17:

1. Gegeben sei die Parameterdarstellung $\mathfrak{x}: \mathbb{R} \to \mathbb{R}^2$ mit

   $$\mathfrak{x}(t) = \left(\frac{10t}{1 + t^2}, \frac{5t^2 - 5}{1 + t^2}\right)$$

   eines ebenen Kurvenstückes. Man berechne die Bogenlänge zwischen $t_1 = \frac{1}{2}$ und $t_2 = 1$ sowie die Krümmung für $t_0 = 3$.

2. In Polarkoordinaten definiert $r: \,]0, \infty[\, \to \mathbb{R}$ mit $r(\varphi) = \frac{2}{\varphi}$ eine Kurve in der Ebene. Man gebe eine Parameterdarstellung an, skizziere die Kurve und berechne die Bogenlänge zwischen φ_1 und φ_2.

3. Ein Kreis um den Nullpunkt vom Radius r schneide die positive x-Achse im Punkt P. Die Tangente in P wird auf der Kreisperipherie abgewälzt, ohne zu gleiten. Welche Kurve beschreibt der ursprüngliche Berührungspunkt P auf der Tangente während deren Bewegung? Man bestimme die Evolute dieser Kurve.

4. Es soll eine Autorennstrecke gebaut werden. Dabei sollen zwei im Abstand von 100 m parallel verlaufende Fahrbahnen durch eine stetig gekrümmte Kurve verbunden werden. Man bestimme die Mittellinie und Überhöhung der Fahrbahn, so daß auf ein mit 60 km/h fahrendes Auto keine (seitliche) Gleitkraft wirkt.

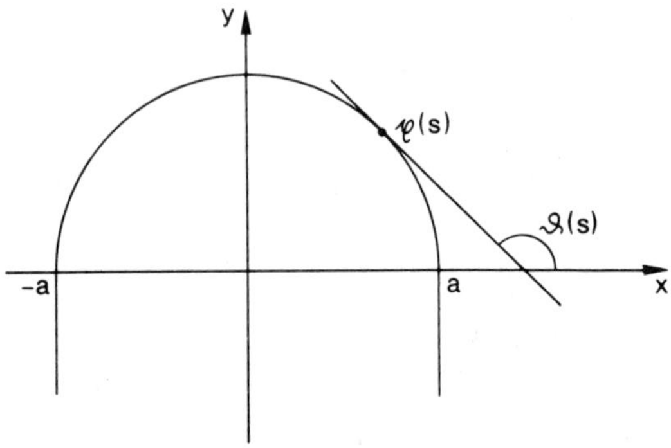

Abb. 17.8

Man bestimme die Krümmung nach dem Gesetz $\kappa(s) = \lambda(s - s_0)$ und lege λ so fest, daß für $x = 0$ eine waagerechte Tangente vorhanden ist. Man berechne $\mathfrak{x}(s) = (x(s), y(s))$, wobei $\mathfrak{x}'(s) = (\cos\theta, \sin\theta)$, $\kappa = \theta'$ berücksichtigt werden muß.

5. Gegeben sei die Raumkurve

$$\mathfrak{x}(t) = (\text{arc}\cos_0 t,\ t^2,\ t\sqrt{1-t^2}).$$

Man bestimme das begleitende Dreibein, Krümmung, Windung, Radius und Mittelpunkt der Schmiegungskugel sowie die Bogenlänge der Kurve, die der Mittelpunkt der Schmiegungskugel beschreibt.

6. Man gebe eine Parameterdarstellung der Raumkurve, deren Projektion in die x-y-Ebene bzw. x-z-Ebene durch

$$y = 1 - \sqrt{1-x^2} \quad \text{bzw.} \quad z = 1 - \sqrt{1-x^2}$$

gegeben ist. Man berechne die Vektoren des begleitenden Dreibeins sowie Krümmung und Windung.

7. Man berechne das begleitende Dreibein, Krümmung, Windung und Bogenlänge zwischen $t_1 = 1$ und $t_2 = 2$ der Raumkurve

$$\mathfrak{x}(t) = (\sin t,\ \tfrac{1}{2}\sin^2 t,\ \tfrac{1}{2}(t - \sin t\cos t)).$$

Was für eine Kurve ist die Projektion von $\mathfrak{x}(t)$ in die x-y-Ebene?

8. Durch

$$\mathfrak{x}(t) = (a\varphi(t)\cos\varphi(t),\ a\varphi(t)\sin\varphi(t),\ c\varphi(t))$$

wird eine konische Schraubenlinie dargestellt, wenn φ monoton wachsend mit $\varphi(0) = 0$ ist. Auf ihr rollt reibungsfrei eine Kugel der Masse 1. Zur Zeit $t = 0$ werde sie an der Spitze $\mathfrak{x}(0)$ losgelassen und dem Einfluß der Schwerkraft überlassen. Welche Beziehung besteht zwischen der Tangential-, der Normalbeschleunigung und der Krümmung?

9. Es sei eine Raumkurve $\mathfrak{x}(s)$ gegeben, deren Krümmung und Windung der Gleichung $\frac{A}{\rho} + \frac{B}{\tau} = 1$ genügen (A und B Konstanten). Man untersuche, ob durch $\mathfrak{x}^* = \mathfrak{x} + \lambda\mathfrak{n}$ eine Kurve bestimmt wird, die auch $\mathfrak{n}$ zur Hauptnormalen hat (λ konstant). Wie lautet die Krümmung von $\mathfrak{x}^*$ im Fall $B = 0$?

10. Man bestimme die 1. und 2. Fundamentalform sowie die Gaußsche und die mittlere Krümmung der folgenden Flächen:

a) Einschaliges Hyperboloid
$\mathfrak{x}(u, v) = (a\cos u\cosh v,\ a\sin u\cosh v,\ c\sinh v)$,

b) Katenoid (Rotationsfläche einer Kettenlinie)
$\mathfrak{x}(u, v) = (\cosh v\cos u,\ \cosh v\sin u,\ v)$

c) $\mathfrak{x}(u, v) = (u\cos v,\ u\sin v,\ u\sinh\sqrt{v})$,

d) $\mathfrak{x}(u, v) = (u^2e^v,\ u^2e^{-v},\ u)$.

18. Fourierreihen, Hilbertraum

I. Integrierbarkeit und Differenzierbarkeit von Funktionenreihen

In Kap. 9 I sind Funktionenreihen $\Sigma\, u_n$ betrachtet worden, in Definition 9.5 ist die gleichmäßige Konvergenz einer solchen Reihe erklärt worden, und Satz 9.6 besagt, daß die Summe einer gleichmäßig konvergenten Reihe stetiger Funktionen auch stetig ist. Diese Aussagen sollen jetzt durch zwei Sätze über die Integrierbarkeit und Differenzierbarkeit von Funktionenreihen ergänzt werden, wie sie im folgenden für Fourierreihen benötigt werden. Für Potenzreihen waren diese Fragen bereits erledigt (Beispiele 10.4d und 12.3i).

18.1. Satz: Im endlichen Intervall $[a, b]$ seien die Funktionen $u_n : [a, b] \to \mathbb{R}\ (n \in \mathbb{N})$ integrierbar und $\Sigma\, u_n$ gleichmäßig konvergent.
Dann ist $\sum_{n=1}^{\infty} u_n$ integrierbar und es gilt

$$\int_a^b \Big(\sum_{n=1}^{\infty} u_n\Big)\, dx = \sum_{n=1}^{\infty} \int_a^b u_n\, dx:$$

Eine gleichmäßig konvergente Reihe ist *gliedweise integrierbar.*

Beweis: Da u_n integrierbar, existiert für jedes $j \in \mathbb{N}$ eine Treppenfunktion φ_{nj} mit $|u_n(x) - \varphi_{nj}(x)| \leqq 2^{-n-j}$ für alle $x \in [a, b]$, nach Hilfssatz 12.6 ist auch

$$\psi_j = \sum_{k=1}^{j} \varphi_{kj}$$

eine Treppenfunktion und es gilt mit $u := \sum_{n=1}^{\infty} u_n$ für alle $x \in [a, b]$

$$|u(x) - \psi_j(x)| \leqq |u(x) - \sum_{k=1}^{j} u_k(x)| + |\sum_{k=1}^{j} (u_k(x) - \varphi_{kj}(x))|$$

$$\leqq |u(x) - \sum_{k=1}^{j} u_k(x)| + 2^{-j} < \epsilon$$

für genügend großes j wegen der gleichmäßigen Konvergenz von $\Sigma\, u_n$.
Damit ist u über $[a, b]$ integrierbar und es folgt

$$\Big|\int_a^b u\, dx - \sum_{k=1}^{j} \int_a^b u_k\, dx\Big| \leqq \int_a^b \Big|u - \sum_{k=1}^{j} u_k\Big|\, dx \leqq \epsilon\,(b-a)$$

für genügend großes j wegen der gleichmäßigen Konvergenz der Reihe.
Für $j \to \infty$ folgt die Behauptung.

18.2. Folgerung: Sind im endlichen Intervall $[a, b]$ die Funktionen $u_n : [a, b] \to \mathbb{R}$ stetig differenzierbar und konvergiert $\Sigma\, u_n'$ gleichmäßig in $[a, b]$ sowie $\Sigma\, u_n(x_0)$ für ein $x_0 \in [a, b]$, so ist $\sum\limits_{n=1}^{\infty} u_n$ in $[a, b]$ differenzierbar mit

$$\Big(\sum_{n=1}^{\infty} u_n\Big)' = \sum_{n=1}^{\infty} u_n'.$$

Beweis: Als gleichmäßig konvergente Reihe stetiger Funktionen ist $\Sigma\, u_n'$ für alle $x \in [a, b]$ von x_0 bis x gliedweise integrierbar:

$$\int_{x_0}^{x} \Big(\sum_{n=1}^{\infty} u_n'(t)\Big)\, dt = \sum_{n=1}^{\infty} \int_{x_0}^{x} u_n'(t)\, dt = \sum_{n=1}^{\infty} [u_n(x) - u_n(x_0)].$$

Wegen der Konvergenz von $\Sigma\, u_n(x_0)$ konvergiert auch $\Sigma\, u_n(x)$ und es gilt

$$\sum_{n=1}^{\infty} u_n(x) = \sum_{n=1}^{\infty} u_n(x_0) + \int_{x_0}^{x} \Big(\sum_{n=1}^{\infty} u_n'(t)\Big)\, dt.$$

Differentiation liefert das Ergebnis.

18.3. Beispiele:

a) $\Sigma \frac{1}{n^2} \sin \frac{x}{n^4}$ konvergiert gleichmäßig für alle x, denn $\Sigma \frac{1}{n^2}$ ist eine von x unabhängige Majorante (Satz 9.7). Daher ist

$$\int_0^x \Big(\sum_{n=1}^{\infty} \frac{1}{n^2} \sin \frac{t}{n^4}\Big)\, dt = \sum_{n=1}^{\infty} \frac{1}{n^2} \int_0^x \sin \frac{t}{n^4}\, dt = \sum_{n=1}^{\infty} n^2 \Big(1 - \cos \frac{x}{n^4}\Big).$$

Die letzte Reihe konvergiert in der Tat wegen $1 - \cos \frac{x}{n^4} = O\big(\frac{x^2}{n^8}\big)$ für $n \to \infty$.

Hätte man jedoch unbestimmt integriert, so wäre das Ergebnis $-\Sigma\, n^2 \cos \frac{x}{n^4}$ für kein x konvergent. Satz 18.1 ist also nur für bestimmte Integrale richtig.

b) $u(x) := \sum\limits_{n=1}^{\infty} n^{-\alpha} \cos nx$ konvergiert im Falle $\alpha > 1$ gleichmäßig für alle x.
Es ist

$$\int_0^x u(t)\, dt = \sum_{n=1}^{\infty} n^{-\alpha-1} \sin n x$$

erst recht gleichmäßig konvergent. Die gliedweise abgeleitete Reihe $-\Sigma\, n^{-\alpha+1} \sin nx$ ist jedoch nur für $\alpha > 2$ gleichmäßig konvergent und ihre Summe stellt u' dar: Integration verbessert die Konvergenzeigenschaften, Differentiation verschlechtert sie.

18.4. Definition: a) Eine Funktion $f: \mathbb{R} \to \mathbb{R}$ heißt periodisch mit der Periode p, wenn für alle $x \in \mathbb{R}$

$$f(x+p) = f(x).$$

b) Eine Reihe der Form

$$\Sigma\,(a_n \cos nx + b_n \sin nx)$$

heißt *Fourierreihe* oder *trigonometrische Reihe*, eine endliche Summe dieser Form heißt *Fourierpolynom* oder *trigonometrisches Polynom.*

Periodische Funktionen treten in Physik und Technik bei der Beschreibung sich wiederholender Vorgänge (Schwingungen) auf. Allerdings handelt es sich nicht immer um so einfache Beispiele wie sin und cos, man denke z. B. an Kippschwingungen (Abb. 18.1) oder zerhackten Gleichstrom (Abb. 18.2)

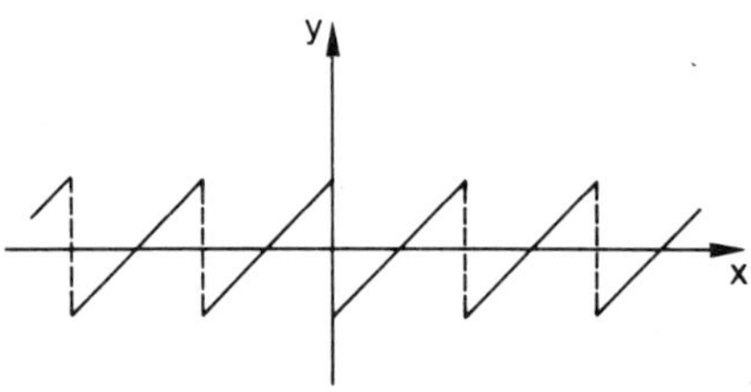

Abb. 18.1

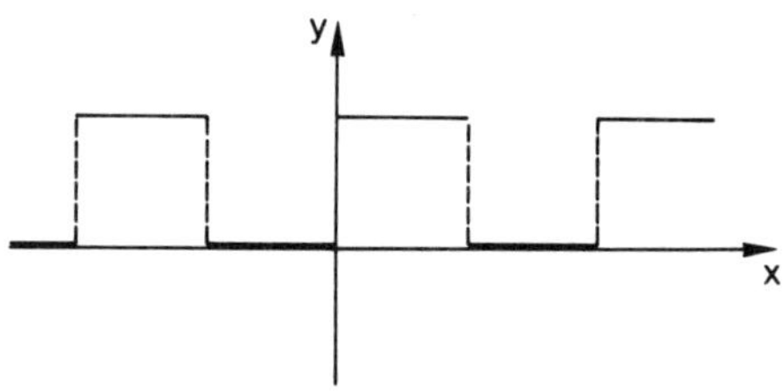

Abb. 18.2

Treten solche Funktionen als äußere Spannung in einem elektrischen Schwingungskreis auf (Beispiel 13.8b), so ist für die Bestimmung einer partikulären Lösung der entsprechenden Differentialgleichung der Hilfssatz 13.14 nicht mehr ausreichend. Könnte man jedoch die rechte Seite der Differentialgleichung in eine Fourierreihe entwickeln, so wäre bei entsprechendem Konvergenzverhalten eine partikuläre Lösung in Gestalt einer Reihe bestimmbar.
Dieses Problem der Entwickelbarkeit einer Funktion in eine Fourierreihe soll in diesem Abschnitt behandelt werden. Der erste Hilfssatz gibt Auskunft über die Menge der Perioden einer periodischen Funktion, der zweite gibt die Grundlage für die nachfolgende Definition der Fourierkoeffizienten.

18.5. Hilfssatz: Sei $f: \mathbb{R} \to \mathbb{R}$ periodisch und M die Menge der positiven Perioden von f sowie $T = \inf M$. Für $T > 0$ ist $\{nT \mid n \in \mathbb{Z}\}$ die Menge aller Perioden von f; für $T = 0$ ist f konstant, wenn es stetig ist.

Mit Periode von f für $f \neq$ const. werden wir stets die kleinste positive Periode meinen. Ohne Beschränkung der Allgemeinheit sei diese Periode 2π, denn hat f die Periode T, so hat $g: \mathbb{R} \to \mathbb{R}$ mit $g(x) = f(\frac{Tx}{2\pi})$ die Periode 2π. Als Periodenintervall werden wir im allgemeinen $]-\pi, \pi]$ verwenden.

Beweis: Da mit zwei Perioden von f auch deren Differenz Periode ist, können nicht in beliebiger Nähe von T Perioden von f liegen, da sonst beliebig kleine positive Perioden vorhanden wären. Daher muß T selbst Periode sein und für eine weitere Periode p wähle man $n \in \mathbb{Z}$ so, daß $nT \leqq p < (n+1)T$. Dann ist $p - nT$ Periode, wegen $0 \leqq p - nT < T$ und der Definition von T muß daher $p = nT$ sein.
Ist $T = 0$, so gibt es zu jedem $\epsilon > 0$ eine Periode p von f mit $0 < p < \epsilon$. Für beliebiges x_0 liegt daher im Intervall $[x_0, x_0 + \epsilon]$ sicher ein ganzzahliges Vielfaches von p und $f(np) = f(0)$. Wegen der Stetigkeit von f geht das nur, wenn $f(x_0) = f(0)$, also ist f konstant.

18.6. Hilfssatz: a) $\Sigma\,(a_n \cos nx + b_n \sin nx)$ sei in $[-\pi, \pi]$ gleichmäßig konvergent und es sei

$$f(x) = \frac{1}{2} a_0 + \sum_{n=1}^{\infty} (a_n \cos nx + b_n \sin nx).$$

Dann gilt für $n = 0, 1, 2, \ldots$

$$a_n = \frac{1}{\pi} \int_{-\pi}^{\pi} f(x) \cos nx\, dx, \qquad b_n = \frac{1}{\pi} \int_{-\pi}^{\pi} f(x) \sin nx\, dx.$$

b) Eine Reihe der Form $\Sigma\,(\alpha_n e^{inx})_{n \in \mathbb{Z}}$ heißt *komplexe Fourierreihe*, sie heiße konvergent, wenn $\Sigma\,(\alpha_n e^{inx})_{n \in \mathbb{N}}$ und $\Sigma\,(\alpha_{-n} e^{-inx})_{n \in \mathbb{N}}$ beide konvergieren. Konvergiert eine komplexe Fourierreihe gleichmäßig in $[-\pi, \pi]$ gegen eine Funktion $f: [-\pi, \pi] \to \mathbb{C}$, so gilt für $n \in \mathbb{Z}$

$$\alpha_n = \frac{1}{2\pi} \int_{-\pi}^{\pi} f(x)\, e^{-inx} dx.$$

Es ist klar, daß wegen der Beziehung $e^{i\alpha} = \cos\alpha + i \sin\alpha$ (Hilfssatz 9.18a) reelle Fourierreihen in komplexe umgewandelt werden können und umgekehrt. Insofern sollen komplexe Fourierreihen im folgenden nicht weiter betrachtet werden, die Koeffizientenbeziehungen beim Übergang lauten mit $b_0 = 0$ und reellwertigem f

$$\alpha_j = \frac{a_j - ib_j}{2}, \quad \alpha_{-j} = \frac{a_j + ib_j}{2} \quad \text{für } j \geqq 0.$$

Beweis: Für $n, m = 0, 1, 2, \ldots$ gelten die folgenden, sogenannten Orthogonalitätsrelationen der trigonometrischen Funktionen:

$$\int_{-\pi}^{\pi} \cos nx \cos mx\, dx = \frac{1}{2} \int_{-\pi}^{\pi} [\cos(m-n)x + \cos(m+n)x]\, dx = \begin{cases} 0 \text{ für } n \neq m \\ \pi \text{ für } n = m > 0 \\ 2\pi \text{ für } n = m = 0 \end{cases}$$

$$\int_{-\pi}^{\pi} \cos nx \sin mx\, dx = \frac{1}{2} \int_{-\pi}^{\pi} [\sin(m-n)x + \sin(m+n)x]\, dx = 0$$

$$\int_{-\pi}^{\pi} \sin nx \sin mx\, dx = \frac{1}{2} \int_{-\pi}^{\pi} [\cos(m-n)x - \cos(m+n)x]\, dx = \begin{cases} 0 \text{ für } n \neq m \\ \pi \text{ für } n = m > 0. \end{cases}$$

Nach Voraussetzung konvergiert die Reihe für f gleichmäßig und nach Satz 18.1 kann man sie daher gliedweise integrieren:

$$\int_{-\pi}^{\pi} f(x) \cos nx \, dx = \frac{1}{2} a_0 \int_{-\pi}^{\pi} \cos nx \, dx + \sum_{m=1}^{\infty} (a_m \int_{-\pi}^{\pi} \cos mx \cos nx \, dx +$$

$$+ b_m \int_{-\pi}^{\pi} \sin mx \cos nx \, dx) = \pi a_n.$$

Entsprechend

$$\int_{-\pi}^{\pi} f(x) \sin nx \, dx = \pi b_n.$$

b) Die Orthogonalitätsrelation lautet hier für $n, m \in \mathbb{Z}$

$$\int_{-\pi}^{\pi} e^{i(n-m)x} \, dx = \begin{cases} 0 \text{ für } n \neq m \\ 2\pi \text{ für } n = m. \end{cases}$$

Man kann dies durch Zerlegung des Integranden in Real- und Imaginärteil beweisen oder direkt wegen $\frac{d}{dx}(e^{iax}) = iae^{iax}$. Aus der gleichmäßigen Konvergenz der Reihen folgt durch gliedweise Integration sofort die Behauptung.

18.7. Definition: a) $f: \mathbb{R} \to \mathbb{R}$ habe die Periode 2π und sei über $[-\pi, \pi]$ integrierbar. Die Zahlen

$$a_n = \frac{1}{\pi} \int_{-\pi}^{\pi} f(x) \cos nx \, dx, \quad b_n = \frac{1}{\pi} \int_{-\pi}^{\pi} f(x) \sin nx \, dx$$

für $n = 0, 1, 2, \ldots$ heißen *Fourierkoeffizienten* von f,

$\frac{a_0}{2} + \Sigma (a_n \cos nx + b_n \sin nx)$ heißt die f *zugeordnete Fourierreihe.*

b) Entsprechend werden einem über $[-\pi, \pi]$ integrierbaren $f: \mathbb{R} \to \mathbb{C}$ mit der Periode 2π die komplexen Fourierkoeffizienten

$$\alpha_n = \frac{1}{2\pi} \int_{-\pi}^{\pi} f(x) e^{-inx} \, dx, \quad n \in \mathbb{Z},$$

und die komplexe Fourierreihe $\Sigma (\alpha_n e^{inx})_{n \in \mathbb{Z}}$ zugeordnet.

Auf Grund von Aufgabe 12.6 existieren die Fourierkoeffizienten einer integrierbaren Funktion, da mit f auch $f \cdot \cos$ bzw. $f \cdot \sin$ integrierbar sind. Das Problem der Theorie der Fourierreihen besteht nun darin, die Funktionen zu bestimmen, die als Summe ihrer Fourierreihe darstellbar sind.

Es werden zuerst in einzelnen Schritten die auch für sich interessant sind, die punktweise und die gleichmäßige Konvergenz der Fourierreihe untersucht (Satz 18.11). Diese Darstellbarkeit einer Funktion durch die zugeordnete Fourierreihe läßt sich aber viel abschließender behandeln, wenn ein allgemeiner Konvergenzbegriff für Reihen verwendet wird. Das geschieht im Anschluß an Satz 18.11, diese Betrachtungen geben Anlaß zu der Einführung des Hilbertraumes in Abschnitt III.
Der erste Satz gibt eine Eigenschaft der Fourierkoeffizienten wieder, die die Approximation einer Funktion durch die zugeordneten Fourierpolynome betrifft:

18.8. Satz: a) $f\colon \mathbb{R} \to \mathbb{R}$ habe die Periode 2π und sei über $[-\pi, \pi]$ integrierbar, es sei

$$T_n(x) = \frac{1}{2}\alpha_0 + \sum_{j=1}^{n} (\alpha_j \cos jx + \beta_j \sin jx).$$

Dann nimmt

$$F(\alpha_0, \alpha_1, \ldots, \alpha_n, \beta_1, \ldots, \beta_n) := \int_{-\pi}^{\pi} [f - T_n]^2\, dx$$

sein absolutes Minimum bezüglich $(\alpha_0, \alpha_1, \ldots, \alpha_n, \beta_1, \ldots, \beta_n) \in \mathbb{R}^{2n+1}$ genau für die Fourierkoeffizienten $(a_0, a_1, \ldots, a_n, b_1, \ldots, b_n)$ von f an.

b) (Besselsche Ungleichung). Für die Fourierkoeffizienten einer integrierbaren Funktion gilt

$$\frac{1}{2} a_0^2 + \sum_{j=1}^{n} (a_j^2 + b_j^2) \leqq \frac{1}{\pi} \int_{-\pi}^{\pi} f^2\, dx.$$

Im angegebenen Sinn liefern also die f zugeordneten Fourierpolynome (Partialsummen der f zugeordneten Fourierreihe) eine beste Approximation von f, wobei sich mit wachsendem n die ersten Koeffizienten nicht ändern (für Approximation durch Polynome ist das im allgemeinen nicht so!). Die Besselsche Ungleichung enthält die Konvergenz von $\Sigma (a_n^2 + b_n^2)$.

Beweis: a) Sei $\mathfrak{w} = (\frac{\alpha_0}{\sqrt{2}}, \alpha_1, \ldots, \alpha_n, \beta_1, \ldots, \beta_n)$ und

$$\mathfrak{w}_0 = (\frac{a_0}{\sqrt{2}}, a_1, \ldots, a_n, b_1, \ldots, b_n),$$

dann ist wegen der Orthogonalitätsrelationen der trigonometrischen Funktionen

$$F(\mathfrak{w}) = \int_{-\pi}^{\pi} f^2 dx - 2 \int_{-\pi}^{\pi} f T_n\, dx + \int_{-\pi}^{\pi} T_n^2\, dx$$

$$= \int_{-\pi}^{\pi} f^2 dx - 2\pi\left[\frac{\alpha_0 a_0}{2} + \sum_{j=1}^{n} (\alpha_j a_j + \beta_j b_j)\right] + \pi\left[\frac{\alpha_0^2}{2} + \sum_{j=1}^{n} (\alpha_j^2 + \beta_j^2)\right.$$

$$= \int_{-\pi}^{\pi} f^2 dx - 2\pi\,\mathfrak{w}\cdot\mathfrak{w}_0 + \pi\,\mathfrak{w}\cdot\mathfrak{w}.$$

Damit ergibt sich

$$F(\mathfrak{w}) - F(\mathfrak{w}_0) = \pi(\mathfrak{w} - \mathfrak{w}_0)\cdot(\mathfrak{w} - \mathfrak{w}_0),$$

also die Behauptung des Satzes.

b) Wegen

$$0 \leqq F(\mathfrak{w}_0) = \int_{-\pi}^{\pi} f^2 dx - \pi\,\mathfrak{w}_0\cdot\mathfrak{w}_0$$

gilt die Besselsche Ungleichung.

18.9. Folgerung: $f\colon \mathbb{R} \to \mathbb{R}$ habe die Periode 2π und sei k-mal stetig differenzierbar. Dann gilt

$$a_n, b_n = o(n^{-k}) \quad \text{für } n \to \infty.$$

Insbesondere konvergiert also die Fourierreihe für zweimal stetig differenzierbares f gleichmäßig (es ist aber noch nicht gezeigt, daß die Summe wieder f ergibt).

Beweis: Für $n > 0$ und f stetig differenzierbar gilt

$$a_n(f) := \frac{1}{\pi}\int_{-\pi}^{\pi} f(x)\cos nx\,dx = \left[\frac{1}{n\pi} f(x)\sin nx\right]_{-\pi}^{\pi} - \frac{1}{n\pi}\int_{-\pi}^{\pi} f'(x)\sin nx\,dx,$$

also $a_n(f) = -\frac{1}{n} b_n(f')$, analog $b_n(f) = \frac{1}{n} a_n(f')$. Mit vollständiger Induktion folgt für $k \geqq 0$ bei k-mal stetig differenzierbarem f und z. B. geradem k

$$a_n(f) = (-1)^{k/2} n^{-k} a_n(f^{(k)}), \qquad b_n(f) = (-1)^{k/2} n^{-k} b_n(f^{(k)})$$

und die Besselsche Ungleichung liefert die Behauptung.

18.10. Hilfssatz: a) Für die n-te Partialsumme s_n der f zugeordneten Fourierreihe gilt

$$s_n(x) = \frac{2}{\pi}\int_0^{\pi/2} \frac{f(x+2t) + f(x-2t)}{2}\,\frac{\sin(2n+1)t}{\sin t}\,dt$$

(*Dirichletsches Integral*).

b) (*Riemannscher Lokalisationssatz*): Für die Konvergenz $s_n(x_0) \to f(x_0)$ für $n \to \infty$ sind nur die Werte von f in einer beliebig kleinen Umgebung $[x_0 - \epsilon, x_0 + \epsilon]$ von x_0 ausschlaggebend.

Beweis: $s_n(x) = \frac{1}{\pi}\int_{-\pi}^{\pi} f(t)\left[\frac{1}{2} + \sum_{j=1}^{n} (\cos jt\cos jx + \sin jt\sin jx)\right] dt.$

Nun ist

$$\frac{1}{2} + \sum_{j=1}^{n} \cos j(t-x) = \operatorname{Re}\left[\frac{1}{2} + \sum_{j=1}^{n} e^{ij(t-x)}\right]$$

$$= \operatorname{Re}\left[\frac{1}{2} + e^{i(t-x)} \frac{e^{in(t-x)} - 1}{e^{i(t-x)} - 1}\right]$$

$$= \frac{\sin\left[(n+\frac{1}{2})(t-x)\right]}{2 \sin \frac{t-x}{2}},$$

wobei der Nachweis der letzten Gleichung einige einfache Rechnungen erfordert. Damit hat man

$$s_n(x) = \frac{1}{2\pi} \int_{-\pi}^{\pi} f(t) \frac{\sin(2n+1)\frac{t-x}{2}}{\sin \frac{t-x}{2}} \, dt.$$

Hierin mache man die Variablensubstitution $\frac{t-x}{2} = \tau$ und verschiebe dann die Integrationsgrenzen $\frac{-\pi-x}{2}$ bzw. $\frac{\pi-x}{2}$ nach $-\frac{\pi}{2}$ bzw. $\frac{\pi}{2}$, was wegen der Periodizität des Integranden möglich ist:

$$s_n(x) = \frac{1}{\pi} \int_{-\pi/2}^{\pi/2} f(x+2\tau) \frac{\sin(2n+1)\tau}{\sin \tau} \, d\tau.$$

Schließlich liefert die Anwendung der für alle g gültigen Gleichung

$$\int_{-\pi/2}^{0} g(t)\, dt = \int_{0}^{\pi/2} g(-t)\, dt$$

das Ergebnis.

b) Man zerlege $s_n(x_0)$ in der Form $s_n(x_0) = s_n'(x_0) + s_n''(x_0)$ mit

$$s_n'(x_0) = \frac{2}{\pi} \int_{\epsilon/2}^{\pi/2} \frac{f(x_0+2t) + f(x_0-2t)}{2} \, \frac{\sin(2n+1)t}{\sin t} \, dt.$$

Dann kommen in $s_n''(x_0)$ gerade die Werte von f in $[x_0 - \epsilon, x_0 + \epsilon]$, in $s_n'(x_0)$ die Werte von f außerhalb dieses Intervalles vor. Liegt π bzw. $-\pi$ in dem Intervall $[x_0 - \epsilon, x_0 + \epsilon]$, so ist $[x_0 - \epsilon, x_0 + \epsilon] - [-\pi, \pi]$ um -2π bzw. 2π zu verschieben. In $s_n'(x_0)$ ist aber $\sin t \geqq \sin \frac{\epsilon}{2} > 0$ und daher ist $s_n'(x_0)$ der Fourierkoeffizient b_{2n+1} der Funktion $g\colon \mathbb{R} \to \mathbb{R}$ mit der Periode 2π und

$$g(t) = \begin{cases} \dfrac{f(x_0+2t) + f(x_0-2t)}{\sin t}, & \frac{\epsilon}{2} \leqq t \leqq \frac{\pi}{2} \\[2ex] 0, & -\pi \leqq t < \frac{\epsilon}{2} \text{ und } \frac{\pi}{2} < t \leqq \pi. \end{cases}$$

Nach Satz 18.8b gilt $b_{2n+1}(g) \to 0$, denn die Integrierbarkeit von g ist nach Aufgabe 12.6b gegeben.

Nun kann der angekündigte Konvergenzsatz gezeigt werden, dem sich eine Reihe von Beispielen anschließen soll.

18.11. Satz: $f\colon \mathbb{R} \to \mathbb{R}$ habe die Periode 2π und sei über $[-\pi, \pi]$ integrierbar.

a) Die f zugeordnete Fourierreihe konvergiert in x_0 gegen $\frac{f(x_0+0)+f(x_0-0)}{2}$, wenn $f(x) \to f(x_0 \pm 0)$ für $x \to x_0 \pm$ und wenn diese Annäherung Hölderstetig ist, d. h. wenn Konstanten K und α mit $0 < \alpha \leqq 1$ existieren, so daß

$$|f(x_0 \pm t) - f(x_0 \pm 0)| \leqq Kt^\alpha$$

für $t > 0$. Insbesondere ist dies gegeben, wenn die Funktion

$$g_+(x) := \begin{cases} f(x) & \text{für } x > x_0 \\ f(x_0+0) & \text{für } x = x_0 \end{cases}$$

rechtsseitig differenzierbar ist in x_0 und wenn eine entsprechende Funktion g_- linksseitig differenzierbar ist in x_0.

b) Die f zugeordnete Fourierreihe konvergiert gleichmäßig in $[-\pi, \pi]$ gegen f, wenn f dort stetig differenzierbar ist.

Beweis: a) Die Funktion $f = 1$ hat die Fourierkoeffizienten $a_0 = 2$, $a_n = b_n = 0$ für $n \geqq 1$, also ist $s_n = 1 = f$ für $n \geqq 0$ und

$$1 = \frac{2}{\pi} \int_0^{\pi/2} \frac{\sin(2n+1)t}{\sin t}\, dt.$$

Mithin folgt für beliebiges (integrierbares) f

$$\Delta_n(x) := s_n(x) - \frac{f(x+0)-f(x-0)}{2} = \frac{2}{\pi} \int_0^{\pi/2} \frac{f(x+2t)-f(x+0)+f(x-2t)-f(x-0)}{2} \frac{\sin(2n+1)t}{\sin t}\, dt.$$

Nach dem Riemannschen Lokalisationssatz 18.10b ist im letzten Integral nur der Anteil von 0 bis $\delta := \frac{1}{2}(\epsilon\alpha/4K)^{1/\alpha}$ von Belang, der Rest ist ein $o(1)$ für $n \to \infty$. Also hat man wegen der Hölderstetigkeit

$$|\Delta_n(x)| \leqq \frac{4K}{\pi} \int_0^\delta \frac{(2t)^\alpha}{\sin t}\, dt + o(1) \leqq \frac{\epsilon}{2} + o(1),$$

da $t/\sin t \leqq \pi/2$ für $t \in [0, \pi/2]$. Wählt man nun n so groß, daß auch $|o(1)| \leqq \frac{\epsilon}{2}$, so hat man wie gewünscht $|\Delta_n(x)| \leqq \epsilon$ für $n \geqq N(\epsilon, x)$.

b) Ist f stetig differenzierbar, so kann man das Integral $s_n'(x_0)$ im Beweis des Riemannschen Lokalisationssatzes 18.10b durch partielle Integration umformen und erhält:

$$s_n'(x_0) = \frac{2}{\pi} \int_{\epsilon/2}^{\pi/2} \frac{f(x_0 + 2t) + f(x_0 - 2t)}{2} \frac{\sin(2n+1)t}{\sin t} dt$$

$$= \frac{1}{(2n+1)\pi} \left\{ \frac{f(x_0 + \epsilon) + f(x_0 - \epsilon)}{\sin(\epsilon/2)} \cos(2n+1)\frac{\epsilon}{2} + \right.$$

$$\left. + \int_{\epsilon/2}^{\pi/2} \left[\frac{f(x_0 + 2t) + f(x_0 - 2t)}{\sin t} \right]' \cos(2n+1)t\, dt \right\},$$

also

$$|s_n'(x_0)| \leqq \frac{M(\epsilon)}{n},$$

wobei $M(\epsilon)$ von ϵ und oberen Schranken von $|f|$ und $|f'|$ abhängt. Damit folgt gleichmäßig in x wie im Beweis von Teil a)

$$|\Delta_n(x)| \leqq 2\kappa\epsilon + \frac{M(\epsilon)}{n} < (2\kappa + 1)\epsilon \text{ für } n > N.$$

wobei das dortige K als obere Schranke von $|f'(x)|$ unabhängig von x gewählt wird, sowie $\alpha = 1$ und $\delta = \frac{\epsilon}{2}$ zu setzen ist.

18.12. Beispiele:
a) Für ungerade Funktionen, also $f(x) = -f(-x)$, bzw. gerade Funktionen, also $f(x) = f(-x)$, vereinfachen sich die Fourierreihen. Da cos gerade und sin ungerade und da ein Integral von $-\pi$ bis π über eine ungerade Funktion Null ist, erhält man

18.13. Hilfssatz: a) Eine ungerade bzw. gerade Funktion hat eine Fourierreihe mit nur sin- bzw. cos-Gliedern.

b) Eine Funktion $f: [0, \pi] \to \mathbb{R}$ kann durch entsprechende Fortsetzung nach $]-\pi, 0[$ in eine reine cos- bzw. sin-Reihe entwickelt werden.

In b) ist die Fortsetzung z. B. ungerade zu wählen, wenn eine reine sin-Reihe gewünscht wird, also $f(x) := -f(-x)$ für $x \in]-\pi, 0[$.

b) $f: [-\pi, \pi[\to \mathbb{R}$ mit $f(x) = x$ für $x \in]-\pi, \pi[$ und $f(-\pi) = 0$ sowie periodischer Fortsetzung (Abb. 18.3) ergibt

$$a_n = 0 \text{ für } n = 0, 1, 2, \ldots,$$

$$b_n = \frac{1}{\pi} \int_{-\pi}^{\pi} x \sin nx\, dx = \frac{2}{n}(-1)^{n+1},$$

also

$$x = 2 \sum_{n=1}^{\infty} \frac{(-1)^{n+1}}{n} \sin nx \quad \text{für } x \in]-\pi, \pi[.$$

Für $x = \pm\pi$ ist die Summe der Reihe 0. Für $x = \frac{\pi}{2}$ erhält man wegen $\sin(2k\frac{\pi}{2}) = 0$, $\sin(2k+1)\frac{\pi}{2} = (-1)^k$ für $k = 0, 1, 2, \ldots$

$$\frac{\pi}{4} = \sum_{k=0}^{\infty} \frac{(-1)^k}{2k+1} = 1 - \frac{1}{3} + \frac{1}{5} - \frac{1}{7} + \ldots$$

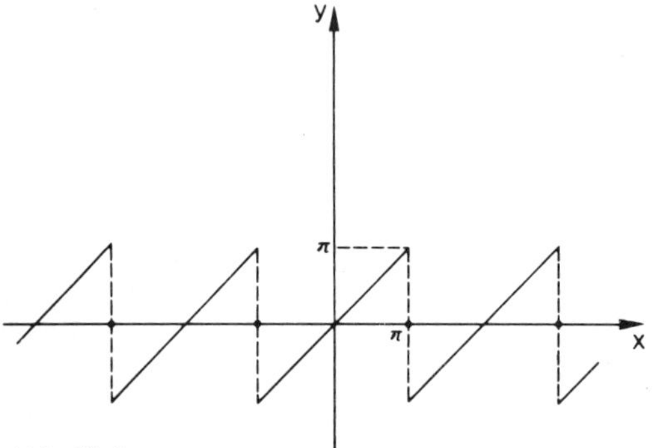

Abb. 18.3

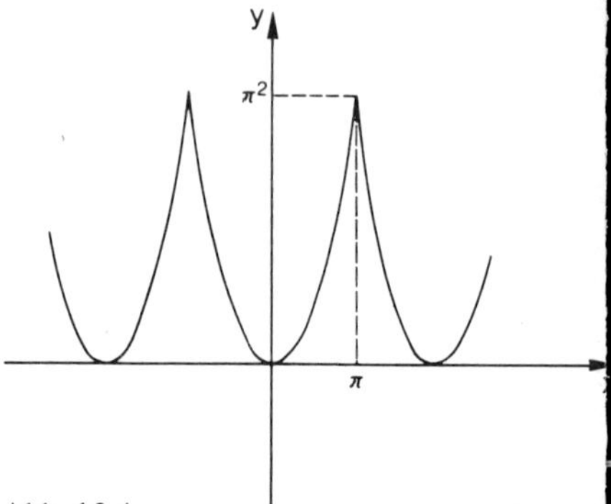

Abb. 18.4

c) $f\colon [-\pi, \pi] \to \mathbb{R}$ mit $f(x) = x^2$ und periodischer Fortsetzung (Abb. 18.4) ergibt

$$b_n = 0 \text{ für } n = 1, 2, \ldots,$$

$$a_0 = \frac{2\pi^2}{3}, \quad a_n = \frac{1}{\pi} \int_{-\pi}^{\pi} x^2 \cos nx \, dx = -\frac{2}{n\pi} \int_{-\pi}^{\pi} x \sin nx \, dx = \frac{4(-1)^n}{n^2},$$

also für alle $x \in [-\pi, \pi]$

$$x^2 = \frac{\pi^2}{3} + 4 \sum_{n=1}^{\infty} \frac{(-1)^n}{n^2} \cos nx$$

$$\text{d) } f\colon [-\pi, \pi] \to \mathbb{R} \text{ mit } f(x) = \begin{cases} -1 & \text{für } -\pi < x < 0 \\ 0 & \text{für } x = 0, \pm\pi \\ 1 & \text{für } 0 < x < \pi \end{cases}$$

und periodischer Fortsetzung (Abb. 18.5) ergibt

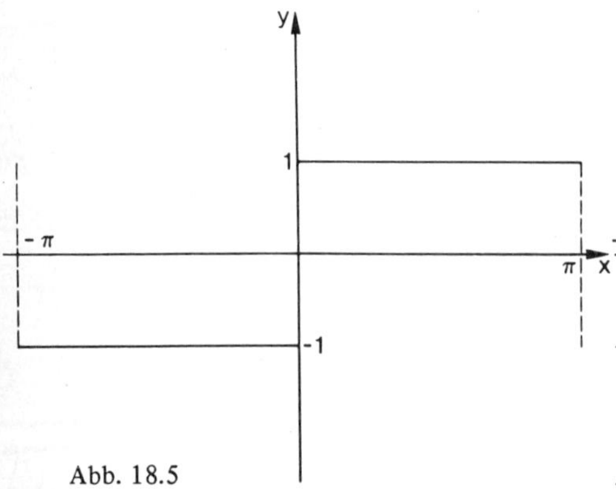

Abb. 18.5

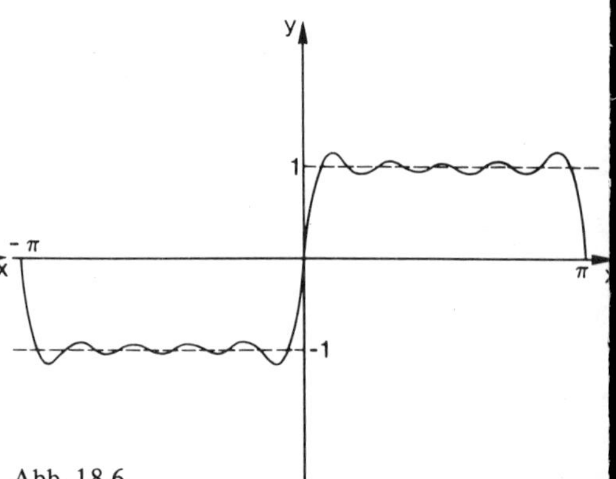

Abb. 18.6

$a_n = 0$ für $n = 0, 1, 2, \ldots$

$$b_n = \frac{2}{\pi} \int_0^{\pi} \sin nx \, dx = \frac{2}{\pi} \frac{1 - \cos n\pi}{n} = \frac{2(1-(-1)^n)}{\pi n}$$

für $n = 1, 2, \ldots$, also für alle x

$$f(x) = \frac{4}{\pi} \sum_{k=0}^{\infty} \frac{\sin(2k+1)x}{2k+1}.$$

In Abb. 18.6 ist $s_9(x) = \frac{4}{\pi} \sum_{k=0}^{4} \frac{\sin(2k+1)x}{2k+1}$ gezeichnet (s. unten den Beweis von Satz 18.16a).

Die Konvergenzaussagen des Satzes 18.11 sind unbefriedigend, weil sie einerseits nicht scharf sind und andererseits recht aufwendig in der Formulierung sind. Durch Verwendung eines anderen Konvergenzbegriffes kann diesem Mangel abgeholfen werden. Die dabei auftretende Funktionenklasse ist auch sonst von großer Bedeutung und soll daher vollständig definiert werden, wenn dazu auch der Lebesguesche Integralbegriff herangezogen werden muß, der in Kap. 12 nur andeutungsweise beschrieben werden konnte. Der Vollständigkeitssatz 18.15 zeigt dann gerade die Kraft dieses Integralbegriffes, auf einen Beweis muß verzichtet werden. Die dabei verwendete Konvergenz im Mittel deutete sich bereits in dem oben bewiesenen Satz 18.8 an.

18.14. Definition: a) Eine Menge $M \subseteq \mathbb{R}$ heißt *meßbar*, wenn die charakteristische Funktion χ_M über jedes beschränkte Intervall (Lebesgue-) integrierbar ist.

b) Eine Funktion $f\colon I \to \mathbb{R}$ auf einem Intervall $I \subseteq \mathbb{R}$ heißt *meßbar*, wenn $\{x \mid x \in I,\ f(x) > a\}$ meßbar ist für jedes $a \in \mathbb{R}$.

c) Für ein Intervall $I \subseteq \mathbb{R}$ und ein $p \geqq 1$ sei $L_p(I) := \{f \mid f\colon I \to \mathbb{R}$ meßbar, $|f|^p$ über I (Lebesgue-)integrierbar$\}$ und

$$\|f\|_p = \Big(\int_I |f|^p \, dx\Big)^{1/p}.$$

$\|f\|_p$ heißt L_p-*Norm* von f.

Die Meßbarkeit einer Menge besagt, daß man ihr einen sinnvollen Inhalt zuordnen kann. Die Meßbarkeit einer Funktion ist eng mit der Integrierbarkeit verknüpft, kann aber nicht aus der Integrierbarkeit von $|f|^p$ gefolgert und muß daher verlangt werden. Wenn keine Verwirrung zu befürchten ist, wird L_p anstelle von $L_p(I)$ geschrieben.

Wegen der Meßbarkeit der Summe zweier meßbarer Funktionen (was hier nicht gezeigt werden soll) und der Ungleichung

$$|f+g|^p \leqq (|f| + |g|)^p \leqq (2 \max\{|f|, |g|\})^p$$
$$\leqq 2^p \max\{|f|^p, |g|^p\} \leqq 2^p (|f|^p + |g|^p)$$

ist mit f und g auch $f+g$ in L_p. Ebenso ist cf darin und L_p ist ein reeller Vektorraum gemäß Definition 5.4. Man kann $\|f-g\|_p$ als Abstand der beiden Funktionen deuten und entsprechend dem $\mathbb{R}^n$ eine Folge $(f_n)_{n\in\mathbb{N}}$ aus L_p als konvergent gegen $f \in L_p$ in der L_p-Norm (oder im L_p-Mittel) bezeichnen, wenn $\| f_n - f \|_p \to 0$ als reelle Zahlenfolge. Ein wichtiger Satz ist das Analogon zum Cauchykriterium 7.11, den man auch als Vollständigkeitssatz bezeichnet.

18.15. Satz: Eine Folge $(f_n)_{n\in\mathbb{N}}$ aus L_p konvergiert genau dann gegen ein $f \in L_p$, wenn es zu jedem $\epsilon > 0$ ein N gibt, so daß

$$\| f_n - f_m \|_p < \epsilon \quad \text{für} \quad n, m > N.$$

Der entscheidende Nachweis der Existenz eines Grenzwertes $f \in L_p$, wenn das Kriterium erfüllt ist, kann hier nicht gebracht werden. Der Schluß von der Konvergenz auf das Kriterium wird im nächsten Abschnitt nachgeholt.

Wegen der Ungleichung 2.3

$$|fg| \leqq \frac{1}{2} (|f|^2 + |g|^2)$$

ist $fg \in L_1 (I)$, wenn $f, g \in L_2 (I)$. Damit können jeder Funktion $f \in L_2 ([-\pi, \pi])$ gemäß Definition 18.7 Fourierkoeffizienten und damit eine Fourierreihe zugeordnet werden. Nun sind wir in der Lage, die Konvergenzfrage bei Fourierreihen in befriedigender Weise zu beantworten:

18.16. Satz: a) Für jedes $f \in L_2 ([-\pi, \pi])$ sei s_n die n-te Partialsumme der zugeordneten Fourierreihe. Dann gilt im L_2-Mittel

$$\| f - s_n \|_2 \to 0 \quad \text{für} \quad n \to \infty$$

und man hat die Parsevalsche Gleichung

$$\frac{1}{2} a_0^2 + \sum_{j=1}^{\infty} (a_j^2 + b_j^2) = \frac{1}{\pi} \int_{-\pi}^{\pi} f^2 \, dx = \frac{1}{\pi} (\| f \|_2)^2 .$$

b) (Fischer-Riesz) Für jede Folge $(\frac{1}{\sqrt{2}} a_0, a_1, b_1, a_2, b_2, \ldots)$ mit

$$\frac{1}{2} a_0^2 + \sum_{j=1}^{\infty} (a_j^2 + b_j^2) < \infty$$

konvergieren die Summen

$$s_n (x) = \frac{1}{2} a_0 + \sum_{j=1}^{n} (a_j \cos jx + b_j \sin jx)$$

im L_2-Mittel gegen eine Funktion aus $L_2 ([-\pi, \pi])$ und stellen die Partialsummen von deren Fourierreihe dar.

c) Besitzen zwei Funktionen $f, g \in L_2 ([-\pi, \pi])$ dieselben Fourierkoeffizienten, so gilt $f(x) = g(x)$ für alle $x \in [-\pi, \pi]$ bis auf eine Menge vom Maß Null (Definition 12.20a). Sind f und g stetig, so gilt $f = g$.

Dieser Satz enthält, daß sich die Folgen $(\frac{1}{\sqrt{2}}\ a_0, a_1, b_1, \ldots)$ und die Funktionen aus $L_2([-\pi, \pi])$ entsprechen, die nach c) nicht völlige Eindeutigkeit der Beziehung ist sachgemäß. Im nächsten Abschnitt soll dies noch einmal aufgegriffen werden. Man erhält durch Betrachtung der Fourierreihen Näherungen (im Sinne der L_2-Norm) für eine sehr allgemeine Funktionenklasse. Dies steht im Gegensatz etwa zur Theorie der Potenzreihen, mit denen man nur für eine relativ kleine Funktionenmenge eine Approximation durch einfachere Funktionen erhält. Beweisskizze:

a) Die Aussage kann auf folgendem Wege gezeigt werden: Zuerst wird sie für Treppenfunktionen bewiesen und dann durch Grenzübergang auf quadratisch integrierbare f ausgedehnt. Da uns das hier angemessene Lebesguesche Integral nicht zur Verfügung steht, muß der letzte Schritt unbewiesen bleiben.
Beim Nachweis der Behauptung für Treppenfunktionen reicht die punktweise Konvergenz nach Satz 18.11a nicht aus. In der Nähe der Sprungstellen konvergiert die Fourierreihe nämlich nicht gleichmäßig gegen eine Treppenfunktion. Diese Erscheinung wird als *Gibbs'sches Phänomen* bezeichnet: Die Abweichung zwischen Funktion φ und n-tem Fourierpolynom s_n erreicht für geeignete x in der Nähe einer Sprungstelle x_0 stets Werte, die sowohl positiv als auch negativ und der Größe des Sprunges vergleichbar sind.
Um dies zu sehen, sei die Abweichung

$$\Delta_n(x) = s_n(x) - \varphi(x) = \frac{2}{\pi} \int_0^{\pi/2} \frac{\varphi(x+2t) - \varphi(x+0) + \varphi(x-2t) - \varphi(x-0)}{2} \frac{\sin(2n+1)t}{\sin t}\, dt$$

betrachtet, wobei $\varphi(x) = \frac{\varphi(x+0) + \varphi(x-0)}{2}$ angenommen wird. Nach dem Riemannschen Lokalisationssatz 18.10b können wir uns auf das Integrationsintervall $[0, \delta]$ beschränken, der Rest ist wegen des stückweise konstanten ersten Bruches im Integranden ein $O(\frac{1}{n})$, unabhängig von x, wie mit partieller Integration zu sehen ist.
δ wählen wir so klein, daß für kein x zwei Sprungstellen von φ in $[x - 2\delta, x + 2\delta]$ enthalten sind.
Liegt gar keine Sprungstelle von φ in $]x - 2\delta, x + 2\delta[$, so ist der erste Bruch im Integranden Null, somit $\Delta_n(x) = O(\frac{1}{n})$. Für alle diese x konvergiert die Fourierreihe gleichmäßig gegen die Funktion.
Liegt eine Sprungstelle $a_i \in\,]x - 2\delta, x + 2\delta[$, so sei $\delta(x)$ der Abstand von x zur Sprungstelle a_i (Abb. 18.7). Wir nehmen etwa $x - 2\delta < a_i \leqq x$ an. Ist $x = a_i$, so ist der erste Bruch im obigen Integranden auch Null, so daß $\Delta_n(a_i) = O(\frac{1}{n})$ gilt.

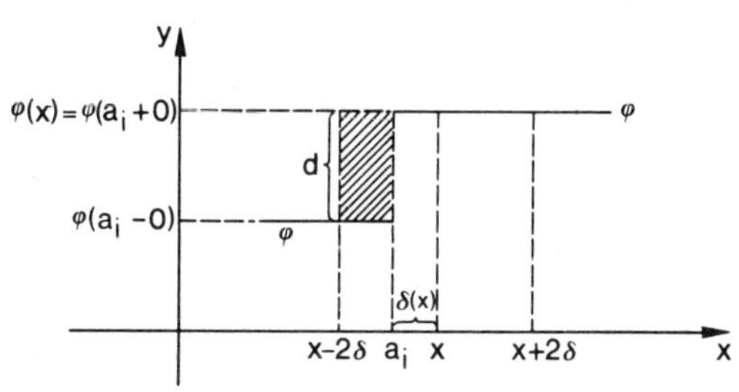

Abb. 18.7

Betrachten wir nun den Fall $a_i < x$, so ist der erste Bruch im Integranden von $\Delta_n(x)$ für t zwischen $\frac{1}{2}\delta(x)$ und δ gleich $d := \frac{1}{2}[\varphi(a_i - 0) - \varphi(a_i + 0)]$. $|d|$ ist gleich der halben Sprunghöhe von φ in a_i. Es ergibt sich

$$\Delta_n(x) = \frac{2}{\pi} \int_{\frac{1}{2}\delta(x)}^{\delta} d \frac{\sin(2n+1)t}{\sin t} dt + O(\tfrac{1}{n}).$$

Da $\frac{1}{\sin t} - \frac{1}{t}$ im Nullpunkt so erklärt werden kann, daß es dort differenzierbar ist, kann man auch schreiben

$$\Delta_n(x) = \frac{2d}{\pi} \int_{\frac{1}{2}\delta(x)}^{\delta} \frac{\sin(2n+1)t}{t} dt + O(\tfrac{1}{n}) = \frac{2d}{\pi} \int_{(n+\frac{1}{2})\delta(x)}^{(2n+1)\delta} \frac{\sin\tau}{\tau} d\tau + O(\tfrac{1}{n}).$$

Nach Beispiel 16.18d geht das letzte Integral für festes x und $n \to \infty$ gegen Null. Da auch für sehr große n die stetige Funktion $s_n(x)$ in der Nähe von a_i Werte nahe $s_n(a_i) \approx \varphi(a_i) = \frac{1}{2}[\varphi(a_i + 0) + \varphi(a_i - 0)]$ hat, während $\varphi(x) = \varphi(a_i + 0)$ ist, ist eine Abweichung $\Delta_n(x) = s_n(x) - \varphi(x) \approx \varphi(a_i) - \varphi(a_i + 0) = d$ zu erwarten. Dies ist auch aus dem letzten Integral abzulesen, dieses hat nämlich für sehr große n und sehr kleine $\delta(x)$ gemäß 16.18d einen Wert nahe $\frac{\pi}{2}$, $\Delta_n(x)$ also einen Wert nahe d. Darüber hinaus treten aber Abweichungen zur anderen Seite hin auf, die auch für große n nicht beliebig klein werden. Für genügend große n und geeignet gewähltes x wird nämlich

$$\Delta_n(x) \approx \frac{2d}{\pi} \int_{\pi}^{\infty} \frac{\sin t}{t} dt = \frac{2d}{\pi} (\frac{\pi}{2} - \int_0^{\pi} \frac{\sin t}{t} dt),$$

also

$$\Delta_n(x) \approx -d(\frac{2}{\pi} \int_0^{\pi} \frac{\sin t}{t} dt - 1) \approx -0{,}18\, d.$$

Die Abweichung beträgt mithin – über den Sprung „hinausschießend" – stets etwa 18 % der halben Sprunghöhe. In Abbildung 18.6 ist dies bei dem dort gezeichneten s_9 deutlich zu erkennen. Dieses Gibbs'sche Phänomen ist z. B. bei Einschaltvorgängen von praktischer Bedeutung.

Für die Behauptung des Satzes ist allerdings nur

$$D_n := \int_{-\pi}^{\pi} |\Delta_n(x)|^2 dx$$

von Interesse, und da spielen die obigen Abweichungen keine Rolle, da sie nur in sehr kleinen Intervallen um die Sprungstellen stattfinden, so daß $D_n \to 0$ für $n \to \infty$. Die genaue Ausführung soll unterbleiben. Die Parsevalsche Gleichung ergibt sich schließlich aus Teil a) des Beweises von Satz 18.8, dort war

$$\frac{1}{\pi}(\|f-s_n\|_2)^2 = \frac{1}{\pi}(\|f\|_2)^2 - [\frac{1}{2}a_0^2 + \sum_{k=1}^{n}(a_k^2+b_k^2)]$$

gezeigt worden. Für $n \to \infty$ folgt die Behauptung.

b) Die Partialsummen

$$s_n(x) = \frac{a_0}{2} + \sum_{j=1}^{n}(a_j \cos jx + b_j \sin jx)$$

sind natürlich in $L_2([-\pi,\pi])$ und für $1 \leqq n \leqq m$ erhält man aus den Orthogonalitätsrelationen der trigonometrischen Funktionen

$$\frac{1}{\pi}\int_{-\pi}^{\pi}(s_n-s_m)^2\,dx = \sum_{j=n+1}^{m}(a_j^2+b_j^2) < \epsilon$$

für $n > N$ wegen der Konvergenz von $\Sigma(a_j^2+b_j^2)$. Damit hat man die Voraussetzungen von Satz 18.15 für die Folge $(s_n)_{n\in\mathbb{N}}$, und es existiert ein $f \in L_2([-\pi,\pi])$ mit $\|s_n - f\|_2 \to 0$ für $n \to \infty$. Sind $\tilde{s}_n$ die f zugeordneten Partialsummen der Fourierreihe, so gilt

$$\int_{-\pi}^{\pi}(s_n-\tilde{s}_n)^2\,dx \leqq 2\int_{-\pi}^{\pi}(s_n-f)^2\,dx + 2\int_{-\pi}^{\pi}(\tilde{s}_n-f)^2\,dx \to 0$$

für $n \to \infty$, andererseits ist gemäß dem Beweis von 18.8a

$$\int_{-\pi}^{\pi}(s_n-\tilde{s}_n)^2\,dx = \frac{(a_0-\tilde{a}_0)^2}{2} + \sum_{j=1}^{n}[(a_j-\tilde{a}_j)^2+(b_j-\tilde{b}_j)^2],$$

so daß $s_n = \tilde{s}_n$ für alle n gelten muß.

c) Haben f und g dieselbe Fourierreihe, so gilt

$$\int_{-\pi}^{\pi}(f-g)^2\,dx \leqq 2\int_{-\pi}^{\pi}(f-s_n)^2\,dx + 2\int_{-\pi}^{\pi}(g-s_n)^2\,dx \to 0$$

also

$$\int_{-\pi}^{\pi}(f-g)^2\,dx = 0.$$

Für Lebesgue-integrierbare Funktionen kann hier nur ohne Beweis festgestellt werden daß $f(x) = g(x)$ bis auf eine Menge vom Maß Null. Sind f und g stetig, so muß $f = g$ gelten.

18.17. Beispiele:

a) Die Parsevalsche Gleichung kann zur Berechnung der Summe gewisser Reihen dienen. So ergibt sich aus Beispiel 18.12b

$$\frac{1}{\pi}\int_{-\pi}^{\pi}x^2\,dx = \frac{2\pi^2}{3} = 4\sum_{n=1}^{\infty}\frac{1}{n^2}, \text{ also } \sum_{n=1}^{\infty}\frac{1}{n^2} = \frac{\pi^2}{6},$$

aus Beispiel 18.12c

$$\frac{1}{\pi}\int_{-\pi}^{\pi} x^4 dx = \frac{2\pi^4}{5} = \frac{2\pi^4}{9} + \sum_{n=1}^{\infty}\frac{16}{n^4}, \text{ also } \sum_{n=1}^{\infty}\frac{1}{n^4} = \frac{\pi^4}{90},$$

und aus Beispiel 18.12d

$$\frac{1}{\pi}\int_{-\pi}^{\pi} dx = 2 = \frac{16}{\pi^2}\sum_{k=0}^{\infty}\frac{1}{(2k+1)^2}, \text{ also } \sum_{k=0}^{\infty}\frac{1}{(2k+1)^2} = \frac{\pi^2}{8}.$$

b) Gegeben sei in $[-\pi, \pi]$ die Schwingungsgleichung

$$y'' + 2ay' + by = f.$$

Zur Bestimmung einer partikulären Lösung (Kap. 13 III C) entwickle man f in eine Fourierreihe und bestimme für jedes n zu $f_0 = \frac{a_0}{2}$ bzw. $f_n(x) = a_n \cos nx + b_n \sin nx$ eine partikuläre Lösung y_n. $y_p = \Sigma\, y_n$ soll dann die gewünschte Lösung liefern. Der Einfachheit halber schließen wir den Resonanzfall aus, d. h. es sei entweder $ab \neq 0$ oder $a = 0$ und $b \neq 0, 1^2, 2^2, \ldots$. Dann erhalten wir mit den Methoden von Hilfssatz 13.14

$$y_0 = \frac{a_0}{2b}$$

und mit

$$f_n = \operatorname{Re}(a_n - ib_n)\, e^{inx}, \qquad y_n = \operatorname{Re} K e^{inx}$$

$$K(-n^2 + 2ian + b) = a_n - ib_n,$$

also mit leichter Rechnung

$$y_n(x) = \frac{a_n(b-n^2) - 2ab_n n}{(b-n^2)^2 + 4a^2n^2}\cos nx + \frac{b_n(b-n^2) + 2aa_n n}{(b-n^2)^2 + 4a^2n^2}\sin nx.$$

Die Fourierkoeffizienten von $y_p = \Sigma\, y_n$ sind daher mindestens $o(\frac{1}{n^2})$ für $n \to \infty$, womit y_p wegen der gleichmäßigen Konvergenz einer Fourierreihe mit solchen Koeffizienten zumindest stetig ist. Sind die Koeffizienten $a_n, b_n = O(\frac{1}{n})$ wie in Beispiel 18.12b, so ist y_p auf jeden Fall stetig differenzierbar. Die auf diese Weise gewonnene partikuläre Lösung y_p ist also „glatter“ als die gegebene rechte Seite f der Differentialgleichung. Ist das so erhaltene y_p nicht zweimal stetig differenzierbar, so wird man von einer verallgemeinerten Lösung sprechen.

III. Hilbertraum

Die in Satz 18.16 bewiesene Entwickelbarkeit (im L_2-Mittel) einer Funktion aus $L_2([-\pi, \pi])$ in eine Fourierreihe ist ein Ergebnis, in das ganz wesentlich ein Funktionenraum mit einer Norm eingeht. Solche Räume haben sich als äußerst wichtig erwiesen und stellen z. B. die Grundlage für die Quantenmechanik dar. Als erstes soll ein von Hilbert eingeführter Raum betrachtet werden, in dem die Ähnlichkeit zum $\mathbb{R}^n$ ganz besonders deutlich ist. Satz 18.16 erlaubt dann, die Überlegungen auf $L_2([-\pi, \pi])$ zu übertragen.

18.18. Definition: Der Raum

$$\ell_2 := \{\underline{x} \mid \underline{x} = (x_n)_{n \in \mathbb{N}}, \ \sum_{n=1}^{\infty} x_n^2 < \infty, \ x_n \in \mathbb{R}\}$$

heißt (reeller) *Hilbertscher Folgenraum.*

Entsprechend kann ein komplexer Hilbertscher Folgenraum erklärt werden, in dem $\Sigma |x_n|^2$ konvergieren muß. Die Elemente von ℓ_2 sind eine direkte Verallgemeinerung der Vektoren des $\mathbb{R}^n$ auf unendlich viele Dimensionen. Der nachstehende Satz zeigt, daß diese Ähnlichkeit sehr weitgehend ist.

18.19. Satz: a) Für $\underline{x}, \underline{y} \in \ell_2$ gilt

$$\underline{x} + \underline{y} := (x_n + y_n)_{n \in \mathbb{N}} \in \ell_2$$

$$a\underline{x} := (ax_n)_{n \in \mathbb{N}} \in \ell_2, \quad a \in \mathbb{R}$$

ferner sind die Regeln von Satz 5.2 erfüllt, so daß ℓ_2 ein reeller Vektorraum ist.

b) Für $\underline{x}, \underline{y} \in \ell_2$ konvergiert

$$\langle \underline{x}, \underline{y} \rangle := \sum_{n=1}^{\infty} x_n y_n$$

und heißt Skalarprodukt von $\underline{x}$ und $\underline{y}$. Für den komplexen Raum ist in der Definition des Skalarproduktes y_n durch $\overline{y}_n$ zu ersetzen.

c) $\langle a\underline{x} + b\underline{\tilde{x}}, \underline{y} \rangle = a\langle \underline{x}, \underline{y} \rangle + b\langle \underline{\tilde{x}}, \underline{y} \rangle$ für $a, b \in \mathbb{R}$; $\langle \underline{x}, \underline{y} \rangle = \langle \underline{y}, \underline{x} \rangle$ (im komplexen Fall steht hier rechts $\overline{\langle \underline{y}, \underline{x} \rangle}$);

$\langle \underline{x}, \underline{x} \rangle \geqq 0$, $\langle \underline{x}, \underline{x} \rangle = 0$ nur für $\underline{x} = \underline{0} = (0)_{n \in \mathbb{N}}$.

$\|\underline{x}\| = \langle \underline{x}, \underline{x} \rangle^{1/2}$ heißt Norm von $\underline{x}$.

d) Ist $(\underline{x}_n)_{n \in \mathbb{N}}$ eine Folge aus ℓ_2 und existiert zu jedem $\epsilon > 0$ ein N, so daß $\|\underline{x}_n - \underline{x}_m\| < \epsilon$ für $n, m > N$, so gibt es ein $\underline{x} \in \ell_2$ mit $\|\underline{x}_n - \underline{x}\| \leqq \epsilon$ für $n > N$. Man sagt: $(\underline{x}_n)$ *konvergiert stark* oder *im Sinne der Norm* gegen $\underline{x}$.

Alle diese Eigenschaften sind für den $\mathbb{R}^n$ erfüllt. Man nennt eine Menge H mit diesen Eigenschaften einen reellen (bzw. komplexen) *Hilbertraum*. Der ℓ_2 ist ein über den $\mathbb{R}^n$ hinausgehendes Beispiel, ein weiteres Beispiel wird der $L_2([-\pi, \pi])$ sein.

Beweis: a) Aus $(a+b)^2 \leqq 2(a^2+b^2)$ für alle $a, b \in \mathbb{R}$ folgt sofort

$$\sum_{n=1}^{\infty} (x_n + y_n)^2 \leqq 2\left(\sum_{n=1}^{\infty} x_n^2 + \sum_{n=1}^{\infty} y_n^2\right) < \infty,$$

also $\underline{x} + \underline{y} \in \ell_2$, $a\underline{x} \in \ell_2$ ist trivial. Die Regeln von Satz 5.2 folgen genau wie dort aus den entsprechenden Rechenregeln für reelle Zahlen.

b) Nach der Ungleichung zwischen arithmetischem und geometrischem Mittel 2.3 ist

$$|x_n y_n| \leqq \tfrac{1}{2}(x_n^2 + y_n^2),$$

womit $\sum x_n y_n$ absolut konvergiert.

c) Die ersten beiden Eigenschaften folgen aus den entsprechenden Rechenregeln für konvergente Reihen (Hilfssatz 7.17b). Wegen

$$\langle \underline{x}, \underline{x} \rangle = \sum_{n=1}^{\infty} x_n^2 \geqq x_i^2 \geqq 0$$

für alle i folgt aus $\langle \underline{x}, \underline{x} \rangle = 0$ auch $x_i = 0$ für alle $i \in \mathbb{N}$, also $\underline{x} = \underline{0}$.

d) Ist $\underline{x}_n = (x_{ni})_{i \in \mathbb{N}}$, so folgt für ein festes $i \in \mathbb{N}$

$$|x_{ni} - x_{mi}| \leqq \|\underline{x}_n - \underline{x}_m\| < \epsilon \quad \text{für } n, m > N_1,$$

so daß die Folge $(x_{ni})_{n \in \mathbb{N}}$ nach dem Cauchykriterium 7.11 einen Grenzwert $x_i \in \mathbb{R}$ besitzt. Für jedes feste N gilt dann

$$\left(\sum_{i=1}^{N} (x_{ni} - x_{mi})^2\right)^{1/2} \leqq \|\underline{x}_n - \underline{x}_m\| < \epsilon \quad \text{für } n, m > N$$

und für $m \to \infty$

$$\left(\sum_{i=1}^{N} (x_{ni} - x_i)^2\right)^{1/2} \leqq \epsilon \quad \text{für } n > N.$$

Da N beliebig war, folgt $\underline{x}_n - \underline{x} \in \ell_2$, also $\underline{x} = (x_i) \in \ell_2$ und $\|\underline{x}_n - \underline{x}\| \leqq \epsilon$ für $n > N$.
Allein aus den vorigen Eigenschaften leitet man nun weitere Ergebnisse ab, die also keine speziellen Resultate im ℓ_2 sind, sondern in jedem Hilbertraum gelten.

18.20. Hilfssatz: a) (*Schwarzsche Ungleichung*). Für alle $\underline{x}$, $\underline{y}$ in einem Hilbertraum gilt

$$|\langle \underline{x}, \underline{y} \rangle| \leqq \|\underline{x}\| \, \|\underline{y}\|.$$

b) (*Dreiecksungleichung*). Für alle $\underline{x}$, $\underline{y}$ in einem Hilbertraum gilt

$$\big|\|\underline{x}\| - \|\underline{y}\|\big| \leqq \|\underline{x} + \underline{y}\| \leqq \|\underline{x}\| + \|\underline{y}\|.$$

Beweis: a) Für $\langle \underline{x}, \underline{y} \rangle = 0$ ist nichts zu beweisen, für $\langle \underline{x}, \underline{y} \rangle \neq 0$ betrachte man

$$0 \leqq \| \alpha \underline{x} + \beta \underline{y} \|^2 = \alpha^2 \| \underline{x} \|^2 + 2\alpha\beta \langle \underline{x}, \underline{y} \rangle + \beta^2 \| \underline{y} \|^2 .$$

Da es sich um eine positiv semidefinite Form handelt, muß nach Beispiel 14.28b $\| \underline{x} \|^2 \| \underline{y} \|^2 - \langle \underline{x}, \underline{y} \rangle \geqq 0$ sein.

b) Analog dem Beweis von Satz 5.7f im $\mathbb{R}^n$.

Damit lassen sich nun viele weitere Begriffe des $\mathbb{R}^n$ auf den Hilbertraum übertragen. Hier soll insbesondere die Verbindung zu den Fourierreihen hergestellt werden:

18.21. Definition: a) $\underline{x}$ und $\underline{y}$ aus einem Hilbertraum heißen orthogonal zueinander, wenn $\langle \underline{x}, \underline{y} \rangle = \underline{0}$, Bezeichnung: $\underline{x} \perp \underline{y}$.

b) Eine Folge $(\underline{b}_n)_{n \in \mathbb{N}}$ aus einem Hilbertraum heißt orthonormiertes System, wenn $\langle \underline{b}_n, \underline{b}_m \rangle = \delta_{nm}$ für alle $n, m \in \mathbb{N}$.

c) Das orthonormierte System $(\underline{b}_n)_{n \in \mathbb{N}}$ heißt vollständig, wenn für jedes $\underline{x}$ im Hilbertraum gilt

$$\sum_{n=1}^{\infty} | \langle \underline{x}, \underline{b}_n \rangle |^2 = \| \underline{x} \|^2 .$$

Für ein vollständiges System folgt insbesondere aus $\underline{x} \perp \underline{b}_n$ für alle $n \in \mathbb{N}$, daß $\underline{x} = \underline{0}$, da dann $\| \underline{x} \| = 0$. Die vollständigen Systeme ersetzen die orthonormierten Koordinatensysteme im $\mathbb{R}^n$, wie der nachstehende Satz zeigt:

18.22. Satz: Ist $(\underline{b}_n)_{n \in \mathbb{N}}$ ein vollständiges orthonormiertes System in einem Hilbertraum H, so besitzt jedes $\underline{x} \in H$ eine Entwicklung

$$\underline{x} = \sum_{n=1}^{\infty} \langle \underline{x}, \underline{b}_n \rangle \underline{b}_n ,$$

wobei die Konvergenz der Reihe im Sinne der Norm in H erklärt ist.

Beweis: Es ist

$$0 \leqq \| \underline{x} - \sum_{n=1}^{N} \langle \underline{x}, \underline{b}_n \rangle \underline{b}_n \|^2 = \langle \underline{x} - \sum_{n=1}^{N} \langle \underline{x}, \underline{b}_n \rangle \underline{b}_n , \underline{x} - \sum_{n=1}^{N} \langle \underline{x}, \underline{b}_n \rangle \underline{b}_n \rangle$$

$$= \langle \underline{x}, \underline{x} \rangle - \sum_{n=1}^{N} \langle \underline{x}, \underline{b}_n \rangle^2 - \sum_{n=1}^{N} \langle \underline{x}, \underline{b}_n \rangle \langle \underline{b}_n, \underline{x} \rangle + \sum_{n=1}^{N} \langle \underline{x}, \underline{b}_n \rangle^2$$

$$= \| \underline{x} \|^2 - \sum_{n=1}^{N} \langle \underline{x}, \underline{b}_n \rangle^2 ,$$

und der letzte Ausdruck geht der Vollständigkeit wegen für $N \to \infty$ gegen Null.

Es sei darauf hingewiesen, daß die Existenz eines vollständigen Systems häufig noch zur Definition eines Hilbertraumes hinzugenommen wird, man nennt diese Eigenschaft Separabilität.

18.23. Beispiele:

a) Im Hilbertschen Folgenraum ℓ_2 ist das System $(\underline{e}_n)_{n \in \mathbb{N}}$ mit $\underline{e}_n = (\delta_{mn})_{m \in \mathbb{N}}$ vollständig, da für alle $\underline{x} \in \ell_2$

$$\sum_{n=1}^{\infty} \langle \underline{x}, \underline{e}_n \rangle^2 = \sum_{n=1}^{\infty} x_n^2 = \| \underline{x} \|^2 .$$

Die Entwicklung nach diesem System lautet

$$\underline{x} = \sum_{n=1}^{\infty} \langle \underline{x}, \underline{e}_n \rangle \underline{e}_n = \sum_{n=1}^{\infty} x_n \underline{e}_n .$$

Es besteht also völlige Analogie zur kanonischen Basis im $\mathbb{R}^n$ mit der entsprechenden Darstellung eines Vektors als Linearkombination der Basis.

b) Die Voraussetzung der Orthonormiertheit für ein vollständiges System ist nicht wesentlich, da man mit dem im Beweis von Satz 14.9a verwendeten (Schmidtschen) Orthonormierungsverfahren jede linear unabhängige Folge $(\underline{b}_n)_{n \in \mathbb{N}}$ orthonormieren kann. Man setzt

$$\underline{c}_1 = \frac{\underline{b}_1}{\| \underline{b}_1 \|}, \quad \underline{c}_2 = \frac{\underline{b}_2 - \langle \underline{b}_2, \underline{c}_1 \rangle \underline{c}_1}{\| \underline{b}_2 - \langle \underline{b}_2, \underline{c}_1 \rangle \underline{c}_1 \|}, \ldots, \underline{c}_n = \frac{\underline{b}_n - \sum_{j=1}^{n-1} \langle \underline{b}_n, \underline{c}_j \rangle \underline{c}_j}{\| \underline{b}_n - \sum_{j=1}^{n-1} \langle \underline{b}_n, \underline{c}_j \rangle \underline{c}_j \|}$$

Jedes $\underline{c}_n$ ist $\neq \underline{0}$, da sonst $\underline{b}_1, \ldots, \underline{b}_j$ linear abhängig wären. Nach Definition ist $\| \underline{c}_n \| = 1$ und $\langle \underline{c}_n, \underline{c}_m \rangle = 0$ für $m < n$, also ist $(\underline{c}_n)_{n \in \mathbb{N}}$ eine orthonormierte Folge.

c) Besonders interessant ist $L_2(I)$ mit dem Skalarprodukt

$$\langle f, g \rangle = \int_I f g \, dx$$

(im komplexen Fall ist rechts g durch $\overline{g}$ zu ersetzen). Bereits im Anschluß an Definition 18.14 war darauf hingewiesen worden, daß es sich dabei um einen reellen Vektorraum handelt. Die weiteren Regeln aus Satz 18.19 sind sofort zu sehen, allerdings hat $\int f^2 dx = 0$ nur $f(x) = 0$ bis auf eine Menge von x-Werten vom Maß Null zur Folge. Daher betrachtet man als Elemente des Hilbertraumes $L_2'(I)$ die Teilmengen

$$[f] = \{ g \mid g \in L_2(I),\ f(x) = g(x) \text{ bis auf eine Menge vom Maß } 0 \}$$

von $L_2(I)$. Für diese wird dann $\| [f] \| = \langle g, g \rangle^{1/2}$ gesetzt, wobei man irgendein $g \in [f]$ nehmen kann. Da dies aber bezeichnungsmäßig unübersichtlich wäre, wird üblicherweise direkt mit $L_2(I)$ gerechnet.
Satz 18.16 besagt nun gerade, daß das System

$$\left(\frac{1}{\sqrt{2\pi}}, \frac{1}{\sqrt{\pi}} \cos x, \frac{1}{\sqrt{\pi}} \sin x, \frac{1}{\sqrt{\pi}} \cos 2x, \frac{1}{\sqrt{\pi}} \sin 2x, \ldots \right) \text{ aus } L_2([-\pi, \pi]),$$

das wegen der Orthogonalitätsrelationen der trigonometrischen Funktionen bezüglich des eben definierten Skalarproduktes orthonormiert ist, auch vollständig in

$L_2([-\pi, \pi])$ ist. Die Parsevalsche Gleichung entspricht gerade der Bedingung aus Definition 18.21c. Die Entwicklung der Elemente eines Hilbertraumes nach einem vollständigen System in Satz 18.22 entspricht in diesem Fall der Fourierentwicklung. Überdies kann man noch folgendes entnehmen: Es seien $f_1, f_2, \ldots$ die Elemente des obigen Systems in der angegebenen Reihenfolge durchnumeriert und $\langle f, f_n \rangle$ die entsprechenden Entwicklungskoeffizienten in

$$f = \sum_{n=1}^{\infty} \langle f, f_n \rangle f_n$$

(bis auf einen Faktor $\sqrt{\pi}$ sind das die Fourierkoeffizienten), dann kann man eine Abbildung $\Theta: L_2([-\pi, \pi]) \to \ell_2$ durch $\Theta(f) = (\langle f, f_n \rangle)_{n \in \mathbb{N}}$ erklären. Diese Abbildung zeigt, daß man $L_2([-\pi, \pi])$ im wesentlichen bereits durch die Untersuchung von ℓ_2 erfaßt, was die Bedeutung des letzteren Raumes unterstreicht.

d) In $L_2([-1, 1])$ mit dem eben definierten Skalarprodukt erhält man durch Orthonormierung der Potenzen $(1, x, x^2, \ldots)$ das System $(\frac{1}{2}, \frac{3}{2} x, \ldots, P_n(x), \ldots)$, normiert man den Faktor von x^n in $P_n(x)$ zu 1, so ergeben sich die Legrendepolynome $(1, x, x^2 - \frac{1}{3}, \ldots)$. Deren Vollständigkeit kann hier nicht bewiesen werden, sie hängt mit dem Weierstraßschen Approximationssatz 8.11 zusammen. Die Entwicklung einer Funktion nach diesen Polynomen entspricht nicht der Taylorentwicklung. Die Legrendepolynome werden uns noch in anderem Zusammenhang begegnen.

e) Ist $\rho: [a, b] \to \mathbb{R}$ meßbar und nichtnegativ, so betrachtet man ähnlich zu $L_2([a, b])$

$$L_{2,\rho}([a, b]) := \{f \mid f: [a, b] \to \mathbb{R} \text{ meßbar}, \int_a^b \rho f^2 \, dx < \infty\}$$

mit dem Skalarprodukt

$$\langle f, g \rangle = \int_a^b \rho f g \, dx.$$

Orthonormiert man wieder die Potenzen $(1, x, x^2, \ldots)$, so gelangt man zu dem vollständigen System der Tschebyscheffschen Polynome mit dem Gewicht ρ.

In der Quantenmechanik entsprechen die physikalisch interessanten Größen (Observablen wie Orts- und Impulskoordinaten) Operatoren auf einem geeigneten Hilbertraum H, unter Operatoren versteht man dabei Abbildungen $\Theta: H \to H$. In erster Linie interessieren die linearen beschränkten Operatoren, für die $\Theta(a\underline{x} + b\underline{y}) = a\Theta(\underline{x}) + b\Theta(\underline{y})$ für $a, b \in \mathbb{R}$ und $\underline{x}, \underline{y} \in H$ und $\|\Theta(\underline{x})\| \leqq K \|\underline{x}\|$ für alle $\underline{x} \in H$. Das Infimum aller solcher K wird als Norm von Θ bezeichnet: $\|\Theta\|$. So ist unter geeigneten Voraussetzungen an den Kern $K(x, y)$ die Abbildung $A: L_2([a, b]) \to L_2([a, b])$ mit

$$Af = \int_a^b K(x, y) f(y) \, dy$$

ein linearer beschränkter Operator auf $L_2([a, b])$. Man kann entsprechend Kap. 14 I einem solchen Operator bezüglich eines vollständigen Systems eine unendliche Matrix zuordnen. Wichtig, aber viel schwieriger als im endlich-dimensionalen Fall ist die Untersuchung der Eigenwerte. Wir müssen uns mit diesen Hinweisen begnügen.

Zum Abschluß des Kapitels sei noch auf eine Verallgemeinerung des Hilbertraumes eingegangen, die sich als wesentlich erwiesen hat. Es handelt sich dabei auch um Räume mit einer Norm, bei denen man auf die Existenz eines Skalarproduktes verzichtet:

18.24. Satz: Es sei $C([a, b]) := \{f \mid f : [a, b] \to \mathbb{R}, f \text{ stetig}\}$ und die Norm $\| f \| := \max\limits_{a \leqq x \leqq b} |f(x)|$ (nach Satz 8.10 wird dies Maximum in $[a, b]$ angenommen). Dann gilt

a) Mit f und g liegen $f + g$ und für $a \in \mathbb{R}$ auch af in $C([a, b])$. Es gelten die Regeln von Satz 5.2, so daß $C([a, b])$ ein reeller Vektorraum ist.

b) $\| f \| \geqq 0$, $\quad \| f \| = 0$ genau dann, wenn $f = 0$

$\| f + g \| \leqq \| f \| + \| g \|$ (Dreiecksungleichung)

$\| af \| = |a| \, \| f \|$ für $a \in \mathbb{R}$.

c) Gilt für die Folge $(f_n)_{n \in \mathbb{N}}$ aus $C([a, b])$ für jedes $\epsilon > 0$ $\| f_n - f_m \| < \epsilon$ für $n, m > N$, so existiert ein $f \in C([a, b])$ mit $\| f_n - f \| \leqq \epsilon$ für $n > N$; man sagt, daß f_n im Sinne der Norm gegen f konvergiert.

Man hat also gerade die Eigenschaften des Hilbertraumes, die sich nicht auf das Skalarprodukt beziehen. Ein Raum mit den obigen Eigenschaften (was die Existenz der Norm einschließt) heißt Banachraum. Weitere Beispiele sind neben den vorher betrachteten Hilberträumen die Räume $L_p([a, b])$ mit $\| f \|_p = \left(\int\limits_a^b |f|^p \, dx \right)^{1/p}$, auf den Nachweis der Eigenschaften soll dabei verzichtet werden.

Beweis: a) ist sofort einsichtig, da $(f + g)(x) = f(x) + g(x)$ usw.

b) Nach Definition ist $\| f \| \geqq 0$, $\| f \| = 0$ hat $\max\limits_{a \leqq x \leqq b} |f(x)| = 0$ und damit $f(x) = 0$ für alle x mit $a \leqq x \leqq b$ zur Folge, d. h. $f = 0$.
Aus $|f(x) + g(x)| \leqq |f(x)| + |g(x)|$ folgt

$$\| f + g \| \leqq \max_{a \leqq x \leqq b} (|f(x)| + |g(x)|) \leqq \max_{a \leqq x \leqq b} |f(x)| + \max_{a \leqq x \leqq b} |g(x)|$$

$$\leqq \| f \| + \| g \|,$$

und außerdem ist

$$\| af \| = \max_{a \leqq x \leqq b} |af(x)| = |a| \max_{a \leqq x \leqq b} |f(x)| = |a| \, \| f \|.$$

c) Für jedes $x \in [a, b]$ gilt

$$|f_n(x) - f_m(x)| \leqq \| f_n - f_m \| < \epsilon \quad \text{für} \quad n, m > N,$$

nach dem Cauchykriterium 7.11 folgt die Konvergenz der Folge $(f_n(x))$, den Grenzwert nennen wir $f(x)$, womit eine Funktion $f : [a, b] \to \mathbb{R}$ erklärt ist. Aus $|f_n(x) - f_m(x)| < \epsilon$ für $n, m > N$ ergibt sich für $m \to \infty$

$$(*) \qquad |f_n(x) - f(x)| \leqq \epsilon \quad \text{für} \quad n > N \quad \text{(unabhängig von x!)},$$

die Folge $(f_n)_{n \in \mathbb{N}}$ konvergiert gleichmäßig gegen f und nach Satz 9.6 ist f stetig, also $f \in C([a, b])$. Die Ungleichung $(*)$ liefert sofort $\| f_n - f \| \leqq \epsilon$ für $n > N$.

Die Normkonvergenz in $C([a, b])$ ist gleichbedeutend mit der gleichmäßigen Konvergenz. Ein sehr wichtiges Beweisprinzip in den verschiedensten Gebieten ist der nachfolgende Satz. Wir haben ihn beim Iterationsverfahren und beim Newtonschen Verfahren bereits angewandt (Kap. 11 II und III).

18.25. Satz (*Banachscher Fixpunktsatz*): Es sei B ein Banachraum und $T : B \to B$ ein Operator, der kontrahierend ist, d. h. es existiert ein Θ, $0 < \Theta < 1$, so daß

$$\| T\underline{x} - T\underline{y} \| \leqq \Theta \| \underline{x} - \underline{y} \|$$

für alle $\underline{x}, \underline{y} \in B$. Dann gibt es genau ein Element $\underline{x}^* \in B$ mit $T\underline{x}^* = \underline{x}^*$, $\underline{x}^*$ heißt Fixpunkt von T.

Beweis: Man setze $\underline{x}_0 = \underline{0} \in B$, $\underline{x}_1 = T\underline{x}_0, \ldots, \underline{x}_n = T\underline{x}_{n-1}$.
Aus der Voraussetzung folgt mit Induktion

$$\| \underline{x}_n - \underline{x}_{n-1} \| = \| T\underline{x}_{n-1} - T\underline{x}_{n-2} \| \leqq \Theta \| \underline{x}_{n-1} - \underline{x}_{n-2} \| \leqq \Theta^{n-1} \| \underline{x}_1 \|.$$

Also sind die Voraussetzungen von Satz 18.24c erfüllt, denn für $n \geqq m$ ist

$$\begin{aligned} \| \underline{x}_n - \underline{x}_m \| &\leqq \| \underline{x}_n - \underline{x}_{n-1} \| + \| \underline{x}_{n-1} - \underline{x}_{n-2} \| + \ldots + \| \underline{x}_{m+1} - \underline{x}_m \| \\ &\leqq (\Theta^{n-1} + \Theta^{n-2} + \ldots + \Theta^m) \| \underline{x}_1 \| \\ &\leqq \frac{\Theta^m}{1-\Theta} \| \underline{x}_1 \| < \epsilon \quad \text{für} \quad n \geqq m > N. \end{aligned}$$

Somit existiert ein Grenzwert $\underline{x}^* \in B$ und

$$\begin{aligned} \| \underline{x}^* - T\underline{x}^* \| &\leqq \| \underline{x}^* - \underline{x}_n \| + \| \underline{x}_n - T\underline{x}_{n-1} \| + \| T\underline{x}_{n-1} - T\underline{x}^* \| \\ &\leqq \| \underline{x}^* - \underline{x}_n \| + \Theta \| \underline{x}_{n-1} - \underline{x}^* \| < 2\epsilon \end{aligned}$$

für $n > N$. Da dies für jedes ϵ richtig ist, muß $\| \underline{x}^* - T\underline{x}^* \| = 0$, also $\underline{x}^* = T\underline{x}^*$ gelten. Gäbe es noch ein weiteres Element $\underline{x}'^*$ mit dieser Eigenschaft, so hätte man

$$\| \underline{x}^* - \underline{x}'^* \| = \| T\underline{x}^* - T\underline{x}'^* \| \leqq \Theta \| \underline{x}^* - \underline{x}'^* \|,$$

also

$$\| \underline{x}^* - \underline{x}'^* \| = 0 \text{ und daher } \underline{x}^* = \underline{x}'^*.$$

18.26. Beispiele:

a) Der Satz 11.8, in dem das Iterationsverfahren behandelt wird, ist in der Aussage des letzten Satzes enthalten, wenn man als Banachraum B die reelle Achse $\mathbb{R}$ wählt und den Operator T durch

$$Tx = \begin{cases} g(a) & \text{für } x < a \\ g(x) & \text{für } a \leqq x \leqq b \\ g(b) & \text{für } x > b \end{cases}$$

definiert.

b) Auch das Newtonsche Iterationsverfahren aus Satz 11.6 läßt sich hier subsumieren, wenn man $B = \mathbb{R}$ wählt,

$$Tx = \begin{cases} a - \dfrac{f(a)}{f'(a)} & \text{für } x < a \\[2ex] x - \dfrac{f(x)}{f'(x)} & \text{für } a \leqq x \leqq b \\[2ex] b - \dfrac{f(b)}{f'(b)} & \text{für } x > b \end{cases}$$

definiert und geeignete Voraussetzungen über f macht (z. B. $|f(x) f''(x)| \leqq \theta f'^2(x)$ in $[a, b]$).

Aufgaben zu Kap. 18

1. Man zeige, daß die Reihe $f(x) = \sum_{n=1}^{\infty} x^3 e^{-nx}$ für alle $x \geqq 0$ gliedweise differenzierbar ist.

2. Man berechne durch Reihenentwicklung die beiden häufig in der Physik auftretenden Integrale

   a) $\int_0^x e^{-y^2} dy$, b) $\int_0^{\pi/2} \dfrac{dx}{\sqrt{1 - k^2 \sin^2 x}}$ für $k^2 < 1$.

   c) Man gebe zu a) für $0 \leqq x \leqq 1$ an, wieviele Glieder der integrierten Reihe addiert werden müssen, um eine Genauigkeit von $2 \cdot 10^{-5}$ zu garantieren.

   d) Man gebe für b) eine Fehlerabschätzung an für die Ersetzung der integrierten Reihe durch eine ihrer Teilsummen.

3. Man entwickle die Funktion $f(x) = \begin{cases} x & \text{für } 0 \leqq x \leqq 1 \\ 1 & \text{für } 1 \leqq x \leqq 2 \end{cases}$

   so in eine Fourierreihe, daß
   a) nur Sinusglieder, b) nur Cosinusglieder auftreten.

4. Welches sind die charakteristischen Eigenschaften einer Funktion, deren Fourierreihe nur aus

   a) geraden cos-Gliedern, b) ungeraden cos-Gliedern,

c) geraden sin-Gliedern, d) ungeraden sin-Gliedern

besteht.

Hinweis: Vergleichen Sie die Fourierkoeffizienten von $f(x)$ und $\tilde{f}(x) := f(\pi - x)$.

5. Die außerhalb des Streifens $-\sin x_0 \leqq y \leqq \sin x_0$ $(0 \leqq x_0 \leqq \frac{\pi}{2})$ liegenden Teile der Schwingung $f(x) = \sin x$ werden abgeschnitten und durch die betreffende Gerade $g(x) = \pm \sin x_0$ ersetzt. Man bestimme x_0 so, daß die Oberschwingung mit der dreifachen Frequenz maximale Amplitude hat.

6. Man entwickle die Funktion $f:]0, \pi] \to \mathbb{R}$ mit $f(x) = \cos \frac{x}{2}$ in eine Fourierreihe, die nur sin-Glieder enthält.

7. Man entwickle $f: [0,4] \to \mathbb{R}$ mit $f(x) = \begin{cases} x & \text{für } 0 \leqq x \leqq 2 \\ 0 & \text{für } 2 < x \leqq 4 \end{cases}$

mit der Periode 4 in eine Fourierreihe.

8. Ist den folgenden Funktionen mit angegebenem Periodenintervall eine Fourierreihe zugeordnet und wenn ja, konvergiert sie gegen die Funktion?

a) $f(x) = \sin \frac{1}{2x}$ in $[-\pi, \pi[$, b) $f(x) = \frac{1}{(x-1)^2}$ in $[0, 2[$

c) $f(x) = \sqrt{1 - x^2}$ in $[-1, 1[$ d) $f(x) = \frac{1}{x+1}$ in $[-\frac{1}{10}, \frac{1}{10}[$

9. Man bestimme eine partikuläre Lösung der Schwingungsgleichung $y'' + 2y' - y = f(x)$ mit $f(x) = \pi - |x|$ für $x \in [-\pi, \pi]$.

10. Es sei T Teilraum eines Hilbertraumes H, d. h. $T \subseteq H$ und T Hilbertraum mit dem durch H gegebenen Skalarprodukt. Ist dann $\underline{x} \in H$, so gibt es eindeutige Elemente $\underline{t} \in T$ und $\underline{s} \in H$ mit $\underline{x} = \underline{t} + \underline{s}$ und $\underline{s}$ orthogonal zu allen Elementen von T. $\underline{t}$ heißt Projektion von $\underline{x}$ auf T.
Hinweis: $\underline{t}$ ist das eindeutige Element aus T, das kleinsten Abstand von $\underline{x}$ hat.

11. Sei T Teilraum von H, es sei $P: H \to H$ mit $P(\underline{x}) = \underline{t}$ ($\underline{t}$ Projektion von $\underline{x}$ auf T). P heißt Projektionsoperator. Man zeige, daß P ein linearer beschränkter Operator ist mit $P^2 = P$ (P kennzeichnet T, in der Quantenmechanik werden die Eigenschaften des betrachteten physikalischen Systems mit Teilräumen identifiziert).

12. Man wende den Banachschen Fixpunktsatz auf das folgende Integralgleichungsproblem an:
Gesucht ist ein $f \in C([0,1])$ mit

$$f(x) = \int_0^1 K(x,y)\, f(y)\, dy$$

für eine stetige Funktion $K: Q \to \mathbb{R}$ auf $Q = \{0 \leqq x \leqq 1,\ 0 \leqq y \leqq 1\}$ und $|K(x,y)| \leqq \rho$ in Q. Für welche ρ kann die Existenz einer Lösung nachgewiesen werden?

19. Integralrechnung bei mehreren Veränderlichen

I. Integration über Gebiete im $\mathbb{R}^n$

Von den beiden Aspekten der Integralrechnung in $\mathbb{R}$, der Umkehrung der Differentiation und der Inhaltsbestimmung, tritt im $\mathbb{R}^n$ der zweite in den Vordergrund. Die Entwicklung soll möglichst parallel zu Kap. 12 durchgeführt werden, wodurch auf einen Teil der Beweise verzichtet werden kann. Allerdings treten in höheren Dimensionen zusätzliche Probleme auf: Faßt man das Integral über eine in einem ebenen Gebiet G erklärte Funktion f als Inhalt des Körpers auf, der von der durch f gebildeten Fläche und der x-y-Ebene begrenzt wird (Abb. 19.1), so ist ersichtlich, daß die Bestimmung des Inhaltes von G eine Rolle spielen wird.

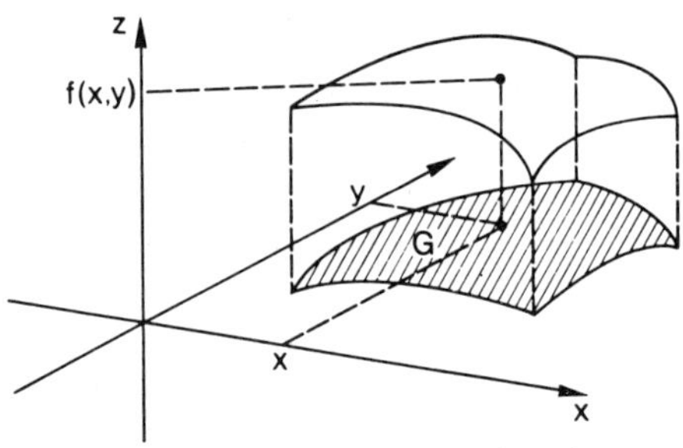

Abb. 19.1

Den Zugang zum Integralbegriff sollen wieder die Treppenfunktionen bilden, bei denen der entsprechende Rauminhalt elementar berechenbar ist. Das Integral für allgemeinere Funktionen ergibt sich dann durch Approximation.
Bei der Definition einer Treppenfunktion sind die Intervalle durch Quader zu ersetzen (Beispiel 15.2b, auch Intervalle im $\mathbb{R}^n$ genannt).

19.1. Definition: a) Für zwei Vektoren $\mathfrak{a}, \mathfrak{b} \in \mathbb{R}^n$ gelte $\mathfrak{a} < \mathfrak{b}$ genau dann, wenn $a_i < b_i$ für $i = 1, \ldots, n$. Damit läßt sich ein *Intervall* I (Quader) im $\mathbb{R}^n$ in der Form $I = \{\mathfrak{x} \mid \mathfrak{x} \in \mathbb{R}^n, \mathfrak{a} < \mathfrak{x} < \mathfrak{b}\} =: \,]\mathfrak{a}, \mathfrak{b}[$ beschreiben. Entsprechend wird $\overline{I} =: [\mathfrak{a}, \mathfrak{b}]$ gesetzt.

b) Eine *Intervallteilung* $\Delta(I)$ des Intervalls $I = \,]\mathfrak{a}, \mathfrak{b}[$ wird gegeben durch (Abb. 19.2)

$$\Delta(I) = (a_1 = a_{10} < a_{11} < \ldots < a_{1m_1} = b_1;\ a_2 = a_{20} < a_{21} < \ldots < a_{2m_2} = b_2; \ldots;\ a_n = a_{n0} < a_{n1} < \ldots < a_{nm_n} = b_n),$$

ihr sind die Teilintervalle

$$I_{(i_1,\ldots,i_n)} =]\mathfrak{a}_{(i_1-1,\ldots,i_n-1)}, \mathfrak{a}_{(i_1,\ldots,i_n)}[$$

mit $\mathfrak{a}_{(i_1,\ldots,i_n)} = (a_{1i_1},\ldots,a_{ni_n})$ für $1 \leqq i_j \leqq m_j$, $j = 1,\ldots,n$, zugeordnet.

c) Eine Funktion $\varphi: \mathbb{R}^n \to \mathbb{R}$ heißt *Treppenfunktion*, wenn ein Intervall I, eine Intervallteilung Δ (I) und reelle Zahlen $c_{(i_1,\ldots,i_n)}$ existieren, so daß

$$\varphi(\mathfrak{x}) = 0 \text{ für } \mathfrak{x} \notin \overline{I},\ \varphi(\mathfrak{x}) = c_{(i_1,\ldots,i_n)} \text{ für } \mathfrak{x} \in I_{(i_1,\ldots,i_n)}$$

für alle Teilintervalle der Teilung. Die Menge der Treppenfunktionen im $\mathbb{R}^n$ werde mit T^n bezeichnet, es sei $T^1 = T$.

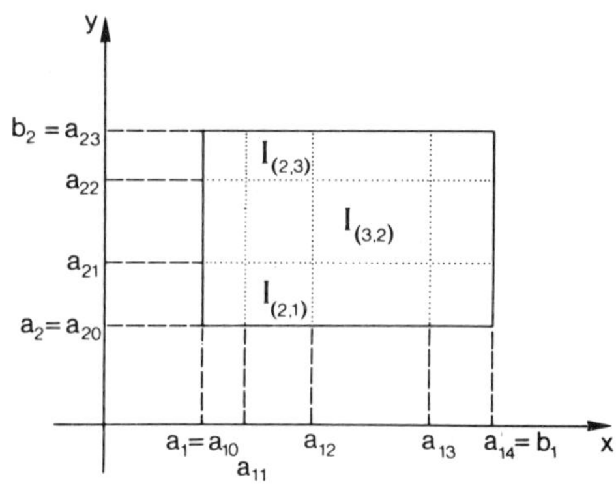

Abb. 19.2

Die Abbildung 19.2 zeigt den Charakter einer Intervallteilung: Jede Projektion (a_i, b_i) des Intervalles wird in m_i Teile zerlegt, wodurch sich durch achsenparallele Zerlegung $m_1 \cdot\cdot\cdot m_n$ Teilintervalle ergeben, die höchstens Seitenflächen gemeinsam haben. Die Vereinigung der abgeschlossenen Teilintervalle ergibt das abgeschlossene Ausgangsintervall. Im allgemeinen betrachten wir nur nichtleere Intervalle $]\mathfrak{a}, \mathfrak{b}[$, für die also $\mathfrak{a} < \mathfrak{b}$ erfüllt ist.
An die Werte einer Treppenfunktion auf den Rändern der Teilintervalle werden wieder keine Forderungen gestellt. Für $n = 1$ ergibt sich die Definition des Beispiels 4.5f. Genau wie dort kann man $(\Delta(I); c_{(1,\ldots,1)},\ldots,c_{(m_1,\ldots,m_n)})$ als Darstellung der Treppenfunktion bezeichnen. Eine Treppenfunktion kann mehrere Darstellungen besitzen, da man die Intervallteilung durch Einschieben weiterer Trennflächen verfeinern kann. Man hat analog zu Hilfssatz 12.6:

19.2. Hilfssatz: Es seien $\varphi, \psi \in T^n$, dann gilt:

a) Für $a, b \in \mathbb{R}$ sind auch $a\varphi + b\psi$ und $\varphi\psi$ in T^n, T^n ist also ein reeller Vektorraum.

b) $\min\{\varphi, \psi\} \in T^n$, $\max\{\varphi, \psi\} \in T^n$, $|\varphi| \in T^n$.

Der Beweis verläuft genau wie für n = 1: Es wird ein Intervall mit einer Teilung gesucht, die die durch φ und ψ gegebenen Teilungen verfeinert. Auf den Teilintervallen der neuen Teilung sind alle im Hilfssatz aufgeführten Funktionen konstant, also handelt es sich jeweils um Treppenfunktionen. In Abb. 19.3 ist eine solche Situation dargestellt, I und $\widetilde{I}$ sind die gegebenen Intervalle einschließlich ihrer Teilungen, J ist das Intervall mit einer Teilung, die die Teilungen von I und $\widetilde{I}$ verfeinert. Dabei sind die gegebenen Linien ausgezogen, die neu hinzukommenden gestrichelt.

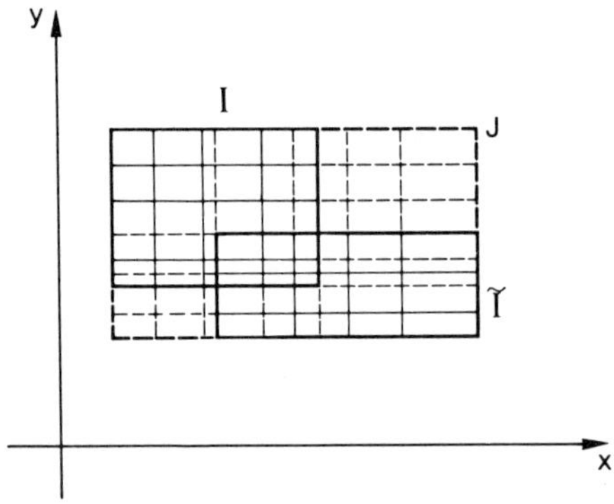

Abb. 19.3

Entsprechend 12.7 wird nun definiert:

19.3. Definition: Für $\varphi \in T^n$ mit der Darstellung $(\Delta(I); c_{(i_1, \ldots, i_n)})$ sei

$$\int \varphi := \sum_{i_1=1}^{m_1} \cdots \sum_{i_n=1}^{m_n} c_{(i_1, \ldots, i_n)} \prod_{j=1}^{n} (a_{ji_j} - a_{j(i_j-1)}).$$

Diese Definition ist sinnvoll, da sie nicht von der Darstellung abhängt: Bei Verfeinerung der Intervallteilung kommt wegen der Additivität des elementargeometrischen Inhaltes von Quadern, die eine Seitenfläche gemeinsam haben, dasselbe heraus. Auf eine genaue Ausführung der Rechnungen sei verzichtet. Der elementargeometrische Inhalt eines Teilintervalles $I_{(i_1, \ldots, i_n)}$ ergibt sich dabei wie angegeben als Produkt der Kantenlängen.

Mit demselben Beweis gilt die Hilfssatz 12.8 entsprechende Aussage, die die Linearität und Positivität des soeben definierten Integrals enthält.

19.4. Hilfssatz: a) Für $\varphi, \psi \in T^n$ und $a, b \in \mathbb{R}$ gilt

$\int (a\varphi + b\psi) = a\int\varphi + b\int\psi$

(*Linearität des Integrals*).

b) Für $\varphi \in T^n$, $\varphi \geqq 0$ gilt $\int \varphi \geqq 0$ (*Positivität des Integrals*).

Speziell für $\varphi \leqq \psi$ folgt $\int\varphi \leqq \int\psi$.

c) Für $\varphi \in T^n$ gilt $|\int\varphi| \leqq \int|\varphi|$.

Die Ausdehnung des Integralbegriffes mit Hilfe von Approximation durch Treppenfunktionen hängt wiederum wesentlich von dem verwendeten Konvergenzbegriff ab. Mit gleichmäßiger Konvergenz erfaßt man insbesondere die stetigen Funktionen, die Hilfssatz 12.9 entsprechende Aussage soll hier aus Platzgründen nicht bewiesen werden:

19.5. Hilfssatz: Eine stetige Funktion $f: [\mathfrak{a}, \mathfrak{b}] \to \mathbb{R}$ ist durch eine Folge von Treppenfunktionen (φ_n) gleichmäßig approximierbar, wobei $\varphi_n(\mathfrak{x}) = 0$ für $\mathfrak{x} \notin [\mathfrak{a}, \mathfrak{b}]$ und alle n.

Auch das weitere ergibt sich völlig analog zu Kap. 12, die Beweise sind wörtlich übertragbar, so daß nur die Aussagen formuliert werden:

19.6. Hilfssatz: Die Funktionen der Folge (φ_n) aus T^n seien außerhalb des beschränkten Intervalls $[\mathfrak{a}, \mathfrak{b}]$ Null und die Folge konvergiere gleichmäßig in $[\mathfrak{a}, \mathfrak{b}]$ gegen Null. Dann gilt

$$\int \varphi_n \to 0.$$

19.7. Folgerung: Es sei $f: [\mathfrak{a}, \mathfrak{b}] \to \mathbb{R}$ gleichmäßiger Grenzwert zweier Folgen (φ_n) und (ψ_n) aus T^n, alle φ_n und ψ_n seien außerhalb von $[\mathfrak{a}, \mathfrak{b}]$ Null. Dann gilt:

a) $\int \varphi_n$ und $\int \psi_n$ konvergieren gegen dieselbe reelle Zahl,

b) f ist beschränkt.

19.8. Definition: Existiert für eine Funktion $f: [\mathfrak{a}, \mathfrak{b}] \to \mathbb{R}$ in einem beschränkten Intervall $[\mathfrak{a}, \mathfrak{b}]$ eine Folge (φ_n) aus T^n, die gleichmäßig gegen f konvergiert, wobei alle φ_n außerhalb von $[\mathfrak{a}, \mathfrak{b}]$ Null sind, so heißt f *(elementar) integrierbar* über $[\mathfrak{a}, \mathfrak{b}]$ und

$$\int\limits_{[\mathfrak{a}, \mathfrak{b}]} f \, d\sigma(\mathfrak{x}) := \lim_{n \to \infty} \int \varphi_n$$

Integral von f über $[\mathfrak{a}, \mathfrak{b}]$.

19.9. Hilfssatz: a) Für f, g integrierbar über $[\mathfrak{a}, \mathfrak{b}]$ und $\alpha, \beta \in \mathbb{R}$ ist auch $\alpha f + \beta g$ über $[\mathfrak{a}, \mathfrak{b}]$ integrierbar und es gilt

$$\int\limits_{[\mathfrak{a}, \mathfrak{b}]} (\alpha f + \beta g) \, d\sigma(\mathfrak{x}) = \alpha \int\limits_{[\mathfrak{a}, \mathfrak{b}]} f \, d\sigma(\mathfrak{x}) + \beta \int\limits_{[\mathfrak{a}, \mathfrak{b}]} g \, d\sigma(\mathfrak{x}).$$

b) Wenn f integrierbar über $[\mathfrak{a}, \mathfrak{b}]$ und $f \geqq 0$, so gilt $\int\limits_{[\mathfrak{a}, \mathfrak{b}]} f \, d\sigma(\mathfrak{x}) \geqq 0$.

c) Wenn f integrierbar ist über $[\mathfrak{a}, \mathfrak{b}]$, so ist $|f|$ integrierbar über $[\mathfrak{a}, \mathfrak{b}]$ und es gilt

$$\left| \int\limits_{[\mathfrak{a}, \mathfrak{b}]} f \, d\sigma(\mathfrak{x}) \right| \leqq \int\limits_{[\mathfrak{a}, \mathfrak{b}]} |f| \, d\sigma(\mathfrak{x}).$$

Die Additivität des Integrals bezüglich der Integrationsintervalle in Hilfssatz 12.15 gestaltet sich im $\mathbb{R}^n$ naturgemäß nicht ganz so einfach.

Es sei erwähnt

19.10. Hilfssatz: Sind I_1 und I_2 offene punktfremde Intervalle, die eine gemeinsame Seitenfläche haben, so daß $\overline{I}_1 \cup \overline{I}_2 = \overline{J}$ mit einem Intervall J ist, so ist $f: \overline{J} \to \mathbb{R}$ genau dann über $\overline{J}$ integrierbar, wenn es über $\overline{I}_1$ und über $\overline{I}_2$ integrierbar ist, und es gilt

$$\int_{\overline{J}} f \, d\sigma(\mathfrak{x}) = \int_{\overline{I}_1} f \, d\sigma(\mathfrak{x}) + \int_{\overline{I}_2} f \, d\sigma(\mathfrak{x}).$$

Schließlich kann man auch noch den Mittelwertsatz 12.16 übertragen, womit die Integrationstheorie analog zu Kap. 12 durchgeführt ist.

19.11. Mittelwertsatz: $f: [\mathfrak{a}, \mathfrak{b}] \to \mathbb{R}$ sei stetig, dann existiert ein $\mathfrak{x}_0 \in [\mathfrak{a}, \mathfrak{b}]$, so daß

$$\int_{[\mathfrak{a}, \mathfrak{b}]} f \, d\sigma(\mathfrak{x}) = f(\mathfrak{x}_0) \, V([\mathfrak{a}, \mathfrak{b}]),$$

wenn $V([\mathfrak{a}, \mathfrak{b}])$ das Volumen des Intervalles $[\mathfrak{a}, \mathfrak{b}]$ ist, also das Produkt der Kantenlängen.

Beweis: Nach Satz 15.3 nimmt f sein Minimum m in $[\mathfrak{a}, \mathfrak{b}]$ in einem Punkt $\mathfrak{x}_1$ und sein Maximum M in einem Punkt $\mathfrak{x}_2$ an.
$f(\mathfrak{x}_1 + t(\mathfrak{x}_2 - \mathfrak{x}_1)) =: g(t)$ für $t \in [0, 1]$ nimmt nach dem Zwischenwertsatz 8.8 alle Werte in $[m, M]$ an, daher gilt

$$m \int_{[\mathfrak{a}, \mathfrak{b}]} \chi \leqq \int_{[\mathfrak{a}, \mathfrak{b}]} f \, d\sigma(\mathfrak{x}) \leqq M \int_{[\mathfrak{a}, \mathfrak{b}]} \chi \quad \text{mit} \quad \chi = \chi_{[\mathfrak{a}, \mathfrak{b}]}$$

und somit

$$m \leqq \frac{1}{V([\mathfrak{a}, \mathfrak{b}])} \int_{[\mathfrak{a}, \mathfrak{b}]} f \, d\sigma(\mathfrak{x}) \leqq M,$$

der mittlere Ausdruck ist gleich einem $g(\xi) = f(\mathfrak{x}_0)$ mit $\mathfrak{x}_0 = \mathfrak{x}_1 + \xi(\mathfrak{x}_2 - \mathfrak{x}_1)$.

Die hier entwickelte Integrationstheorie hat den wesentlichen Nachteil, daß als Integrationsgebiete nur Intervalle zugelassen sind. Beim Lebesgueschen Integral, dem die Konvergenz fast überall im Gegensatz zur hier verwendeten gleichmäßigen Konvergenz zugrundeliegt, tritt dieser Nachteil nicht auf, da man f außerhalb der betrachteten Menge einfach durch Null definieren kann. Es soll nun noch gezeigt werden, wie man die oben betrachtete Integration auf Gebiete anstelle von Intervallen ausdehnen kann. Das reicht für alle praktischen Zwecke mehr als aus, ebenso wollen wir uns auf stetige Funktionen beschränken. Die Idee dabei ist, das Gebiet durch eine Folge von Intervallen auszuschöpfen und das Integral über G als Summe der Integrale über die ausschöpfenden Intervalle zu erklären.

19.12. Hilfssatz: Ein Gebiet $G \subseteq \mathbb{R}^n$ (allgemeiner eine offene Menge) kann in folgender Weise durch Intervalle ausgeschöpft werden: Es gibt eine Folge $(I_m)_{m \in \mathbb{N}}$ von offenen Intervallen, die paarweise punktfremd sind, so daß $\bigcup\limits_{m=1}^{\infty} \overline{I}_m = G$.

Beweis: Ähnlich dem Millimeterpapier in der Ebene überdecke man den $\mathbb{R}^n$ für alle $j \in \mathbb{N}$ mit einem Netz von achsenparallelen Würfeln der Kantenlänge 2^{-j}, wobei der

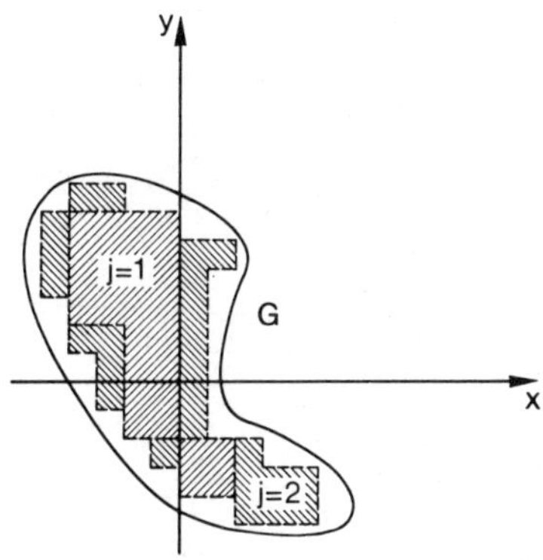

Abb. 19.4

Nullpunkt eine Ecke im Netz darstellen soll. Dann numeriere man für $j = 1$ die Würfel $I_1, I_2, \ldots, I_{r_1}$ der Kantenlänge 2^{-1}, für die $\overline{I}_p \subset G$, $p = 1, 2, \ldots, r_1$, und deren Punkte vom Nullpunkt einen Abstand $\leqq 1$ haben. Es kann nur endlich viele solcher Würfel geben. Für $j = 2$ suche man dann die Würfel I_q der Kantenlänge 2^{-2} mit $\overline{I}_q \subset G$, $I_q \cap I_p = \phi$ für alle $p = 1, 2, \ldots, r_1$ und deren Punkte vom Nullpunkt einen Abstand $\leqq 2$ haben. Wiederholung für jedes j gibt eine Folge (I_m), die die gewünschten Eigenschaften hat (Abb. 19.4). Die Intervalle I_m sind nach Auswahl punktfremd und es liegt $\overline{I}_m \subset G$. Ist ferner $\mathfrak{x}_0$ ein beliebiger Punkt aus G, so liegt eine Kugel $\{|\mathfrak{x} - \mathfrak{x}_0| < \epsilon\} \subset G$. Für genügend großes j liegt daher der Würfel mit der Kantenlänge 2^{-j}, der $\mathfrak{x}_0$ im Innern oder auf dem Rand enthält, ganz in G und seine Punkte sind vom Nullpunkt nicht weiter als j entfernt. Also liegt $\mathfrak{x}_0$ in mindestens einem der abgeschlossenen Intervalle der Folge und $\bigcup\limits_{m=1}^{\infty} \overline{I}_m = G$.

19.13. Hilfssatz: Es sei $f: G \to \mathbb{R}$ über alle Intervalle $\overline{I}$ mit $\overline{I} \subset G$ integrierbar, (I_m) und $(\tilde{I}_m)$ seien Ausschöpfungen von G. Konvergiert $\Sigma \int_{\overline{I}_m} |f| \, d\sigma(\mathfrak{x})$, so auch $\Sigma \int_{\overline{\tilde{I}}_m} |f| \, d\sigma(\mathfrak{x})$ und es gilt

$$\sum_{m=1}^{\infty} \int_{\overline{I}_m} f \, d\sigma(\mathfrak{x}) = \sum_{m=1}^{\infty} \int_{\overline{\tilde{I}}_m} f \, d\sigma(\mathfrak{x}).$$

Die Integrierbarkeit über alle Intervalle $\overline{I}$ mit $\overline{I} \subset G$ ist insbesondere gegeben, wenn f stetig ist.

Beweis: Für die Konvergenz von $\sum \int\limits_{\tilde{\overline{I}}_m} |f|\, d\sigma(\mathfrak{x})$ ist nach dem Cauchykriterium 7.11 für $n > m$

$$\tilde{S}_{mn} := \sum_{j=m+1}^{n} \int\limits_{\tilde{\overline{I}}_j} |f|\, d\sigma(\mathfrak{x})$$

zu untersuchen, bekannt ist

$$S_{ki} := \sum_{j=k+1}^{i} \int\limits_{\overline{I}_j} |f|\, d\sigma(\mathfrak{x}) < \epsilon \quad \text{für } i > k > N.$$

Nun wähle man m so groß, daß

$$(*) \qquad \bigcup_{j=1}^{m} \tilde{\overline{I}}_j \supseteq \bigcup_{j=1}^{k} \overline{I}_j,$$

und i so groß, daß

$$(**) \qquad \bigcup_{j=1}^{i} \overline{I}_j \supseteq \bigcup_{j=1}^{n} \tilde{\overline{I}}_j.$$

Beides ist möglich, da (I_j) und $(\tilde{I}_j)$ das Gebiet G ausschöpfen, auf einen Beweis soll verzichtet werden. Dann gilt für $n \geqq m$

$$\tilde{S}_{mn} \leqq S_{ki} < \epsilon,$$

also konvergiert auch $\sum \int\limits_{\tilde{\overline{I}}} |f|\, d\sigma(\mathfrak{x})$. Wegen

$$\Big| \int\limits_{\overline{I}} f\, d\sigma(\mathfrak{x}) \Big| \leqq \int\limits_{\overline{I}} |f|\, d\sigma(\mathfrak{x})$$

konvergieren dann auch $\sum\limits_{j=1}^{\infty} \int\limits_{\overline{I}_j} f\, d\sigma(\mathfrak{x}) =: S$ und $\sum\limits_{j=1}^{\infty} \int\limits_{\tilde{\overline{I}}_j} f\, d\sigma(\mathfrak{x}) =: \tilde{S}$.

S_k bzw. $\tilde{S}_m$ seien die entsprechenden Partialsummen und man erhält

$$|S - \tilde{S}| \leqq |S - S_k| + |S_k - \tilde{S}_m| + |\tilde{S}_m - \tilde{S}|.$$

Der erste und der letzte Summand rechts werden wegen der Konvergenz der Reihen klein, wenn k und m genügend groß sind. Für den mittleren wähle man m so wie oben in $(*)$ und i so groß wie in $(**)$ (mit $m = n$), man erhält

$$|S_k - \tilde{S}_m| \leqq \sum \int\limits_{\overline{D}_j} |f|\, d\sigma(\mathfrak{x}) \leqq S_{ki} < \epsilon$$

mit dem obigen S_{ki}, die D_j sind endlich viele punktfremde, offene Intervalle, die durch geeignete Zerlegung der $\tilde{I}_1, \ldots, \tilde{I}_m$ und Wegnahme der $I_1, \ldots, I_k$ entsprechenden Teile entstehen. Dabei ist dann $\cup \overline{D}_j \subset \bigcup_{p=k+1}^{i} \overline{I}_p$, woraus die angegebene Ungleichung folgt.

Damit ist $| S - \widetilde{S} |$ beliebig klein, also $S = \widetilde{S}$.

Dieser Hilfssatz ermöglicht nun die folgende Definition:

19.14. Definition: Es sei G ein Gebiet im $\mathbb{R}^n$, $f: G \to \mathbb{R}$ sei über alle Intervalle I mit $\overline{I} \subset G$ integrierbar. Konvergiert dann für eine Ausschöpfung $(I_m)_{m \in \mathbb{N}}$ von G $\sum \int_{\overline{I}_m} |f| \, d\sigma(\varphi)$, so heißt f über G *absolut integrierbar* und es wird gesetzt

$$\int_G f \, d\sigma(\varphi) := \sum_{m=1}^{\infty} \int_{\overline{I}_m} f \, d\sigma(\varphi).$$

Für jede andere Ausschöpfung kommt gemäß dem vorangehenden Hilfssatz dasselbe heraus, so daß die Definition sinnvoll ist. Die absolute Konvergenz ist aus Gründen der Vereinfachung vorausgesetzt worden, sonst müßte man die Abhängigkeit von der Ausschöpfung genauer untersuchen. Es sind in der Definition auch unbeschränkte Gebiete miterfaßt, so daß uneigentliche Integrale nicht gesondert untersucht werden müssen. Durch dieselbe Übertragung gelten die Hilfssätze 19.9, 19.10 und der Mittelwertsatz 19.11 auch für Gebiete. Diese Aussagen sollen nicht noch einmal formuliert und bewiesen werden.
Damit steht die Integralrechnung im $\mathbb{R}^n$ in erforderlichem Umfang zur Verfügung, es soll noch auf zwei Probleme eingegangen werden: Die tatsächliche Berechnung von Integralen – da das Hilfsmittel der Stammfunktionen nicht zur Verfügung steht – und die Einführung neuer Veränderlicher. Die erste Frage läßt sich wie folgt erledigen (allgemeine Sätze dieser Art laufen unter den Namen Fubini und Tonelli):

19.15. Satz: a) Für ein beschränktes Intervall $[\mathfrak{a}, \mathfrak{b}]$ mit $\mathfrak{a} < \mathfrak{b}$ und eine stetige Funktion $f: [\mathfrak{a}, \mathfrak{b}] \to \mathbb{R}$ gilt

$$\int_{[\mathfrak{a},\mathfrak{b}]} f \, d\sigma(\varphi) = \int_{a_1}^{b_1} (\ldots (\int_{a_n}^{b_n} f(x_1, \ldots, x_n) \, dx_n) \ldots) \, dx_1 .$$

Die rechte Seite wird mehrfaches oder iteriertes Integral genannt, die Reihenfolge der Integrationen ist gleichgültig.

b) Ist $G \subseteq \mathbb{R}^2$ in der Form $G = \{(x, y) \mid a < x < b, \; g(x) < y < h(x)\}$ mit stetigen Funktionen $g, h: [a, b] \to \mathbb{R}$ beschreibbar, und ist $f: \overline{G} \to \mathbb{R}$ stetig, so gilt

$$\int_G f \, d\sigma(\varphi) = \int_a^b (\int_{g(x)}^{h(x)} f(x, y) \, dy) \, dx.$$

c) Ist $G \subseteq \mathbb{R}^3$ in der Form $G = \{(x, y, z) \mid (x, y) \in H,\ H$ Gebiet im $\mathbb{R}^2$, $g(x, y) < z < h(x, y)\}$ mit stetigen Funktionen $g, h : \overline{H} \to \mathbb{R}$ beschreibbar, und ist $f : \overline{G} \to \mathbb{R}$ stetig, so gilt

$$\int_G f \, d\sigma(\mathfrak{x}) = \int_H \left(\int_{g(x,y)}^{h(x,y)} f(x, y, z) \, dz \right) d\sigma(x, y).$$

Damit sind einige der für die Anwendung wesentlichen Fälle der Überführung eines höherdimensionalen Integrals in iterierte Integrale erfaßt, mit denen die Berechnung von Integralen durchgeführt werden kann. Die Stetigkeit von f in $\overline{G}$ ist der Einfachheit halber gefordert worden.

Beweis: a) Wegen der Stetigkeit von f existieren alle Integrale und nach Satz 16.19 ist die Reihenfolge bei der iterierten Integration unerheblich.
Die Behauptung ist leicht einzusehen für Treppenfunktionen φ, die außerhalb von $[\mathfrak{a}, \mathfrak{b}]$ Null sind. Ist nämlich $(\Delta([\mathfrak{a}, \mathfrak{b}]);\ c_{(i_1, \ldots, i_n)})$ eine Darstellung von φ, so ist auf jedem Teilintervall $I_{(i_1, \ldots, i_n)}$

$$\int_{I_{(i_1, \ldots, i_n)}} \varphi = c_{(i_1, \ldots, i_n)} V(I_{(i_1, \ldots, i_n)}) = \int_{a_{1(i_1-1)}}^{a_{1 i_1}} (\ldots(\int_{a_{n(i_n-1)}}^{a_{n i_n}} \varphi \, dx_n)\ldots)dx_1$$

und Summation über die Teilintervalle ergibt die Behauptung. Zu einem beliebigen stetigen f kann man für jedes $\epsilon > 0$ ein φ mit $|f - \varphi| \leqq \epsilon$ auf $[\mathfrak{a}, \mathfrak{b}]$ finden. Dann ist

$$\left| \int_{[\mathfrak{a}, \mathfrak{b}]} f \, d\sigma(\mathfrak{x}) - \int_{[\mathfrak{a}, \mathfrak{b}]} \varphi \right| \leqq \epsilon \int_{[\mathfrak{a}, \mathfrak{b}]} d\sigma(\mathfrak{x}) = \epsilon \, V([\mathfrak{a}, \mathfrak{b}])$$

und gleichfalls

$$\left| \int_{a_1}^{b_1} (\ldots(\int_{a_n}^{b_n} f \, dx_n) \ldots) \, dx_1 - \int_{a_1}^{b_1} (\ldots(\int_{a_n}^{b_n} \varphi \, dx_n) \ldots) \, dx_1 \right| \leqq \epsilon \, V([\mathfrak{a}, \mathfrak{b}]).$$

Letzteres ergibt sich auf jedem Teilintervall, auf dem φ konstant ist, und wegen der Additivität der Integrale und der Volumina folgt die Aussage für $[\mathfrak{a}, \mathfrak{b}]$. Damit wird

$$\left| \int_{[\mathfrak{a}, \mathfrak{b}]} f \, d\sigma(\mathfrak{x}) - \int_{a_1}^{b_1} (\ldots(\int_{a_n}^{b_n} f \, dx_n) \ldots) \, dx_1 \right| \leqq 2\epsilon \, V([\mathfrak{a}, \mathfrak{b}])$$

für alle ϵ, also muß die linke Seite Null sein.

b) Es sei zuerst $[a, b]$ beschränkt, also auch G beschränkt und damit $|f| \leqq M < \infty$ in G. Gemäß Hilfssatz 12.9 wähle man eine monoton fallende Folge von Treppenfunktionen (φ_n) und eine monoton wachsende Folge (ψ_n), so daß $\varphi_n \to g$, $\psi_n \to h$ gleichmäßig in $[a, b]$. Ferner kann man annehmen, daß φ_n und ψ_n auf dieselbe Intervallteilung von $[a, b]$ bezogen sind, wobei beim Übergang von n zu $n + 1$ die Teilintervalle halbiert werden. Da in jedem Intervall $[a + \delta,\ b - \delta]$ die stetige Funktion $h - g$ ein positives Minimum hat, muß es eine Folge (δ_n) geben mit $\delta_n \to 0$ und $\varphi_n < \psi_n$ in $]a + \delta_n, b - \delta_n[$ (Abb. 19.5). $G_n = \{(x, y) \mid x \in [a + \delta_n, b - \delta_n], \varphi_n(x) \leqq y \leqq \psi_n(x)\}$ ist ein aus schmalen Rechtecken gebildeter Bereich, der G wegen der gleichmäßigen Konvergenz $\varphi_n \to g$, $\psi_n \to h$ ausschöpft.

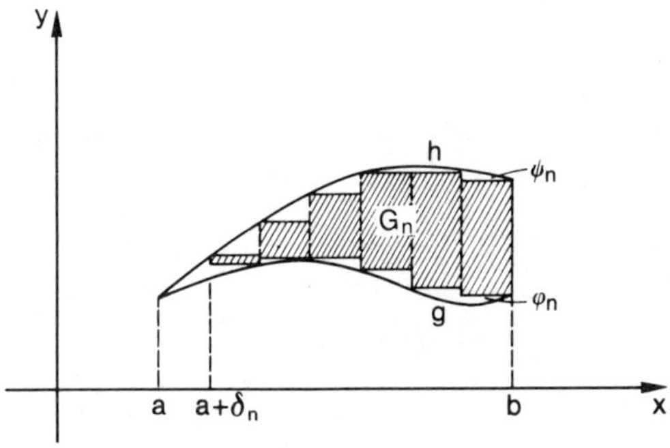

Abb. 19.5

Daher gilt $\int_{G_n} f \, d\sigma(\mathcal{R}) \to \int_G f \, d\sigma(\mathcal{R})$, andererseits hat man

$$\left| \int_{a+\delta_n}^{b-\delta_n} \left(\int_{g(x)}^{h(x)} f(x, y) \, dy \right) dx - \int_{a+\delta_n}^{b-\delta_n} \left(\int_{\varphi_n(x)}^{\psi_n(x)} f(x, y) \, dy \right) dx \right|$$

$$\leqq M \int_{a+\delta_n}^{b-\delta_n} (h(x) - \psi_n(x) + \varphi_n(x) - g(x)) \, dx$$

$$\leqq 2 \epsilon M (b - a),$$

für $|h - \psi_n| < \epsilon$, $|g - \varphi_n| < \epsilon$. Nach Teil a) ist links das zweite Doppelintegral aber gleich $\int_{G_n} f \, d\sigma(\mathcal{R})$, so daß man

$$\int_{a+\delta_n}^{b-\delta_n} \left(\int_{g(x)}^{h(x)} f(x, y) \, dy \right) dx \to \int_G f \, d\sigma(\mathcal{R})$$

für $n \to \infty$ hat. Schließlich ist mit einer Schranke K für $|h - g|$

$$\left| \int_a^{a+\delta_n} \left(\int_{g(x)}^{h(x)} f(x, y) \, dy \right) dx \right| \leqq \delta_n KM, \quad \left| \int_{b-\delta_n}^{b} \left(\int_{g(x)}^{h(x)} f(x, y) \, dy \right) dx \right| \leqq \delta_n KM,$$

also gehen diese Integrale gegen Null, und es folgt die Behauptung.

c) Der Beweis soll nicht im Einzelnen durchgeführt werden, er verläuft analog zu dem von Teil b): Man schöpfe H durch Intervalle aus und gleichzeitig approximiere man auf diesen g und h durch Treppenfunktionen.

19.16. Beispiele:

a) Für $f = 1$ ergibt

$$\int_G d\sigma(\mathfrak{x}) = V(G)$$

das Volumen (Flächeninhalt für $n = 2$) des Gebietes. Für die Ebene liefert Satz 19.15b nichts Neues gegenüber Beispiel 12.18c. Im Raum ergibt sich z. B. für den Inhalt einer Kugel K_r vom Radius r

$$V(K_r) = \int_{x^2+y^2+z^2<r^2} d\sigma(\mathfrak{x}) = \int_{x^2+y^2<r^2} \Big(\int_{z=-\sqrt{r^2-x^2-y^2}}^{\sqrt{r^2-x^2-y^2}} dz \Big) d\sigma(x, y)$$

$$= 2 \int_{x=-r}^{r} \Big(\int_{y=-\sqrt{r^2-x^2}}^{\sqrt{r^2-x^2}} \sqrt{r^2 - x^2 - y^2}\, dy \Big) dx.$$

Mit der Substitution $y = \eta\sqrt{r^2 - x^2}$ im inneren und danach $x = \xi r$ im äußeren Integral erhält man

$$V(K_r) = 2r^3 \int_{\xi=-1}^{1} \Big(\int_{\eta=-1}^{1} (1 - \xi^2)\sqrt{1 - \eta^2}\, d\eta \Big) d\xi$$

und nach Beispiel 13.7c

$$= \pi r^3 \Big[\xi - \frac{\xi^3}{3}\Big]_{-1}^{1} = \frac{4}{3}\pi r^3.$$

b) Die Zerlegung in ein iteriertes Integral kann häufig auf mehrere Arten durchgeführt werden, die ganz verschiedenen Rechenaufwand erfordern können.
Sei $G = \{(x, y) \mid -x < y < x,\ 0 < x < 1\}$ (Abb. 19.6),

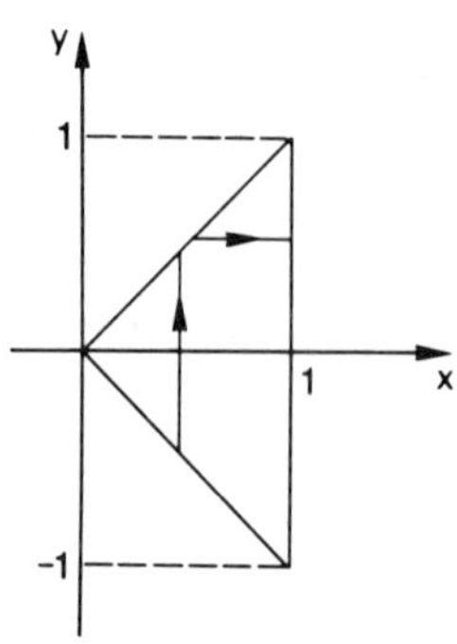

Abb. 19.6

dann bestehen zwei Möglichkeiten, ein Integral über G zu berechnen (sei $f(x, y) = xy^2$):

$$\int_G f\,d\sigma(\mathfrak{x}) = \int_{x=0}^{1} \Big(\int_{y=-x}^{x} xy^2\,dy \Big)\,dx = \int_0^1 \frac{2x^4}{3}\,dx = \frac{2}{15}$$

und

$$\int_G f\,d\sigma(\mathfrak{x}) = \int_{y=0}^{1} \Big(\int_{x=y}^{1} xy^2\,dx \Big)\,dy + \int_{y=-1}^{0} \Big(\int_{x=-y}^{1} xy^2\,dx \Big)\,dy$$

$$= \frac{1}{2} \int_0^1 (y^2 - y^4)\,dy + \frac{1}{2} \int_{-1}^{0} (y^2 - y^4)\,dy = \frac{2}{15}.$$

c) Analog zur Ebene (Beispiel 12.18d) erhält man für den Schwerpunkt im $\mathbb{R}^3$ bei gegebener Massenverteilung ρ

$$\mathfrak{x}_s = \frac{\int_G \mathfrak{x}\,\rho(\mathfrak{x})\,d\sigma(\mathfrak{x})}{\int_G \rho(\mathfrak{x})\,d\sigma(\mathfrak{x})}.$$

Dabei ist die Integration im Zähler koordinatenweise auszuführen. Als Beispiel sei die gleichmäßig mit Masse der Dichte 1 belegte Halbkugel $H_r = \{(x, y, z) \mid x^2 + y^2 + z^2 < r^2,\ z > 0\}$ genommen. Dann steht im Nenner von $\mathfrak{x}_s$ der Inhalt $\frac{2}{3}\pi r^3$, weiter ist

$$\frac{2}{3}\pi r^3 x_s = \int_{\substack{y^2+z^2<r^2\\ z>0}} \Big(\int_{x=-\sqrt{r^2-x^2-y^2}}^{\sqrt{r^2-x^2-y^2}} x\,dx \Big)\,d\sigma(y, z) = 0,$$

da das innere Integral Null ist, ebenso

$$\frac{2}{3}\pi r^3 y_s = 0.$$

Schließlich ist

$$\frac{2}{3}\pi r^3 z_s = \int_{z=0}^{r} \Big(\int_{x^2+y^2<r^2-z^2} z\,d\sigma(x, y) \Big)\,dz$$

$$= \int_0^r \pi(r^2 - z^2)\,z\,dz = \pi\frac{r^4}{4},$$

denn man kann im iterierten Integral natürlich auch die inneren Integrale zusammenfassen. Also hat man

$$z_s = \frac{3}{8}r.$$

d) Ähnlich betrachtet man in der Mechanik Trägheitsmomente räumlicher Gebiete G mit der Massendichte ρ

$$T_x := \int_G (y^2 + z^2)\, \rho(\mathfrak{x})\, d\sigma(\mathfrak{x}) \quad \text{um die x-Achse,}$$

$$T_y := \int_G (x^2 + z^2)\, \rho(\mathfrak{x})\, d\sigma(\mathfrak{x}) \quad \text{um die y-Achse,}$$

$$T_z := \int_G (x^2 + y^2)\, \rho(\mathfrak{x})\, d\sigma(\mathfrak{x}) \quad \text{um die z-Achse.}$$

Die Berechnung führt bei dem obigen Beispiel der Halbkugel bereits zu umfangreichen Rechnungen, die sich wesentlich verkürzen lassen, wenn geeignete Koordinaten eingeführt werden.

Ein Satz über Verhalten eines mehrdimensionalen Integrals bei Transformation der Variablen soll diesen Abschnitt abschließen. Für die lokale Umkehrbarkeit einer Variablentransformation $\mathfrak{y} = \mathfrak{y}(\mathfrak{x})$ war in Satz 15.13 das Nichtverschwinden der Funktionaldeterminante $\det \mathfrak{y}_{\mathfrak{x}}$ als hinreichend erkannt worden. Diese Größe spielt auch hier die wesentliche Rolle und ersetzt die Ableitung dy/dx in der Substitutionsregel bei einer Veränderlichen.

19.17. Satz: Es seien G und G' beschränkte Gebiete des $\mathbb{R}^n$, $\Phi : \overline{G}' \to \overline{G}$ sei bijektiv und stetig differenzierbar, die Funktionaldeterminante $J := \det \Phi_{\mathfrak{y}}$ sei für $\mathfrak{y} \in G'$ positiv. Ist dann $f : \overline{G} \to \mathbb{R}$ stetig, so gilt

$$\int_G f\, d\sigma(\mathfrak{x}) = \int_{G'} (f \circ \Phi)\, J\, d\sigma(\mathfrak{y}).$$

Der Beweis soll seiner Länge wegen nicht ausgeführt, sondern nur plausibel gemacht werden. Wie in Abbildung 19.7 überziehe man G' mit einem achsenparallelen Gitter, dem entspricht mittels Φ in G ein krummliniges Gitter.

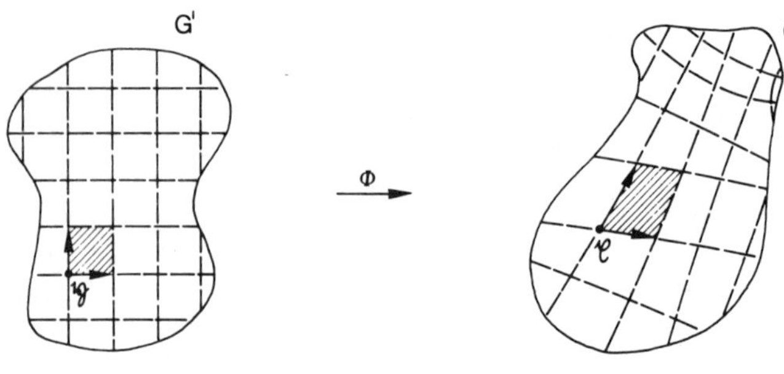

Abb. 19.7

Man ersetze nun das Integral durch eine Summe über die Integrale über die einzelnen Gittervierecke und nähere diese wiederum durch $f(\mathfrak{x}_0)\,V(P)$ an, wenn P das von den entsprechenden Tangentenvektoren in $\mathfrak{x}_0$ aufgespannte Parallelepiped ist. Nach Beispiel 6.21c gilt für dessen Volumen

$$V(P) = \det \begin{pmatrix} \mathfrak{x}_{y_1}\,\Delta y_1 \\ \vdots \\ \mathfrak{x}_{y_n}\,\Delta y_n \end{pmatrix} = (\Delta y_1)\ldots(\Delta y_n)\,J(\mathfrak{y}_0),$$

so daß $\int\limits_G f\,d\sigma(\mathfrak{x})$ näherungsweise gleich einer Summe der Form

$\Sigma\, f(\Phi(\mathfrak{y}_0))\,J(\mathfrak{y}_0)(\Delta y_1)\ldots(\Delta y_n)$ ist, das aber ist eine Näherung für $\int\limits_{G'} (f\circ\Phi)\,J\,d\sigma(\mathfrak{y})$. Für einen vollständigen Beweis wären alle Näherungen genau zu überprüfen.

Um auch negative Funktionaldeterminanten zulassen zu können, versieht man jedes Gebiet mit zwei Orientierungen: $+G$ und $-G$ und definiert

$$\int\limits_{-G} f\,d\sigma(\mathfrak{x}) := -\int\limits_G f\,d\sigma(\mathfrak{x}).$$

Die übliche Orientierung (auf der die ganzen vorherigen Betrachtungen beruhen) ist die positive, bildet man jedoch ein solches Gebiet mittels einer bijektiven Abbildung mit negativer Funktionaldeterminante ab, so soll das Bildgebiet negativ orientiert sein. Dann ergibt sich die Gültigkeit von Satz 19.17 auch für diesen Fall, da sich die Vorzeichen kompensieren.

19.18. Beispiele:

a) Nach Beispiel 15.15a ist beim Übergang von Polar- zu cartesischen Koordinaten die Funktionaldeterminante $J(r,\varphi) = r$.

Als Anwendung soll

$$I = \int\limits_0^\infty e^{-x^2} dx$$

berechnet werden.

$$I^2 = \int\limits_0^\infty e^{-x^2}\,dx \int\limits_0^\infty e^{-y^2}\,dy = \int\limits_0^\infty \Big(\int\limits_0^\infty e^{-x^2-y^2}\,dy\Big)\,dx$$

kann man formal als iteriertes Integral schreiben. Setzt man als obere Grenze R, so kann man nach Satz 19.15b zu einem zweidimensionalen Integral übergehen und dieses gemäß Satz 19.17 auf Polarkoordinaten transformieren. Dieses schreibt man wieder als iteriertes Integral über r und φ und erhält für $R\to\infty$

$$I^2 = \int_{\{r>0,\, 0<\varphi<\pi/2\}} e^{-r^2}\, r\, d\sigma(r,\varphi) = \int_{r=0}^{\infty} \Big(\int_{\varphi=0}^{\pi/2} r e^{-r^2}\, d\varphi \Big)\, dr$$

$$= \tfrac{\pi}{4}\, [-e^{-r^2}]_0^{\infty} = \tfrac{\pi}{4},$$

also $I = \frac{1}{2}\sqrt{\pi}$.

b) Wir wenden dies Ergebnis auf die Berechnung von $\Gamma(\frac{1}{2})$ an:

$$\Gamma(\tfrac{1}{2}) = \int_0^{\infty} e^{-t}\, t^{-1/2}\, dt = 2 \int_0^{\infty} e^{-\tau^2}\, d\tau = \sqrt{\pi}$$

mit der Substitution $\tau = \sqrt{t}$ für $t > 0$. Aus Hilfssatz 16.12a ergibt sich dann leicht mit Induktion nach n

$$\Gamma(n+\tfrac{1}{2}) = (n-\tfrac{1}{2})\, \Gamma(n-\tfrac{1}{2}) = \ldots = (n-\tfrac{1}{2})(n-\tfrac{3}{2}) \ldots \tfrac{1}{2}\, \Gamma(\tfrac{1}{2})$$

oder

$$\Gamma(n+\tfrac{1}{2}) = \sqrt{\pi}\, \frac{(2n-1)(2n-3)\ldots 3\cdot 1}{2^n} = \sqrt{\pi}\, \frac{(2n)!}{2^{2n}\, n!}.$$

c) Für die in Beispiel 19.16d aufgeworfene Frage nach dem Trägheitsmoment der Halbkugel $H_r = \{(x,y,z) \mid x^2+y^2+z^2 < r^2,\ z > 0\}$ um die z-Achse ergibt sich nunmehr als Antwort (Massendichte 1)

$$T_z = \int_{H_r} (x^2+y^2)\, d\sigma(x,y,z)$$

$$= \int_{z=0}^{r} \Big(\int_{x^2+y^2<r^2-z^2} (x^2+y^2)\, d\sigma(x,y) \Big)\, dz$$

$$= \int_{z=0}^{r} \Big(\int_{\varphi=0}^{2\pi} \Big(\int_{t=0}^{\sqrt{r^2-z^2}} t^3\, dt \Big)\, d\varphi \Big)\, dz$$

$$= \frac{\pi}{2} \int_0^{r} (r^2-z^2)^2\, dz = \frac{4}{15}\, \pi r^5.$$

d) Nach Beispiel 15.15b gilt bei dem Übergang von Kugelkoordinaten (r,φ,θ) zu (x,y,z) für die Funktionaldeterminante $J(r,\varphi,\theta) = r^2\cos\theta$.
Als Anwendung soll das Trägheitsmoment einer Kugelschale

$$S_{r_1 r_2} = \{(x,y,z) \mid r_1 < x^2+y^2+z^2 < r_2\} =$$
$$= \{(r,\varphi,\theta) \mid r_1 < r < r_2,\ 0 \leqq \varphi < 2\pi,\ -\tfrac{\pi}{2} \leqq \theta \leqq \tfrac{\pi}{2}\}$$

um eine Achse berechnet werden (Beispiel 19.16d). Aus Symmetriegründen kommt es dabei auf die spezielle Achse nicht an:

$$T_x = T_y = T_z = \int\limits_{S_{r_1 r_2}} (x^2 + y^2)\, d\sigma\,(x, y, z)$$

$$= \int\limits_{\theta=-\pi/2}^{\pi/2} \Big(\int\limits_{\varphi=0}^{2\pi} \Big(\int\limits_{r=r_1}^{r_2} r^4 \cos^3\theta\, dr \Big)\, d\varphi \Big)\, d\theta$$

$$= \frac{2}{5}\pi\,(r_2^5 - r_1^5) \int\limits_{-\pi/2}^{\pi/2} \cos^3\theta\, d\theta$$

$$= \frac{2}{5}\pi\,(r_2^5 - r_1^5)\Big[\sin\theta - \frac{1}{3}\sin^3\theta\Big]_{-\pi/2}^{\pi/2} = \frac{8}{15}\pi\,(r_2^5 - r_1^5).$$

II. Kurvenintegrale

Im $\mathbb{R}^n$ tritt für $n > 1$ auch das Problem auf, über Kurven oder Flächen kleinerer Dimension als n zu integrieren, z. B. bei der Berechnung der Arbeit, die ein Massenpunkt bei der Bewegung in einem Kraftfeld leistet. Dabei ist die Integration über Kurven sehr einfach, der nachstehenden Definition folgen Rechenregeln und Beispiele.

19.19. Definition: Es sei G ein Gebiet im $\mathbb{R}^n$ und $\mathfrak{x} : [a, b] \to G$ eine stückweise reguläre Parameterdarstellung eines Kurvenbogens C in G.

a) Ist $\mathfrak{f}: G \to \mathbb{R}^n$ stetig, so heißt

$$\int\limits_C \mathfrak{f} \cdot d\mathfrak{x} := \int\limits_a^b \mathfrak{f}\,(\mathfrak{x}(t)) \cdot \dot{\mathfrak{x}}(t)\, dt$$

orientiertes Kurvenintegral von f über C.
Häufig verwendet man dafür die Schreibweise

$$\int\limits_C (f_1 dx_1 + \ldots + f_n dx_n) \text{ oder für } n = 2 \int\limits_C (P\,dx + Q\,dy).$$

b) Ist $\varphi : G \to \mathbb{R}$ stetig, so heißt

$$\int\limits_C \varphi\, ds := \int\limits_a^b \varphi(\mathfrak{x}(t))\, |\dot{\mathfrak{x}}(t)|\, dt$$

nichtorientiertes Kurvenintegral von φ über C.

Die Definitionen sind sinnvoll, da bei dem Übergang $t : [\alpha, \beta] \to [a, b]$ von τ zu t mit $dt/d\tau > 0$ beide Integrale den Wert auf Grund der Substitutionsregel 12.4c nicht ändern:

$$\int_a^b \varphi(\mathfrak{x}(t))\,|\dot{\mathfrak{x}}(t)|\,dt = \int_\alpha^\beta \varphi(\mathfrak{x}(t(\tau)))\,\left|\frac{d\mathfrak{x}(t(\tau))}{d\tau}\,\frac{d\tau}{dt}\right|\,\frac{dt}{d\tau}\,d\tau$$

$$= \int_\alpha^\beta \varphi(\mathfrak{x}(t(\tau)))\,\left|\frac{d\mathfrak{x}(t(\tau))}{d\tau}\right|\,d\tau.$$

Die Bezeichnungen sollen jeweils schon die Unabhängigkeit von der Parameterdarstellung andeuten, z. B. kann man formal $d\mathfrak{x} = \frac{d\mathfrak{x}}{dt}dt$ setzen. Der Hinweis auf die Orientierung von C (man vergleiche Definition 17.1 und die anschließenden Bemerkungen) soll kennzeichnen, daß das erste oben definierte Integral von der Orientierung von C abhängig ist, das zweite nicht.

19.20. Hilfssatz (Rechenregeln für Kurvenintegrale):

a) Für $a, b \in \mathbb{R}$ und Funktionen $\mathfrak{w}, \mathfrak{v}, \varphi, \psi$ gilt

$$\int_C (a\mathfrak{w} + bg)\cdot d\mathfrak{x} = a\int_C \mathfrak{w}\cdot d\mathfrak{x} + b\int_C \mathfrak{v}\cdot d\mathfrak{x},$$

$$\int_C (a\varphi + b\psi)\,ds = a\int_C \varphi\,ds + b\int_C \psi\,ds.$$

b) Bezeichnet $-C$ die entgegengesetzt zu C durchlaufene Kurve, so gilt

$$\int_{-C} \mathfrak{w}\cdot d\mathfrak{x} = -\int_C \mathfrak{w}\cdot d\mathfrak{x}, \qquad \int_{-C} \varphi\,ds = \int_C \varphi\,ds.$$

c) Stimmen der Endpunkt von C_1 und der Anfangspunkt von C_2 überein, so sei $C_1 + C_2$ die Kurve, die man erhält, wenn erst C_1 und dann C_2 durchlaufen wird. Es gilt

$$\int_{C_1+C_2} \mathfrak{w}\cdot d\mathfrak{x} = \int_{C_1} \mathfrak{w}\cdot d\mathfrak{x} + \int_{C_2} \mathfrak{w}\cdot d\mathfrak{x}, \qquad \int_{C_1+C_2} \varphi\,ds = \int_{C_1} \varphi\,ds + \int_{C_2} \varphi\,ds.$$

Stimmen der Endpunkt von C_1 und der Anfangspunkt von C_2 nicht überein, so bezeichnet man die formale Summe $C_1 + C_2$ auch als Kette und benutzt in den obigen Gleichungen die rechten Seiten als Definition für die linken.

d) $$\left|\int_C \mathfrak{w}\cdot d\mathfrak{x}\right| \leqq \int_C |\mathfrak{w}|\,ds, \qquad \left|\int_C \varphi\,ds\right| \leqq \int_C |\varphi|\,ds.$$

Beweis: a) ergibt sich sofort aus der Definition und Hilfssatz 12.13a.

b) Ist C durch $\mathfrak{x} : [a, b] \to G$ gegeben, so erhält man $-C$ durch $\tilde{\mathfrak{x}} : [-b, -a] \to G$ mit $\tilde{\mathfrak{x}}(\tau) = \mathfrak{x}(-\tau)$, also durch die Transformation $t = -\tau$ aus $\mathfrak{x}$:

$$\int_C \mathfrak{v} \cdot d\mathfrak{x} = \int_a^b \mathfrak{v}(\mathfrak{x}(t)) \cdot \frac{d\mathfrak{x}(t)}{dt}\, dt = \int_{-a}^{-b} \mathfrak{v}(\mathfrak{x}(-\tau)) \cdot \frac{d\mathfrak{x}(-\tau)}{d\tau}(-1)^2 d\tau$$

$$= -\int_{-b}^{-a} \mathfrak{v}(\tilde{\mathfrak{x}}(\tau)) \cdot \frac{d\tilde{\mathfrak{x}}(\tau)}{d\tau}\, d\tau = -\int_{-C} \mathfrak{v} \cdot d\mathfrak{x}.$$

Beim nichtorientierten Kurvenintegral steht wegen des Faktors $|\dot{\mathfrak{x}}|$ anstelle von $\dot{\mathfrak{x}}$ ein Minuszeichen weniger da, also wiederum die Behauptung.

c) Direkte Folgerung aus Hilfssatz 12.15

d) $$\left|\int_C \mathfrak{v} \cdot d\mathfrak{x}\right| \leqq \int_a^b |(\mathfrak{v} \circ \mathfrak{x}) \cdot \dot{\mathfrak{x}}|\, dt \leqq \int_a^b |\mathfrak{v} \circ \mathfrak{x}|\,|\dot{\mathfrak{x}}|\, dt = \int_C |\mathfrak{v}|\, ds,$$

für das nichtorientierte Kurvenintegral ist die Aussage direkt aus Hilfssatz 12.14c abzulesen.

19.21. Beispiele:

a) Wird ein Massenpunkt der Masse m längs einer Kurve C in einem Kraftfeld $\mathfrak{k}$ bewegt, so ist die geleistete Arbeit gleich

$$\int_C \mathfrak{k} \cdot d\mathfrak{x} = \int_C \mathfrak{k} \cdot \mathfrak{t}\, ds,$$

da mit dem Tangenteneinheitsvektor $\mathfrak{t}$ das Skalarprodukt $\mathfrak{k} \cdot \mathfrak{t}$ die Komponente von $\mathfrak{k}$ bestimmt, die längs C Arbeit leistet.

b) In einer Strömung mit dem Geschwindigkeitsfeld $\mathfrak{v}$ wird

$$\int_C \mathfrak{v} \cdot d\mathfrak{x} = \int_C \mathfrak{v} \cdot \mathfrak{t}\, ds$$

als Zirkulation von $\mathfrak{v}$ längs C bezeichnet, wenn C geschlossen ist, d. h. Anfangs- und Endpunkt übereinstimmen. Demgegenüber ist in der Ebene mit der nach außen orientierten Normalen $\mathfrak{n}$

$$\int_C \mathfrak{v} \cdot \mathfrak{n}\, ds$$

die Flüssigkeitsmenge, die in der Zeiteinheit durch C hinausströmt: der Fluß durch C. Ist dieser Ausdruck nicht Null, so müssen in dem von C berandeten Gebiet Quellen oder Senken der Strömung vorhanden sein.

c) Kann man ein ebenes Gebiet G in der Form

$$G = \{(x, y) \mid a < x < b,\ \ g(x) < y < h(x)\}$$

mit stetigen Funktionen $g, h : [a, b] \to \mathbb{R}$ beschreiben, so heißt G *schlicht über der x-Achse*. Ist C_g die Kurve, die durch $\varphi : [a, b] \to \mathbb{R}^2$ mit $\varphi(x) = (x, g(x))$ beschrieben wird, so ist $\partial G = C_g + C_b - C_h - C_a$, wobei C_a und C_b eventuell auftretende Strecken auf $x = a$ bzw. $x = b$ sind, die in Richtung wachsender y

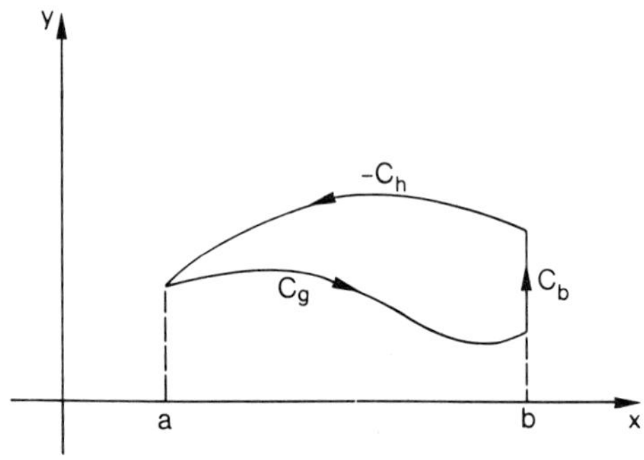

Abb. 19.8

orientiert sind (Abb. 19.8). Die angegebene Orientierung von ∂G wird als positive Orientierung von ∂G bezeichnet, es bleibt das Gebiet zur Linken. Für den Inhalt von G erhält man

$$V(G) = \int_a^b (h - g)\, dx = - \int_{\partial G} y\, dx,$$

denn

$$- \int_{\partial G} y\, dx = - \int_{C_g} y\, dx - \int_{C_b} y\, dx + \int_{C_h} y\, dx + \int_{C_a} y\, dx = - \int_a^b g\, dx + \int_a^b h\, dx.$$

Setzt man überdies g und h stetig differenzierbar voraus, so folgt mit partieller Integration

$$V(G) = [x(h(x) - g(x))]_a^b - \int_a^b x(h' - g')\, dx$$

$$= \int_{C_b} x\, dy - \int_{C_a} x\, dy + \int_{C_g} x\, dy - \int_{C_h} x\, dy = \int_{\partial G} x\, dy.$$

Durch arithmetische Mittelbildung ergibt sich

$$V(G) = \frac{1}{2} \int_{\partial G} (-y\, dx + x\, dy) = \frac{1}{2} \int_{\partial G} (-y, x) \cdot d\varphi.$$

Dieser Inhalt ist als Kurvenintegral orientiert, ändert man den Durchlaufungssinn von ∂G, so hat man die Orientierung von G zu ändern und erhält für ein negativ orientiertes Gebiet auch einen negativen Inhalt. Ist G schlicht über der y-Achse, so kommen dieselben Formeln heraus. Läßt sich G in endlich viele Teilgebiete zerlegen, die schlicht über der x- oder y-Achse sind, so gelten die Formeln auch, da sich die Integrale über die Zerlegungskurven von G herausheben, sie werden zweimal, aber in entgegengesetzter Richtung durchlaufen (Abb. 19.9).

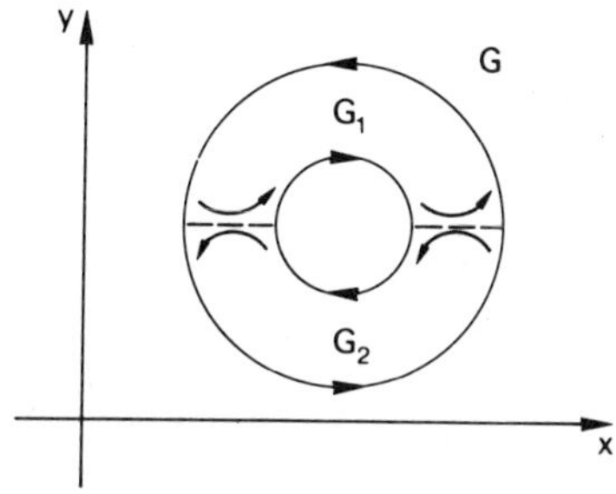

Abb. 19.9

Wir fassen zusammen:

19.22. Hilfssatz: Ist ein ebenes Gebiet G in endlich viele Teilgebiete zerlegbar, die schlicht über der x- oder der y-Achse sind und die stückweise reguläre Randkurven haben, so gilt für den Inhalt von G

$$V(G) = -\int_{\partial G} y\,dx = \int_{\partial G} x\,dy = \frac{1}{2}\int_{\partial G} (y, -x)\cdot d\mathfrak{x}\,.$$

d) Als letztes Beispiel soll die wichtige Frage besprochen werden, wann ein Vektorfeld Gradient einer Funktion ist.

19.23. Definition: Es sei G ein Gebiet im $\mathbb{R}^n$ und $\mathfrak{v}: G \to \mathbb{R}^n$ ein stetiges Vektorfeld. $\mathfrak{v}$ heißt *Potentialfeld*, wenn eine stetig differenzierbare Funktion $f: G \to \mathbb{R}$ existiert, so daß $\mathfrak{v} = \operatorname{grad} f$. f heißt *Potential* von $\mathfrak{v}$.

Z. B. bei Kraft-, Strömungs- oder elektrischen Feldern ist die Existenz eines Potentials sehr angenehm, da sie die Zahl der zu untersuchenden Funktionen von n auf 1 reduziert. Im dritten Band wird dies noch näher untersucht. Die wesentliche Frage, wann ein Vektorfeld ein Potential besitzt, kann erst im nächsten Paragraphen ganz geklärt werden, dazu ist jedoch der folgende vorbereitende Hilfssatz notwendig:

19.24. Hilfssatz: Es sei $\mathfrak{v}: G \to \mathbb{R}^n$ ein stetiges Vektorfeld, $C(\mathfrak{x}_0, \mathfrak{x})$ eine von $\mathfrak{x}_0 \in G$ nach $\mathfrak{x} \in G$ innerhalb von G verlaufende, stückweise reguläre Kurve. Dann besitzt $\mathfrak{v}$ genau dann ein Potential, wenn

$$\int_{C(\mathfrak{x}_0,\mathfrak{x}_1)} \mathfrak{v}\cdot d\mathfrak{x}$$

für einen Punkt $\mathfrak{x}_0 \in G$ und alle $\mathfrak{x}_1 \in G$ nicht von der speziellen Kurve

$C(\mathfrak{x}_0, \mathfrak{x}_1)$ von $\mathfrak{x}_0$ nach $\mathfrak{x}_1$, sondern nur von $\mathfrak{x}_0$ und $\mathfrak{x}_1$ abhängt. Das Potential ist dann bis auf eine beliebige Konstante gegeben durch

$$f(\mathfrak{y}) = \int_{\mathfrak{x}_0}^{\mathfrak{y}} \mathfrak{v} \cdot d\mathfrak{x}.$$

Beweis: Ist $\mathfrak{v} = \operatorname{grad} f$, so gilt für eine beliebige Kurve $C(\mathfrak{x}_0, \mathfrak{y})$ von $\mathfrak{x}_0$ nach $\mathfrak{y}$ in G nach der Kettenregel 15.9b

$$\int_{C(\mathfrak{x}_0, \mathfrak{y})} \mathfrak{v} \cdot d\mathfrak{x} = \int_a^b (\operatorname{grad} f) \cdot \dot{\mathfrak{x}}\, dt = \int_a^b \frac{df}{dt}\, dt = f(\mathfrak{y}) - f(\mathfrak{x}_0),$$

also ist das Integral vom Weg unabhängig. Ist letzteres gegeben, so setze man

$$f(\mathfrak{y}) := \int_{\mathfrak{x}_0}^{\mathfrak{y}} \mathfrak{v} \cdot d\mathfrak{x}.$$

Es folgt für einen entsprechenden Weg von $\mathfrak{y}$ nach $\mathfrak{y} + \mathfrak{h}$

$$f(\mathfrak{y} + \mathfrak{h}) = f(\mathfrak{y}) + \int_{\mathfrak{y}}^{\mathfrak{y}+\mathfrak{h}} \mathfrak{v} \cdot d\mathfrak{x}$$

$$= f(\mathfrak{y}) + \int_t^{t+h} \mathfrak{v}(\mathfrak{x}(t)) \cdot \dot{\mathfrak{x}}(t)\, dt$$

$$= f(\mathfrak{y}) + \mathfrak{v}(\mathfrak{x}(\xi)) \cdot \dot{\mathfrak{x}}(\xi)\, h$$

nach dem Mittelwertsatz der Integralrechnung für ein ξ zwischen t und $t + h$. Weiter ist wegen der Stetigkeit von $\mathfrak{v}$ und $\dot{\mathfrak{x}}$

$$\mathfrak{v}(\mathfrak{x}(\xi)) \cdot \dot{\mathfrak{x}}(\xi)\, h = \mathfrak{v}(\mathfrak{x}(t)) \cdot \dot{\mathfrak{x}}(t)\, h + o(h)$$

für $h \to 0$, und wegen $\mathfrak{h} = \mathfrak{x}(t+h) - \mathfrak{x}(t) = \dot{\mathfrak{x}}(t)\, h + o(h)$ erhält man wie gewünscht

$$f(\mathfrak{y} + \mathfrak{h}) = f(\mathfrak{y}) + \mathfrak{v}(\mathfrak{y}) \cdot \mathfrak{h} + o(|\mathfrak{h}|)$$

für $\mathfrak{h} \to \mathfrak{o}$, also $\mathfrak{v}(\mathfrak{y}) = \operatorname{grad} f(\mathfrak{y})$.

III. Oberflächenintegrale

Von den weiteren Möglichkeiten, im $\mathbb{R}^n$ über Gebilde mit einer Dimension kleiner als n zu integrieren, betrachten wir noch die Integration über zweidimensionale Flächen im $\mathbb{R}^3$. Diese wird z. B. erforderlich, wenn man den Fluß einer räumlichen Strömung durch eine Fläche oder den Schwerpunkt einer flächenhaft verteilten Masse berechnen will. Darunter fällt auch die Bestimmung der Oberfläche eines Flächenstückes. Man könnte vermuten, daß man den Inhalt eines Flächenstückes ähnlich wie bei der Bogenlänge als obere Grenze des Flächeninhaltes aller einbeschriebenen Polyederflächen definieren kann. Das ist jedoch nicht der Fall, da man z. B. in einen Kreiszylinder Polyederflächen beliebig großen Flächeninhaltes einbeschreiben kann. Daher definiert man auf die nachstehende Art und Weise ein Oberflächenintegral, das sich als nützlich erwiesen hat. Wir wollen die Definition noch ein wenig plausibel machen: Das Flächenstück F sei gemäß Definition 17.12 durch eine reguläre Parameterdarstellung $\mathfrak{x} : G \to \mathbb{R}^3$ mit einem Gebiet $G \subseteq \mathbb{R}^2$ gegeben, als Koordinaten in G werden u und v verwendet. Betrachtet man (Abb. 19.10) ein kleines Viereck auf F, das von den Parameterlinien $u = u_0$, $u = u_0 + \Delta u$, $v = v_0$, $v = v_0 + \Delta v$

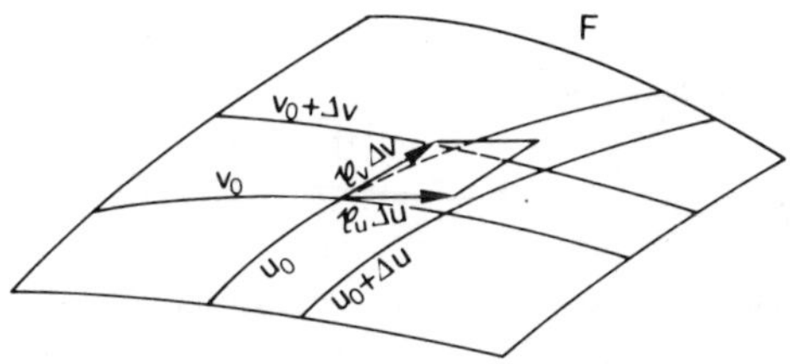

Abb. 19.10

gebildet wird, so kann man seinen Inhalt näherungsweise durch den Inhalt des von $\mathfrak{x}_u(u_0, v_0)\Delta u$ und $\mathfrak{x}_v(u_0, v_0)\Delta v$ aufgespannten Parallelogramms ersetzen, letzterer ist $|\mathfrak{x}_u(u_0, v_0) \times \mathfrak{x}_v(u_0, v_0)|\,\Delta u\,\Delta v$. Die Summe aller dieser schuppenförmig auf F liegenden Parallelogramme, gegebenenfalls noch mit den Werten einer Funktion f in (u_0, v_0) multipliziert, ist als Näherung für das gesuchte Integral aufzufassen und liefert die nachstehende

19.25. Definition: Es sei G ein Gebiet des $\mathbb{R}^2$ und $\mathfrak{x} : G \to \mathbb{R}^3$ eine reguläre Parameterdarstellung eines Flächenstückes F.

a) Ist $\mathfrak{w} : F \to \mathbb{R}^3$ ein Vektorfeld, so daß $\mathfrak{w} \circ \mathfrak{x}$ stetig in G ist (was von der Parameterdarstellung unabhängig ist), so heißt

$$\int_F \mathfrak{w} \cdot d\sigma(\mathfrak{x}) := \int_G \mathfrak{w} \cdot (\mathfrak{x}_u \times \mathfrak{x}_v)\, d\sigma(u, v)$$

orientiertes Oberflächenintegral von f über F. Ähnlich setzt man

$$\int_F \mathfrak{w} \times d\sigma(\mathfrak{x}) := \int_G \mathfrak{w} \times (\mathfrak{x}_u \times \mathfrak{x}_v)\, d\sigma(u, v),$$

wobei das Integral komponentenweise zu bilden ist.

b) Ist $\varphi : F \to \mathbb{R}$ eine Funktion, so daß $\varphi \circ \mathfrak{x}$ in G stetig ist, so heißt

$$\int_F \varphi\, do(\mathfrak{x}) := \int_G (\varphi \circ \mathfrak{x})\, |\mathfrak{x}_u \times \mathfrak{x}_v|\, d\sigma(u, v)$$

(*nichtorientiertes*) *Oberflächenintegral* von φ über F.

Die Definitionen sind sinnvoll, da sie nicht von der Parameterdarstellung abhängen. Führt man nämlich gemäß Definition 17.12 eine zulässige Parametertransformation $\mathfrak{u} = \mathfrak{u}(\tilde{\mathfrak{u}})$ durch, so gilt, wie dort gezeigt wurde,

$$\mathfrak{x}_u \times \mathfrak{x}_v = (\mathfrak{x}_{\tilde{u}} \times \mathfrak{x}_{\tilde{v}}) \det \mathfrak{u}_{\tilde{\mathfrak{u}}} .$$

Wegen $\det \tilde{\mathfrak{u}}_{\mathfrak{u}} > 0$ folgt nach Satz 19.17

$$\int_G \varphi(\mathfrak{x}(\mathfrak{u}))\,|\mathfrak{x}_u \times \mathfrak{x}_v|\, d\sigma(\mathfrak{u}) = \int_{\tilde{G}} \varphi(\mathfrak{x}(\mathfrak{u}(\tilde{\mathfrak{u}})))\,|\mathfrak{x}_{\tilde{u}} \times \mathfrak{x}_{\tilde{v}}|(\det \tilde{\mathfrak{u}}_{\mathfrak{u}})(\det \mathfrak{u}_{\tilde{\mathfrak{u}}})\, d\sigma(\tilde{\mathfrak{u}})$$

$$= \int_{\tilde{G}} (\varphi \circ \mathfrak{x})\,|\mathfrak{x}_{\tilde{u}} \times \mathfrak{x}_{\tilde{v}}|\, d\sigma(\tilde{\mathfrak{u}}),$$

das ist aber der entsprechende Ausdruck mit $\tilde{\mathfrak{u}}$ anstelle von $\mathfrak{u}$. Für das orientierte Flächenintegral folgt dies ebenso. Der Hinweis auf die Orientierung von F in den Bezeichnungen soll andeuten, daß das orientierte Flächenintegral von der Orientierung von F, die man als übereinstimmend mit der Orientierung von G definiert, abhängt, das andere Integral jedoch nicht. Bei zulässigen Parametertransformationen wird die Orientierung nicht geändert, vertauscht man aber z. B. die Reihenfolge von u und v, also $\tilde{u} = v$, $\tilde{v} = u$, so wird die zugehörige Funktionaldeterminante negativ und die Orientierung wechselt. Dem entspricht das entgegengesetzte Vorzeichen bei der Flächennormalen $\mathfrak{N} = \dfrac{\mathfrak{x}_u \times \mathfrak{x}_v}{|\mathfrak{x}_u \times \mathfrak{x}_v|} = -\tilde{\mathfrak{N}}$.

19.26. Hilfssatz (Rechenregeln für Oberflächenintegrale):

a) Für $a, b \in \mathbb{R}$ und Funktionen φ, ψ sowie vektorwertige $\mathfrak{v}, \mathfrak{w}$ gilt

$$\int_F (a\mathfrak{v} + b\mathfrak{w}) \cdot d\sigma(\mathfrak{x}) = a \int_F \mathfrak{v} \cdot d\sigma(\mathfrak{x}) + b \int_F \mathfrak{w} \cdot d\sigma(\mathfrak{x})$$

$$\int_F (a\varphi + b\psi)\, do(\mathfrak{x}) = a \int_F \varphi\, do(\mathfrak{x}) + b \int_G \psi\, do(\mathfrak{x})$$

b) Bezeichnet $-F$ die entgegengesetzt zu F orientierte Fläche, so gilt

$$\int_{-F} \mathfrak{v} \cdot d\sigma(\mathfrak{x}) = -\int_F \mathfrak{v} \cdot d\sigma(\mathfrak{x}), \qquad \int_{-F} \varphi\, do(\mathfrak{x}) = \int_F \varphi\, do(\mathfrak{x}).$$

c) Zerlegt man ein Flächenstück F durch eine Kurve C in zwei Flächenstücke F_1 und F_2, so setzt man $F = F_1 + F_2$ und es gilt

$$\int_{F_1+F_2} \mathfrak{v} \cdot d\sigma(\mathfrak{x}) = \int_{F_1} \mathfrak{v} \cdot d\sigma(\mathfrak{x}) + \int_{F_2} \mathfrak{v} \cdot d\sigma(\mathfrak{x})$$

$$\int_{F_1+F_2} \varphi\, do(\mathfrak{x}) = \int_{F_1} \varphi\, do(\mathfrak{x}) + \int_{F_2} \varphi\, do(\mathfrak{x}).$$

Für beliebige Flächenstücke F_1 und F_2 betrachtet man $F_1 + F_2$ als formale Summe von F_1 und F_2 und definiert die Integrale auf der linken Seite durch die rechten Seiten.

d) $\left| \int\limits_F \mathfrak{w} \cdot d\sigma(\mathfrak{x}) \right| \leqq \int\limits_F |\mathfrak{w}| \, do(\mathfrak{x}), \qquad \left| \int\limits_F \varphi \, do(\mathfrak{x}) \right| \leqq \int\limits_F |\varphi| \, do(\mathfrak{x}).$

Der Beweis ist völlig analog zu dem von Hilfssatz 19.20 für Kurvenintegrale und wird weggelassen.

19.27. Beispiele:

a) Der Fluß eines Vektorfeldes $\mathfrak{w}$ durch ein Flächenstück F (z. B. den Rand ∂G eines Gebietes im $\mathbb{R}^3$) ist

$$\int\limits_F \mathfrak{w} \cdot d\sigma(\mathfrak{x}).$$

Bei Geschwindigkeitsfeldern einer Strömung stellt der Fluß die in der Zeiteinheit durch F strömende Flüssigkeitsmenge dar. Auch bei Kraftfeldern ist der Fluß von Interesse.

b) Die nichtorientierten Integrale geben durch

$$I(F) = \int\limits_F do(\mathfrak{x})$$

den Flächeninhalt des Flächenstückes F.
Für die Kugel vom Radius r erhält man gemäß Beispiel 17.13a

$$I = \int\limits_{\varphi=0}^{2\pi} \Big(\int\limits_{\theta=-\pi/2}^{\pi/2} r^2 \cos\theta \, d\theta \Big) \, d\varphi = 4\pi r^2.$$

Dabei hat man $|\mathfrak{x}_u \times \mathfrak{x}_v| = \sqrt{EG - F^2}$ nach Hilfssatz 17.15c zu berücksichtigen, also nach Beispiel 17.16b im vorliegenden Fall $do(\mathfrak{x}) = r^2 \cos\theta \, d\sigma(\varphi, \theta)$.

c) Für einen Kreiszylinder der Höhe h und des Radius r erhält man nach Beispiel 17.16c

$$I = \int\limits_{\varphi=0}^{2\pi} \Big(\int\limits_{z=0}^{h} r \, dz \Big) \, d\varphi = 2\pi r h.$$

d) Für Flächen in expliziter Form $z = f(x, y)$ ergibt sich nach Beispiel 17.16e

$$do(\mathfrak{x}) = \sqrt{1 + f_x^2 + f_y^2} \, d\sigma(x, y).$$

Aufgaben zu Kap. 19:

1. $f: \mathbb{R}^n \to \mathbb{R}$ sei stetig und $\int_G f \, d\sigma(\varphi) = 0$ für jedes Gebiet $G \subseteq \mathbb{R}^n$. Man zeige, daß $f = 0$.

2. $f: [a, b] \to \mathbb{R}$ sei stetig und positiv, dann gilt
$$\int_a^b \Big(\int_a^{x_1} \Big(\ldots \Big(\int_a^{x_{n-1}} f(x_1) f(x_2) \ldots f(x_n) \, dx_n \Big) \ldots \Big) dx_2 \Big) dx_1 = \frac{1}{n!} \Big(\int_a^b f \, dx \Big)^n.$$

3. Man berechne die Masse des Körpers, der begrenzt wird vom Rotationsparaboloid $az = x^2 + y^2$, dem Zylinder $(x^2 + y^2)^2 = 2a^2 xy$ und der Ebene $z = 0$. Die Dichte ρ sei gegeben durch $\rho(x, y, z) = \sigma(a - z)$ mit einer Konstanten σ.
Anleitung: Man verwende Zylinderkoordinaten.

4. Man berechne das Trägheitsmoment bezüglich der z-Achse des Körpers, der von der x-y- und der x-z-Ebene, dem Rotationsellipsoid $x^2 + y^2 + \frac{z^2}{4} = 1$ und dem Zylinder $r^2 = \frac{\varphi}{\pi}$ (in Polarkoordinaten) begrenzt wird. Die Massendichte sei 1.
Anleitung: Zylinderkoordinaten.

5. Man berechne das Volumen des Rotationskörpers, der aus dem Ellipsoid $x^2 + y^2 + \frac{z^2}{4} = 1$ durch den Kegel $x^2 + y^2 = z^2$ und die Ebene $z = 0$ ausgeschnitten wird (Abb. 19.11).

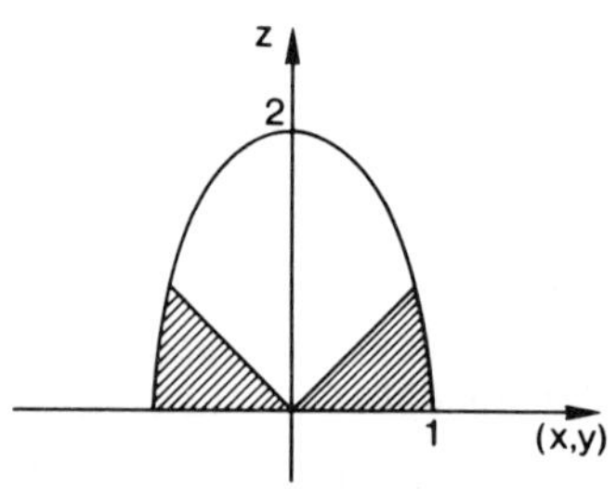

Abb. 19.11

6. Man berechne die Masse des im ersten Oktanten $\{x > 0,\ y > 0,\ z > 0\}$ liegenden Teiles der Kugel $x^2 + y^2 + z^2 = a^2$, der von dem Zylinder $(x^2 + y^2)^3 = 4a^2 x^2 y^2$ ausgeschnitten wird. Die Dichte sei $\rho(x, y, z) = \sigma z$ mit einer Konstanten σ.

7. Man berechne das Kurvenintegral
$$\int_C \Big(-\frac{y}{x^2 + y^2} \, dx + \frac{x}{x^2 + y^2} \, dy \Big)$$
über den Einheitskreis $C: x^2 + y^2 = 1$.

8. Man berechne das Kurvenintegral

$$\int_{ABC} (xe^{y^2-x^2}\,dx - ye^x\,dy)$$

längs des in Abb. 19.12 angegebenen Weges ABC; A: (1, 0); B: $(2, \sqrt{3})$, C: (0, 0).

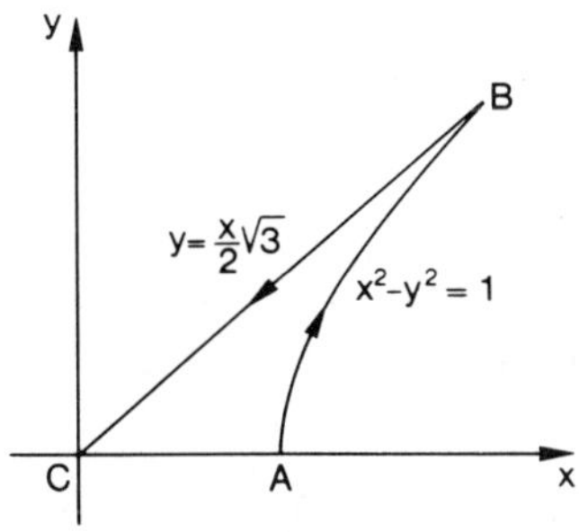

Abb. 19.12

9. Man berechne das Kurvenintegral

$$\int_C [-(xy + y)\,dx + (2xy - y)\,dy]$$

von $\mathfrak{x}_0 = (0, 0)$ nach $\mathfrak{x}_1 = (2a, a)$ längs der Parabel $x^2 = 4ay$ und längs der Geraden $x = 2y$.

10. Die Inhaltsformel für den Flächeninhalt

$$V(G) = \frac{1}{2} \int_{\partial G} (x\,dy - y\,dx)$$

transformiere man auf Polarkoordinaten, d. h. man nehme ∂G in der Form $r = r(\varphi)$ als gegeben an. Dann berechne man den Flächeninhalt der Ellipse.

11. Durch $x = (a + u \cos w) \cos v$
$y = (a + u \cos w) \sin v$
$z = u \sin w$
$(a \geqq 0)$ werden im $\mathbb{R}^3$ neue Koordinaten eingeführt, die man Toruskoordinaten nennt. Man berechne die Transformationsformel des Integrals $\int f\,d\sigma(\mathfrak{x})$ auf die neuen Koordinaten und bestimme das Volumen eines Torus.

12. Man berechne das räumliche Kurvenintegral

$$\int_C (y\,dx - (x - y)\,dy + x\,dz)$$

von $\mathfrak{x}_0 = (0, 0, 0)$ nach $\mathfrak{x}_1 = (1, 1, 1)$ a) geradlinig, b) längs des in (0, 1, 0) und (0, 1, 1) zweimal gebrochenen Polygonzuges, c) längs des in (0, 1, 1) einmal gebrochenen Polygonzuges.

13. Das Stück der Schraubenfläche $\varphi : Q \to \mathbb{R}^3$ gemäß Beispiel 17.16d mit $Q = \{(r, \varphi) \mid 0 \leqq r \leqq R, \quad 0 \leqq \varphi \leqq \alpha\}$ sei mit der Massendichte 1 mit Masse belegt. Man berechne die Koordinaten des Schwerpunktes.

14. Man bestimme den Flächeninhalt desjenigen Stückes des Zylinders $x^2 + y^2 = a^2$, das durch die Ebenen $z = 0$, $z = x$ und $2z = x + a$ ausgeschnitten wird.

15. Man berechne den Flächeninhalt des Restes einer Halbkugel, aus der man die zwei innerhalb der schraffiert gezeichneten Zylinder liegenden Stücke herausgeschnitten hat (Abb. 19.13).

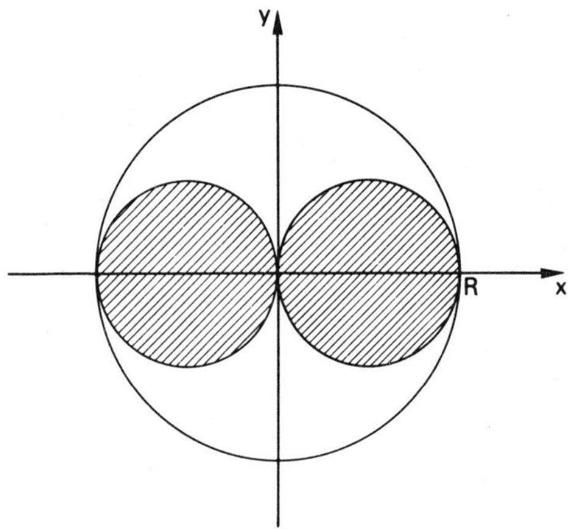

Abb. 19.13

16. Man beweise die Guldinsche Regel: Die Oberfläche eines Rotationskörpers ist gleich dem Produkt aus der Länge der rotierenden Kurve und $2\pi\eta$, wobei η die y-Koordinate des Schwerpunktes der Kurve ist. Das Volumen ist gleich dem Produkt aus dem Flächeninhalt des rotierenden Gebietes G und $2\pi\tilde{\eta}$, wenn $\tilde{\eta}$ die y-Koordinate des Schwerpunktes dieses Flächenstückes ist (Kurve bzw. Fläche sind mit Masse der Dichte 1 belegt zu denken).

Kap. 13:

1. a) $I = \int_z^y \left(1 - \frac{8x^3+16x+8}{x(x^2+4)^2}\right) dx = \int_z^y \left(1 - \frac{1}{2x} + \frac{2x+16}{(x^2+4)^2} + \frac{1}{2}\,\frac{x-16}{x^2+4}\right) dx$

$$= \left(x - \frac{1}{2}\ln|x| - \frac{1}{x^2+4} + \frac{1}{4}\ln(x^2+4)\right)\Big|_z^y + 8\int_z^y \left(\frac{2}{(x^2+4)^2} - \frac{1}{x^2+4}\right) dx$$

Wegen $\int_z^y \frac{dx}{(x^2+4)^2} = \frac{1}{16}\int_z^y \frac{dx}{((x/2)^2+1)^2} = \frac{1}{8}\int_{z/2}^{y/2} \frac{dt}{(t^2+1)^2}$

$$= \frac{1}{16}\left(\text{Arc tan } t + \frac{t}{t^2+1}\right)\Big|_{z/2}^{y/2}$$

mit $x/2 = t$ und der Rekursionsformel des Abschnittes I sowie

$$\int_z^y \frac{dx}{x^2+4} = \frac{1}{2}\int_{z/2}^{y/2} \frac{dt}{t^2+1} = \frac{1}{2}\text{ Arc tan } t\,\Big|_{z/2}^{y/2}$$

ist

$$I = \left(x - \frac{1}{2}\ln|x| + \frac{2x-1}{x^2+4} + \frac{1}{4}\ln(x^2+4) - 3\text{ Arc tan }\frac{x}{2}\right)\Big|_z^y$$

b) $I = \int_z^y \left(2 + \frac{4x^3-2x^2+1}{x^2(x-1)^2}\right) dx = \int_z^y \left(2 + \frac{1}{x^2} + \frac{2}{x} + \frac{3}{(x-1)^2} + \frac{2}{x-1}\right) dx$

$$= \left(2x - \frac{1}{x} + 2\ln|x| - \frac{3}{x-1} + 2\ln|x-1|\right)\Big|_z^y$$

c) $x^2 - 2x + 2$ hat komplexe Nullstellen, daher

$$I = \int_z^y \left(\frac{1}{x-1} - \frac{x-2}{x^2-2x+2}\right) dx = \left(\ln|x-1| - \frac{1}{2}\ln(x^2-2x+2)\right)\Big|_z^y + \int_z^y \frac{dx}{(x-1)^2+1}$$

$$= \left(\ln|x-1| - \frac{1}{2}\ln(x^2-2x+2) + \text{Arc tan}(x-1)\right)\Big|_z^y$$

2. a) Man kann $b \neq 0$ und daher $b = 1$ annehmen. Mit $t = \tan(x/2)$ ist dann für $|a| > 1$

$$I = 2\int_{z'}^{y'} \frac{dt}{(a+1)+(a-1)t^2} = \frac{2}{a+1}\int_{z'}^{y'} \frac{dt}{1+\frac{a-1}{a+1}t^2}$$

$$= \frac{2}{\sqrt{a^2-1}}\text{ Arc tan}\sqrt{\frac{a-1}{a+1}}\,t\,\Big|_{z'}^{y'} = \frac{2}{\sqrt{a^2-1}}\text{ Arc tan}\left(\sqrt{\frac{a-1}{a+1}}\tan\frac{x}{2}\right)\Big|_z^y.$$

Für $a = 1$ ist $I = \tan\frac{x}{2}\Big|_z^y$, für $a = -1$ $\quad I = \cot\frac{x}{2}\Big|_z^y$ und für $|a| < 1$ mit $\cos\alpha = a$, $\alpha \in]0, \pi[$,

$$I = \frac{2}{a+1}\int_{z'}^{y'}\frac{dt}{1 - \frac{1-a}{1+a}t^2} = \frac{1}{1+\cos\alpha}\int_{z'}^{y'}\left(\frac{1}{1 - t\tan\frac{\alpha}{2}} + \frac{1}{1 + t\tan\frac{\alpha}{2}}\right)dt$$

$$= \frac{1}{\sin\alpha}\ln\left|\frac{1 + t\tan(\alpha/2)}{1 - t\tan(\alpha/2)}\right|\Big|_{z'}^{y'} = \frac{1}{\sin\alpha}\ln\left|\frac{\cos\frac{x-\alpha}{2}}{\cos\frac{x+\alpha}{2}}\right|\Big|_z^y .$$

b) $$I = \int_{z'}^{y'}\frac{2\,dt}{3(1-t^2) + 2t + (t^2+1)} = \frac{1}{3}\int_{z'}^{y'}\left(\frac{1}{t+1} - \frac{1}{t-2}\right)dt$$

$$= \frac{1}{3}\ln\left|\frac{t+1}{t-2}\right|\Big|_{z'}^{y'} = \frac{1}{3}\ln\left|\frac{\tan\frac{x}{2}+1}{\tan\frac{x}{2}-2}\right|\Big|_z^y$$

c) $$I = 2\int_0^{1/\sqrt{3}}\frac{1+t^3}{1-t^2}\,dt = -2\int_0^{1/\sqrt{3}}\left(t + \frac{1}{t-1}\right)dt =$$

$$= (-t^2 - 2\ln|t-1|)\Big|_0^{1/\sqrt{3}} = -\frac{1}{3} - 2\ln\left(1 - \frac{1}{\sqrt{3}}\right).$$

3. a) $\sqrt[4]{10x+1} = t$, $x = \frac{1}{10}(t^4 - 1)$ für $x \in [-\frac{1}{10}, \infty[$, $\frac{dx}{dt} = \frac{2}{5}t^3$,

$$I = 4\int_{z'}^{y'}\frac{t^4}{t^4-1}\,dt = \int_{z'}^{y'}\left(4 + \frac{1}{t-1} - \frac{1}{t+1} - \frac{2}{t^2+1}\right)dt$$

$$= \left(4t + \ln\left|\frac{t-1}{t+1}\right| - 2\,\mathrm{Arc\,tan}\,t\right)\Big|_{z'}^{y'} = \Big(4\sqrt[4]{10x+1} + \ln\left|\frac{\sqrt[4]{10x+1} - 1}{\sqrt[4]{10x+1} + 1}\right|$$

$$-2\,\mathrm{Arc\,tan}\sqrt[4]{10x+1}\Big)\Big|_z^y$$

b) $\sqrt[3]{2x+1} = t$, $x = \frac{1}{2}(t^3 - 1)$ für $x \in [-\frac{1}{2}, \infty[$, $\frac{dx}{dt} = \frac{3}{2}t^2$,

$$I = \frac{3}{4}\int_{z'}^{y'}(t^4 - 3t)\,dt = \left(\frac{3}{20}t^5 - \frac{9}{8}t^2\right)\Big|_{z'}^{y'} = \left((2x+1)^{2/3}\left(\frac{3}{10}x - \frac{39}{40}\right)\right)\Big|_z^y$$

4. a) $t = \sqrt{\frac{x-2}{x}}$ für $x \in [2, \infty[$, $t \in [0, 1[$ gibt $x = \frac{2}{1-t^2}$, $\frac{dx}{dt} = \frac{4t}{(1-t^2)^2}$

und $$I = \int_{z'}^{y'}\frac{-4t^2\,dt}{(t-1)^3(t+1)} = \int_{z'}^{y'}\left(\frac{1}{2(t+1)} - \frac{2}{(t-1)^3} - \frac{3}{(t-1)^2} - \frac{1}{2(t-1)}\right)dt$$

$$= \left(\tfrac{1}{2}\ln\left|\frac{t+1}{t-1}\right| + \frac{1}{(t-1)^2} + \frac{3}{(t-1)}\right)\Big|_{z'}^{y'} =$$

$$= \left(\ln(\sqrt{x}+\sqrt{x-2}) + \tfrac{1}{2}(x-3)\sqrt{x(x-2)} + \tfrac{x^2}{2} - 2x - \tfrac{1}{2}\ln 2\right)\Big|_z^y$$

b) $x^2 + 4x - 1 = 0$ hat die Wurzeln $x_{1,2} = -2 \pm \sqrt{5}$, mit $t = \sqrt{\dfrac{x_1 - x}{x - x_2}}$

für $x \in]x_2, x_1[$ ist $x = x_2 + \dfrac{2\sqrt{5}}{1+t^2}$, $\dfrac{dx}{dt} = -\dfrac{4\sqrt{5}\,t}{(1+t^2)^2}$ folgt

$$I = -2\int_{z'}^{y'}\left(\frac{2x_2^2 + 3x_2 + 7}{1+t^2} + \frac{8x_2\sqrt{5} + 6\sqrt{5}}{(1+t^2)^2} + \frac{40}{(1+t^2)^3}\right)dt$$

und mit den Rekursionsformeln des Abschnittes 13 I

$$I = \frac{-20t}{(1+t^2)^2}\Big|_{z'}^{y'} - 2\int_{z'}^{y'}\left(\frac{19+5\sqrt{5}}{1+t^2} - \frac{10(1+\sqrt{5})}{(1+t^2)^2}\right)dt$$

$$= \left(\frac{-20t}{(1+t^2)^2} + \frac{10(1+\sqrt{5})t}{1+t^2} - 28\,\mathrm{Arc\,tan}\,t\right)\Big|_{z'}^{y'}$$

$$= \left((-x+3)\sqrt{1-4x-x^2} - 28\,\mathrm{Arc\,tan}\sqrt{\frac{x_1-x}{x-x_2}}\right)\Big|_z^y$$

c) Mit $t = \sqrt{\dfrac{1-x}{1+x}}$, $x \in]-1, 1[$, $x = \dfrac{1-t^2}{1+t^2}$, $\dfrac{dx}{dt} = \dfrac{-4t}{(1+t^2)^2}$ folgt

$$I = -2\int_{z'}^{y'}\frac{dt}{(1+t)^2} = \frac{2}{t+1}\Big|_{z'}^{y'} = \frac{x+1-\sqrt{1-x^2}}{x}\Big|_z^y$$

5. $y'(x) = \frac{2}{x}\sqrt{y(x)}\,(y(x) - \sqrt{y(x)})$ ist vom Typ der getrennten Variablen. Es muß $y \geqq 0$ sein, $y = 0$ und $y = 1$ sind Lösungen sowie

$$\int_{y_0}^{y}\frac{ds}{2\sqrt{s}\,(s-\sqrt{s})} = \int_{x_0}^{x}\frac{dt}{t}$$

und mit Hilfe von $\sqrt{s} = r$ erhält man $y(x) = (1 - Cx)^{-2}$ mit beliebigem C. $y(1) = \frac{1}{4}$ erfüllt $y(x) = (1+x)^{-2}$.

6. a) $y'(x) = z'(x)/x - z(x)/x^2$, also $xz'(x) = z(x) + z^2(x)F(z(x))$ und

$$\ln\left|\frac{x}{x_0}\right| = \int_{z_0}^{z}\frac{ds}{s + s^2F(s)}.$$

b) Getrennte Variable $\int_{y_0}^{y} e^s ds = \int_{x_0}^{x} e^{2t}dt$ oder $y(x) = \ln(\frac{1}{2}e^{2x} + C)$,

C beliebig und $x > \frac{1}{2}\ln(-2C)$ für $C \leqq 0$.

c) Getrennte Variable: $\int_{y_0}^{y} \frac{ds}{\sqrt{s(1-s)}} = \int_{x_0}^{x} \frac{dt}{\sqrt{t(1-t)}}$ neben $y = 0$ und $y = 1$,

sonst $0 < y < 1$, $0 < x < 1$ und mit $\sqrt{s} = r$ folgt
$\operatorname{Arc\,sin} \sqrt{y} = \operatorname{Arc\,sin} \sqrt{x} + C$ oder $y(x) = (\sqrt{x} \cos C + \sqrt{1-x} \sin C)^2$

7. a) und b) lineare Differentialgleichungen 1. Ordnung, c) Bernoullische Differentialgleichung.

a) $p(x) = \frac{x}{x^2+1}$, $q(x) = \frac{1}{\sqrt{x^2+1}}$, $\int_{x_0}^{x} p\,dt = \frac{1}{2} \ln(t^2+1) \big|_{x_0}^{x}$, allgemeine

Lösung $y(x) = (C - x)(x^2+1)^{-1/2}$, durch $(1,0)$ geht $y(x) = (1-x)(x^2+1)^{-1/2}$.

b) $p(x) = \frac{1}{2} \cot x$, $q(x) = \sin^{1/2} x$ für $\sin x > 0$, $\int_{x_0}^{x} p\,dt = \frac{1}{2} \ln|\sin t| \big|_{x_0}^{x}$,

allgemeine Lösung $y(x) = \frac{C + \cos x}{\sqrt{\sin x}}$, durch $(\frac{\pi}{2}, 1)$ geht $y(x) = \frac{1 + \cos x}{\sqrt{\sin x}}$.

c) $y = \frac{1}{z}$ und $z'(x)\, x \ln x + z(x) + x^2 \ln x = 0$, $p(x) = \frac{1}{x \ln x}$, $q(x) = x$,
$\int_{x_0}^{x} p\,dt = \ln \ln t \big|_{x_0}^{x}$, allgemeine Lösung

$y(x) = \frac{4 \ln x}{4C - 2x^2 \ln x + x^2}$, durch $(e, 1)$ geht $y(x) = \frac{4 \ln x}{4 + e^2 - 2x^2 \ln x + x^2}$.

8. a) $r^2 - 3r = 0 \Rightarrow r_{1,2} = 0{,}3$, $y_h(x) = C_1 + C_2 e^{3x}$, mit $y_p(x) = Ke^x \Rightarrow K = -\frac{1}{2}$,
mit $y_p(x) = ax^3 + bx^2 + cx \Rightarrow a = b = -\frac{1}{9}$, $c = \frac{-11}{27}$, also
$y(x) = C_1 + C_2 e^{3x} - \frac{1}{2} e^x - \frac{1}{9}(x^3 + x^2 + \frac{11}{3} x)$.

b) $r^2 + r + 1 = 0 \Rightarrow r_{1,2} = -\frac{1}{2} \pm \frac{i}{2} \sqrt{3}$, $y_h(x) = e^{-x/2}(C_1 \cos \frac{x}{2}\sqrt{3} + C_2 \sin \frac{x}{2}\sqrt{3}$
mit $y_p(x) = \operatorname{Re} Ke^{2ix} \Rightarrow K = -\frac{1}{13}(3 + 2i)$ und $y_p(x) = -\frac{3}{13} \cos 2x + \frac{2}{13} \sin 2x$,
$y = y_h + y_p$.

c) $r^2 + 25 = 0 \Rightarrow r_{1,2} = \pm 5i$, $y_h(x) = C_1 \cos 5x + C_2 \sin 5x$, mit
$y_p(x) = ax + b \Rightarrow a = -13/25$, $b = 0$, mit $y_p(x) = \operatorname{Im} Kxe^{5ix} \Rightarrow K = -\frac{7}{10} i$,
also $y(x) = C_1 \cos 5x + C_2 \sin 5x - \frac{13}{25} x - \frac{7}{10} x \cos 5x$.

d) $r^2 - 2r + 5 = 0 \Rightarrow r_{1,2} = 1 \pm 2i$, $y_h(x) = e^x(C_1 \cos 2x + C_2 \sin 2x)$, mit
$y_p(x) = ax^2 + bx + c \Rightarrow a = b = -c = 1$, mit $y_p(x) = \operatorname{Re} Kxe^{(1+2i)x} \Rightarrow K = i$,
also $y(x) = e^x(C_1 \cos 2x + C_2 \sin 2x) + x^2 + x - 1 - xe^x \sin 2x$.

9. Jeweils mit $x = e^t$ ergibt sich $(x > 0)$:

a) $\ddot{y}(t) - 3\dot{y}(t) + \frac{9}{4}\,y(t) = 3e^{2t}$; $y(t) = e^{rt}$ liefert $r_{1,2} = \frac{3}{2}$, also $y_h(t) = C_1 e^{3t/2} + C_2 te^{3t/2}$; $y_p(t) = Ke^{2t}$ liefert $y_p(t) = 12e^{2t}$, also

$$y(x) = C_1 x^{3/2} + C_2 x^{3/2} \ln x + 12x^2.$$

b) $\ddot{y}(t) + \dot{y}(t) - 2y(t) = 3e^t - 1 - 2t$; $y(t) = e^{rt}$ liefert $r_1 = 1$, $r_2 = -2$, also $y(t) = C_1 e^t + C_2 e^{-2t}$; $y_{p1}(t) = Kte^t$ liefert $y_{p1}(t) = te^t$, $y_{p2}(t) = a + bt$ liefert $y_{p2}(t) = 1 + t$; also

$$y(x) = C_1 x + C_2 x^{-2} + x \ln x + 1 + \ln x.$$

c) $\ddot{y}(t) - \dot{y}(t) - 2y(t) = 6e^{2t} + 3e^{-t}$; $y(t) = e^{rt}$ liefert $r_1 = 2$, $r_2 = -1$, also $y_h(t) = C_1 e^{2t} + C_2 e^{-t}$; $y_{p1}(t) = Kte^{2t}$ liefert $y_{p1}(t) = 2te^{2t}$, $y_{p2}(t) = Kte^{-t}$ liefert $y_{p2}(t) = -te^{-t}$; also

$$y(x) = C_1 x^2 + C_2 x^{-1} + (2x^2 - x^{-1}) \ln x.$$

Kap. 14:

1. a) $f(\mathfrak{x}) = A \cdot \mathfrak{x}$, also a) $f((1,1,1)) = (4,-2,16)$, $f(\mathfrak{e}_1) = (3,1,7)$, $f(\mathfrak{e}_2) = (1,2,3)$, $f(\mathfrak{e}_3) = (0,-5,6)$;
b) $f((1,1,1)) = (1,1,1)$ (Fixpunkt!), $f(\mathfrak{e}_1) = \mathfrak{e}_2$, $f(\mathfrak{e}_2) = \mathfrak{e}_3$, $f(\mathfrak{e}_3) = \mathfrak{e}_1$.

2. a) $(a-\lambda)^2 + b^2 = 0$ hat (für $b \neq 0$) komplexe Eigenwerte $\lambda_{1/2} = a \pm ib$ zur Folge. Über $(a-\lambda)x_1 + bx_2 = 0$, $-bx_1 + (a-\lambda)x_2 = 0$ folgen die zugehörigen Eigenvektoren $\mathfrak{x}_{1,2} = (1, \pm i)$;
b) $(3-\lambda)(1-\lambda) = 0$, $\lambda_1 = 1$, $\lambda_2 = 3$, $\mathfrak{x}_1 = (1,-2)$, $\mathfrak{x}_2 = (1,0)$;
c) $(3-\lambda)(1-\lambda) + 4 = 0$, $\lambda_{1,2} = 2 \pm i\sqrt{3}$, $\mathfrak{x}_{1,2} = (1, -1 \pm i\sqrt{3})$;
d) $(3-\lambda)(1-\lambda) - 6 = 0$, $\lambda_{1,2} = 2 \pm \sqrt{7}$, $\mathfrak{x}_{1,2} = (1, -1 \pm \sqrt{7})$;
e) $(2-\lambda)(1-\lambda)^2 = 0$, $\lambda_1 = 2$, $\lambda_{2,3} = 1$, $\mathfrak{x}_1 = \mathfrak{e}_1$, $\mathfrak{x}_{2,3} = \mathfrak{e}_2$;
f) $-\lambda^3 - 2\lambda^2 + 4\lambda + 8 = 0$, $\lambda_1 = 2$, $\lambda_{2,3} = -2$, $\mathfrak{x}_1 = (1,1,\sqrt{2})$, Eigenraum zu $\lambda_2 = \lambda_3 = -2$ wird von $\mathfrak{x}_2 = (-1,1,0)$, $\mathfrak{x}_3 = (-\sqrt{2},0,1)$ aufgespannt.

3. Durch $\tilde{x} = x - 2$, $\tilde{y} = y - 1$ wird der alte Nullpunkt in den neuen verschoben, die Drehung wird durch $(\alpha = 30^\circ)$ $\tilde{x} = x'\cos\alpha - y'\sin\alpha$, $\tilde{y} = x'\sin\alpha + y'\cos\alpha$ beschrieben, zusammen ergibt sich

$$x = 2 + \frac{x'}{2}\sqrt{3} - \frac{y'}{2} \qquad\qquad x' = \frac{x}{2}\sqrt{3} + \frac{y}{2} - \sqrt{3} - \frac{1}{2}$$

oder

$$y = 1 + \frac{x'}{2} + \frac{y'}{2}\sqrt{3} \qquad\qquad y' = -\frac{x}{2} + \frac{y}{2}\sqrt{3} + 1 - \frac{1}{2}\sqrt{3}.$$

4. Es ist $g_{11} = \mathfrak{b}_1 \cdot \mathfrak{b}_1 = 2,\; g_{12} = g_{21} = \mathfrak{b}_1 \cdot \mathfrak{b}_2 = 1,\; g_{22} = \mathfrak{b}_2 \cdot \mathfrak{b}_2 = 1,$

wegen $\begin{pmatrix} 2 & 1 \\ 1 & 1 \end{pmatrix}^{-1} = \begin{pmatrix} 1 & -1 \\ -1 & 2 \end{pmatrix}$ ist $g^{11} = 1,\; g^{12} = g^{21} = -1,\; g^{22} = 2$

und $\mathfrak{b}^1 = g^{11}\mathfrak{b}_1 + g^{12}\mathfrak{b}_2 = \begin{pmatrix} 1 \\ 0 \end{pmatrix},\; \mathfrak{b}^2 = g^{21}\mathfrak{b}_1 + g^{22}\mathfrak{b}_2 = \begin{pmatrix} -1 \\ 1 \end{pmatrix}$.

5. $T(\alpha\mathfrak{x} + \beta\mathfrak{x}', \mathfrak{y}) = (\alpha x^1 + \beta x'^1)\, y^1 + 2(\alpha x^2 + \beta x'^2)\, y^2 - 2(\alpha x^1 + \beta x'^1)\, y^2 - {}$
$- 2(\alpha x^2 + \beta x'^2)\, y^1 = \alpha T(\mathfrak{x}, \mathfrak{y}) + \beta T(\mathfrak{x}', \mathfrak{y})$, entsprechend folgt die Linearität bezüglich $\mathfrak{y}$. Damit ist T ein Tensor 2. Stufe, seine Koordinaten sind mit
$\mathfrak{b}_i = (b_{i1}, b_{i2})$
$T_{ij} = T(\mathfrak{b}_i, \mathfrak{b}_j) = b_{i1}b_{j1} + 2b_{i2}b_{j2} - 2b_{i1}b_{j2} - 2b_{i2}b_{j1}$, etwa auf der kanonischen Basis $\mathfrak{b}_i = \mathfrak{e}_i = \mathfrak{b}^i$ folgt
$T_{11} = T^{11} = 1,\quad T_{12} = T^{12} = -2 = T_{21} = T^{21},\quad T_{22} = T^{22} = 2$

6. Es ist $\mathfrak{y} = f(\mathfrak{b}^j, \mathfrak{x})\,\mathfrak{b}_j = (\mathfrak{u} \cdot \mathfrak{b}^j)(\mathfrak{b} \cdot \mathfrak{x})\,\mathfrak{b}_j = \mathfrak{u}(\mathfrak{b} \cdot \mathfrak{x})$ die zugeordnete Transformation, man multipliziert $(\mathfrak{u}\,\mathfrak{b})$ formal von rechts skalar mit $\mathfrak{x}$.

7. $t'_{ij} = a_i^k a_j^l t_{kl} = a_i^k a_j^l t_{lk} = t'_{ji}$.

8. Wegen $\mathfrak{b}_i \cdot \mathfrak{b}_j = g_{ij}$ ist $g_{11} = 3,\; g_{12} = g_{21} = 2,\; g_{13} = g_{31} = 3,\; g_{22} = 2,$
$g_{23} = g_{32} = 1,\; g_{33} = 5$. Nach Satz 6.18b ist

$$\begin{pmatrix} 3 & 2 & 3 \\ 2 & 2 & 1 \\ 3 & 1 & 5 \end{pmatrix}^{-1} = \begin{pmatrix} 9 & -7 & -4 \\ -7 & 6 & 3 \\ -4 & 3 & 2 \end{pmatrix} = (g^{ij})$$

und daher $\mathfrak{b}^1 = g^{1j}\mathfrak{b}_j = \begin{pmatrix} 1 \\ 2 \\ -2 \end{pmatrix},\; \mathfrak{b}^2 = g^{2j}\mathfrak{b}_j = \begin{pmatrix} -1 \\ -1 \\ 2 \end{pmatrix},\; \mathfrak{b}^3 = g^{3j}\mathfrak{b}_j = \begin{pmatrix} 0 \\ -1 \\ 1 \end{pmatrix}$

$T^{ij} = T(\mathfrak{b}^i, \mathfrak{b}^j) = (\mathfrak{b}^i \cdot \mathfrak{e}_k)(\mathfrak{b}^k \cdot \mathfrak{b}^j) = g^{kj}(\mathfrak{b}^i \cdot \mathfrak{e}_k)$ oder

$$T^{ij} = \begin{pmatrix} 3 & -1 & -2 \\ -10 & 7 & 5 \\ 3 & -3 & -1 \end{pmatrix}$$

9. $|\mathfrak{b}_1| = \sqrt{3},\; \mathfrak{w}_1 = \frac{1}{\sqrt{3}}\,\mathfrak{b}_1 = \frac{1}{\sqrt{3}}\begin{pmatrix} 1 \\ 1 \\ 1 \end{pmatrix}$,

$$\mathfrak{w}_2 = \frac{\mathfrak{b}_2 - (\mathfrak{b}_2 \cdot \mathfrak{w}_1)\mathfrak{w}_1}{|\mathfrak{b}_2 - (\mathfrak{b}_2 \cdot \mathfrak{w}_1)\mathfrak{w}_1|} = \frac{1}{\sqrt{6}}\begin{pmatrix} -2 \\ 1 \\ 1 \end{pmatrix},$$

$$\mathfrak{w}_3 = \frac{\mathfrak{b}_3 - (\mathfrak{b}_3 \cdot \mathfrak{w}_1)\mathfrak{w}_1 - (\mathfrak{b}_3 \cdot \mathfrak{w}_2)\mathfrak{w}_2}{|\mathfrak{b}_3 - (\mathfrak{b}_3 \cdot \mathfrak{w}_1)\mathfrak{w}_1 - (\mathfrak{b}_3 \cdot \mathfrak{w}_2)\mathfrak{w}_2|} = \frac{1}{\sqrt{2}}\begin{pmatrix} 0 \\ -1 \\ 1 \end{pmatrix}.$$

Wegen $\mathfrak{n}_i = a_i^j \mathfrak{n}_j$ ist $\mathfrak{n}_i \cdot \mathfrak{n}_j = a_i^j$, also

$$(a_i^j) = \begin{pmatrix} \frac{1}{\sqrt{3}} & \frac{1}{\sqrt{3}} & \frac{1}{\sqrt{3}} \\ \frac{-2}{\sqrt{6}} & \frac{1}{\sqrt{6}} & \frac{1}{\sqrt{6}} \\ 0 & \frac{-1}{\sqrt{2}} & \frac{1}{\sqrt{2}} \end{pmatrix},$$

$(a_i^j)^T = (a_i^j)^{-1}$ ist leicht nachprüfbar.

10. a) $A = \begin{pmatrix} 16 & 12 \\ 12 & 9 \end{pmatrix}$, $\mathfrak{b} = \begin{pmatrix} 11 \\ 2 \end{pmatrix}$, $c = -16$,

$\det A = 0$, $\det I = -625$, Parabel, kein Mittelpunkt;

b) $A = \begin{pmatrix} 1 & \sqrt{2} \\ \sqrt{2} & 0 \end{pmatrix}$, $\mathfrak{b} = \begin{pmatrix} -2\sqrt{2} \\ -\sqrt{2} \end{pmatrix}$, $c = 4\sqrt{2}$,

$\det A = -2$, $\det I = -2$, Hyperbel, Mittelpunkt

$$\mathfrak{x}_0 = -A^{-1} \cdot \mathfrak{b} = -\begin{pmatrix} 0 & \frac{1}{2}\sqrt{2} \\ \frac{1}{2}\sqrt{2} & -\frac{1}{2} \end{pmatrix} \cdot \begin{pmatrix} -2\sqrt{2} \\ -\sqrt{2} \end{pmatrix} = \begin{pmatrix} 1 \\ 2 - \frac{1}{2}\sqrt{2} \end{pmatrix};$$

c) $A = \begin{pmatrix} 5 & -3 \\ -3 & 5 \end{pmatrix}$, $\mathfrak{b} = \begin{pmatrix} 13 \\ -11 \end{pmatrix}$, $c = 5$,

$\det A = 16$, $\det I = -512$, Ellipse (oder nullteiliger Kegelschnitt),

Mittelpunkt $\mathfrak{x}_0 = -\frac{1}{16} \begin{pmatrix} 5 & 3 \\ 3 & 5 \end{pmatrix} \cdot \begin{pmatrix} 13 \\ -11 \end{pmatrix} = \begin{pmatrix} -2 \\ 1 \end{pmatrix}$;

d) $A = \begin{pmatrix} 1 & -3/2 \\ -3/2 & 4 \end{pmatrix}$, $\mathfrak{b} = \begin{pmatrix} 5/2 \\ -9 \end{pmatrix}$, $c = 36$,

$\det A = \frac{7}{4}$, $\det I = \frac{49}{2}$, (Ellipse oder) nullteiliger Kegelschnitt,

Mittelpunkt $\mathfrak{x}_0 = -\frac{4}{7} \begin{pmatrix} 4 & 3/2 \\ 3/2 & 1 \end{pmatrix} \cdot \begin{pmatrix} 5/2 \\ -9 \end{pmatrix} = \begin{pmatrix} 2 \\ 3 \end{pmatrix}$;

e) $A = \begin{pmatrix} 1 & -1/2 \\ -1/2 & -12 \end{pmatrix}$, $\mathfrak{b} = \mathfrak{o}$, $c = 0$, $\det A = -\frac{49}{4}$, $\det I = 0$,

aber wegen $\det A \neq 0$ ist Rang $I = 2$, zwei sich schneidende Geraden, Mittelpunkt ist der Nullpunkt.

f) $A = \begin{pmatrix} 3 & 1 \\ 1 & 3 \end{pmatrix}$, $\mathfrak{b} = \begin{pmatrix} -2 \\ 2 \end{pmatrix}$, $c = 4$, $\det A = 8$,

$\det I = 0$, aber Rang $I = 2$, ein reeller Schnittpunkt zweier imaginärer Geraden, dieser ist Mittelpunkt und bestimmt durch

$$\mathfrak{x}_0 = -\tfrac{1}{8} \begin{pmatrix} 3 & -1 \\ -1 & 3 \end{pmatrix} \cdot \begin{pmatrix} -2 \\ 2 \end{pmatrix} = \begin{pmatrix} 1 \\ -1 \end{pmatrix}.$$

11. a) $A = \begin{pmatrix} 1 & 0 & 1 \\ 0 & 2 & 2 \\ 1 & 2 & 3 \end{pmatrix}$, $\mathfrak{b} = \begin{pmatrix} 0 \\ 1 \\ 0 \end{pmatrix}$, $c = 1$, $\det A = 0$,

$\det I = -2$, elliptisches Paraboloid;

b) $A = \begin{pmatrix} 2 & 0 & 1 \\ 0 & 1 & 3 \\ 1 & 3 & 1 \end{pmatrix}$, $\mathfrak{b} = \begin{pmatrix} 1 \\ 0 \\ 1 \end{pmatrix}$, $c = 0$, $\det A = -17$,

$\det I = 8$, einschaliges Hyperboloid (oder kein reeller Punkt);

c) $A = \begin{pmatrix} 1 & 0 & 1 \\ 0 & 2 & 2 \\ 1 & 2 & 3 \end{pmatrix}$, $\mathfrak{b} = \begin{pmatrix} 0 \\ 0 \\ -1 \end{pmatrix}$, $c = 2$, $\det A = 0$,

$\det I = -2$, elliptisches Paraboloid.

12. a) $d^2 := (|\mathfrak{x} - \mathfrak{b}_+| + |\mathfrak{x} - \mathfrak{b}_-|)^2 = (\sqrt{(x-e)^2 + y^2} + \sqrt{(x+e)^2 + y^2})^2$

$$= 2\,[(x^2 + e^2 + y^2) + \sqrt{(x^2 + y^2 + e^2)^2 - 4x^2e^2}\,].$$

Setzt man $y^2 = b^2 - \frac{x^2b^2}{a^2}$ ein, so wird $x^2 + y^2 + e^2 = a^2 + x^2 \frac{e^2}{a^2}$ und

$d^2 = 2\,[a^2 + x^2 \frac{e^2}{a^2} + \sqrt{(a^2 - \frac{x^2e^2}{a^2})^2}\,] = 4a^2$, da

$a^2 - \frac{x^2e^2}{a^2} = a^2 + b^2 - x^2 - y^2 \geqq 0$, also ist $d = 2a$.

b) Durch $x' = x - e$, $y' = y$ wird der Nullpunkt nach $\mathfrak{b}_+$ verschoben, mit $x' = r\cos\varphi$, $y' = r\sin\varphi$ folgt $(\frac{e + r\cos\varphi}{a})^2 + (\frac{r\sin\varphi}{b})^2 = 1$ oder

$a^2r^2 = (-er\cos\varphi + b^2)^2$. Da $b^2 - er\cos\varphi = b^2 - ex' \geqq b^2 - e(a-e) =$ $= a^2 - ae \geqq 0$, kann man die Wurzel ziehen: $r(a + e\cos\varphi) = b^2$, Division durch a ergibt $r(1 + \epsilon\cos\varphi) = p$.

13. a) $y(x) = \frac{b}{a} x \sqrt{1 \mp a^2/x^2}$ und $y(x) = -\frac{b}{a} x \sqrt{1 \mp a^2/x^2}$ beschreiben für $|x| \geqq a$ jeweils zwei halbe Zweige der Hyperbel (oberes Vorzeichen) und der konjugierten Hyperbel (unteres Vorzeichen). Wegen $y(x)/x \to b/a$ im ersten und $y(x)/x \to -b/a$ im zweiten Fall für $x \to \infty$ bzw. $x \to -\infty$ sowie

$$y - \frac{b}{a} x = \frac{b}{x} \frac{\mp a}{\sqrt{1 \mp a^2/x^2} + 1} \to 0$$

(entsprechend im zweiten Fall) sind nach Hilfssatz 11.11 $y = \pm \frac{b}{a} x$ Asymptoten beider Hyperbeln für $x \to \infty$, analog auch für $x \to -\infty$.

b) $x' = x + e$, $y' = y$ leistet die Nullpunktverschiebung, mit $x' = r \cos \varphi$, $y' = r \sin \varphi$ folgt

$\left(\frac{r \cos \varphi - e}{a}\right)^2 - \left(\frac{r \sin \varphi}{b}\right)^2 = 1$ oder $(er \cos \varphi - b^2)^2 = a^2 r^2$.

Nun ist im rechten Zweig $x' \geqq a + e$, also $ex' - b^2 \geqq ea + a^2 > 0$, somit nach Wurzelziehen und Division durch a dort $r(\epsilon \cos \varphi - 1) = p$; hierbei ist $\cos \varphi > 1/\epsilon$, damit $-\varphi_0 < \varphi < \varphi_0$. Im linken Zweig ist $x' \leqq e - a$, also $ex' - b^2 \leqq a^2 - ea \leqq 0$, somit dort $r(\epsilon \cos \varphi + 1) = p$; hierbei ist $\cos \varphi > -1/\epsilon$, damit $-\pi + \varphi_0 < \varphi < \pi - \varphi_0$.

14. a) $x' = x + p/2$, $y' = y$ ergibt die Nullpunktverschiebung, mit $x' = r \cos \varphi$, $y' = r \sin \varphi$ folgt $r^2 \sin^2 \varphi = -2p(r \cos \varphi - p/2)$ oder $(r \cos \varphi - p)^2 = r^2$. Wegen $x' \leqq p/2$ ist $x' - p < 0$ und durch Wurzelziehen folgt die Behauptung, $-\pi < \varphi < \pi$.

b) Gemäß Abbildung 1 gilt für den oberen Zweig der Parabel

$y = \sqrt{-2px}$, $\mathfrak{t} = (-1, \frac{p}{y})$, $\mathfrak{n} = (-\frac{p}{y}, -1)$, $\frac{\mathfrak{r} - \mathfrak{e}}{|\mathfrak{r} - \mathfrak{e}|} = \frac{(x + p/2, y)}{x - p/2}$

und die Winkel zwischen $\mathfrak{n}$ und $\mathfrak{r} - \mathfrak{e}$ bzw. $\mathfrak{n}$ und $-\mathfrak{n}_1$ sind gleich, wenn die Skalarprodukte gleich sind:

$$-\mathfrak{n} \cdot \mathfrak{n}_1 = \frac{p}{y}, \quad \mathfrak{n} \cdot \frac{\mathfrak{r} - \mathfrak{e}}{|\mathfrak{r} - \mathfrak{e}|} = \frac{-p(x + p/2)/y - y}{x - p/2} = \frac{p}{y}.$$

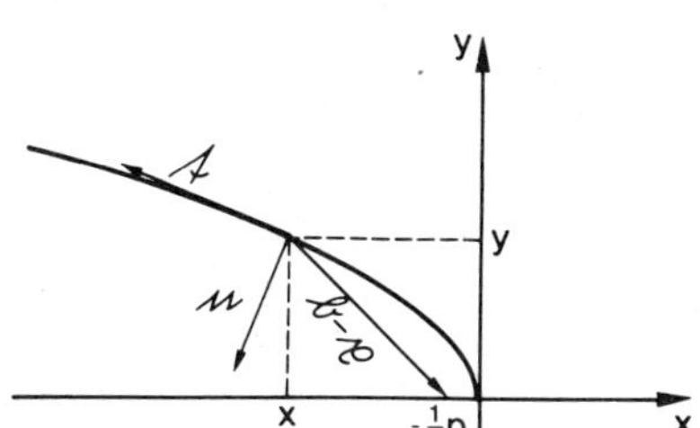

Abb. 1

Kap. 15:

1. a) f ist auf $\mathbb{R}^2$ definiert, $\operatorname{grad} f(x, y) = (3x^2y + 2xy^2,\ x^3 + 2x^2y)$;

   b) Da $\ln x$ für $x > 0$ definiert ist, ist f auf $\mathbb{R}^2 - \{(0, 0)\}$ definiert,

   $\operatorname{grad} f(x, y) = \frac{3}{2} \frac{1}{x^2 + y^2}(x, y) = \frac{3}{2} \frac{\mathfrak{x}}{|\mathfrak{x}|^2}$;

   c) $\operatorname{arc\,cos}_0 x$ ist für $x \in [-1, 1]$ definiert, also f auf

   $\overline{G} = \{(x, y) \mid -1 \leqq 2x - y \leqq 1\}$, $\operatorname{grad} f(x, y) = \frac{-1}{\sqrt{1 - (2x - y)^2}}(2, -1)$ ist nur au

   $G = \{(x, y) \mid -1 < 2x - y < 1\}$ erklärt, einem Streifen in der Ebene.

2. Sei $\mathfrak{n} = (\cos\alpha, \sin\alpha)$, dann ist

   $\frac{\partial\theta}{\partial\mathfrak{n}}(x, y) = \theta_x(x, y)\cos\alpha + \theta_y(x, y)\sin\alpha = -\frac{2}{(1 + x^2 + y^2)^2}(x\cos\alpha + y\sin\alpha)$,

   speziell $\frac{\partial\theta}{\partial\mathfrak{n}}(3, 2) = -\frac{1}{98}(3\cos\alpha + 2\sin\alpha)$. Dieser Ausdruck ist für $(3\cos\alpha + 2\sin\alpha)' = -3\sin\alpha + 2\cos\alpha = 0$ extremal, d. h. für $\tan\alpha = \frac{2}{3}$ oder $\alpha = 0{,}588\ldots$ bzw. $\alpha = 0{,}588\ldots + \pi$. Für diese α ist $\frac{\partial\theta}{\partial\mathfrak{n}}(3, 2) = \mp\frac{\sqrt{13}}{98}$.

3. a) Man lege sich etwa auf die positive Wurzel fest, dann ist $f(x, y) = \frac{x}{4} e^{y/2}$ und $\operatorname{grad} f(x, y) = \frac{1}{4} e^{y/2}(1, \frac{x}{2})$. Tangentialebene in (2, 0) ist

   $z = \frac{1}{2} + \frac{1}{4}(x - 2) + \frac{1}{4}y$, Übergang zur Hesseschen Normalform bei Division durch $(1 + \frac{1}{16} + \frac{1}{16})^{1/2}$, also $\frac{1}{3\sqrt{2}}(1, 1, -4) \cdot (x, y, z) = 0$, die Ebene geht durch den Nullpunkt.

   b) Arc tan ist auf $\mathbb{R}$ definiert, f also in den beiden Gebieten $\{(x, y) \mid x > 0\}$ und $\{(x, y) \mid x < 0\}$, $\operatorname{grad} f(x, y) = 8\frac{\operatorname{Arc\,tan}(y/x)}{x^2 + y^2}(-y, x)$, Tangentialebene in $(1, 1): z = \frac{\pi^2}{4} - \pi(x - 1) + \pi(y - 1)$.

4. $f(\mathfrak{x}) = f(\mathfrak{x}_0) + f_{\mathfrak{x}}(\mathfrak{x}_0) \cdot (\mathfrak{x} - \mathfrak{x}_0) + o_1(|\mathfrak{x} - \mathfrak{x}_0|)$,

   $g(\mathfrak{x}) = g(\mathfrak{x}_0) + g_{\mathfrak{x}}(\mathfrak{x}_0) \cdot (\mathfrak{x} - \mathfrak{x}_0) + o_2(|\mathfrak{x} - \mathfrak{x}_0|)$

   ergeben bei Multiplikation

   $$\begin{aligned}(fg)(\mathfrak{x}) = f(\mathfrak{x})\,g(\mathfrak{x}) = (fg)(\mathfrak{x}_0) &+ [g(\mathfrak{x}_0)\,f_{\mathfrak{x}}(\mathfrak{x}_0) + f(\mathfrak{x}_0)\,g_{\mathfrak{x}}(\mathfrak{x}_0)] \cdot (\mathfrak{x} - \mathfrak{x}_0)\\ &+ f_{\mathfrak{x}}(\mathfrak{x}_0) \cdot (\mathfrak{x} - \mathfrak{x}_0)\,g_{\mathfrak{x}}(\mathfrak{x}_0) \cdot (\mathfrak{x} - \mathfrak{x}_0)\\ &+ [g(\mathfrak{x}_0) + g_{\mathfrak{x}}(\mathfrak{x}_0) \cdot (\mathfrak{x} - \mathfrak{x}_0) + o_2(|\mathfrak{x} - \mathfrak{x}_0|)]\,o_1(|\mathfrak{x} - \mathfrak{x}_0|)\\ &+ [f(\mathfrak{x}_0) + f_{\mathfrak{x}}(\mathfrak{x}_0) \cdot (\mathfrak{x} - \mathfrak{x}_0) + o_1(|\mathfrak{x} - \mathfrak{x}_0|)]\,o_2(|\mathfrak{x} - \mathfrak{x}_0|).\end{aligned}$$

   Der drittletzte Summand geht bei Division durch $|\mathfrak{x} - \mathfrak{x}_0|$ noch gegen Null für $\mathfrak{x} \to \mathfrak{x}_0$, die letzten beiden eckigen Klammern sind für $\mathfrak{x} \to \mathfrak{x}_0$ beschränkt, so daß die letzten drei Summanden jeweils ein $o(|\mathfrak{x} - \mathfrak{x}_0|)$ sind, ihre Summe dann aber auch, womit alles bewiesen ist. Jetzt zu vektorwertigen f und g:

$$f(\mathfrak{x}) = f(\mathfrak{x}_0) + f_{\mathfrak{x}}(\mathfrak{x}_0) \cdot (\mathfrak{x} - \mathfrak{x}_0) + o_1(|\mathfrak{x} - \mathfrak{x}_0|)$$
$$g(\mathfrak{x}) = g(\mathfrak{x}_0) + g_{\mathfrak{x}}(\mathfrak{x}_0) \cdot (\mathfrak{x} - \mathfrak{x}_0) + o_2(|\mathfrak{x} - \mathfrak{x}_0|)$$

ergibt bei Transponierung der ersten Zeile und nachfolgender Skalarmultiplikation

$$(f^T \cdot g)(\mathfrak{x}) = (f^T \cdot g)(\mathfrak{x}_0) + (\mathfrak{x} - \mathfrak{x}_0)^T \cdot f_{\mathfrak{x}}(\mathfrak{x}_0)^T \cdot g(\mathfrak{x}_0)$$
$$+ f(\mathfrak{x}_0)^T \cdot g_{\mathfrak{x}}(\mathfrak{x}_0) \cdot (\mathfrak{x} - \mathfrak{x}_0) + o_3(|\mathfrak{x} - \mathfrak{x}_0|)$$

mit völlig den gleichen Überlegungen wie vorher. Hier ist der zweite Summand rechts ein Skalar, ändert sich bei Transponierung also nicht, und man erhält die Behauptung

$$(f^T \cdot g)(\mathfrak{x}) = (f^T \cdot g)(\mathfrak{x}_0) + [g(\mathfrak{x}_0)^T \cdot f_{\mathfrak{x}}(\mathfrak{x}_0) + f(\mathfrak{x}_0)^T \cdot g_{\mathfrak{x}}(\mathfrak{x}_0)] \cdot (\mathfrak{x} - \mathfrak{x}_0)$$
$$+ o_3(|\mathfrak{x} - \mathfrak{x}_0|).$$

5. $u(x, y) = x^2 - y^2 = c$ sind für $c > 0$ zur x-Achse offene, für $c < 0$ zur y-Achse offene gleichseitige Hyperbeln, für $c = 0$ erhält man in $y = \pm x$ die Asymptoten aller dieser Kurven. $v(x, y) = 2xy = c$ zeigt ein um 90° gedrehtes Bild, Hyperbeln mit den Koordinatenachsen als Asymptoten ($c = 0$), die für $c > 0$ im 1. und 3., für $c < 0$ im 2. und 4. Quadranten verlaufen (Abb. 2).

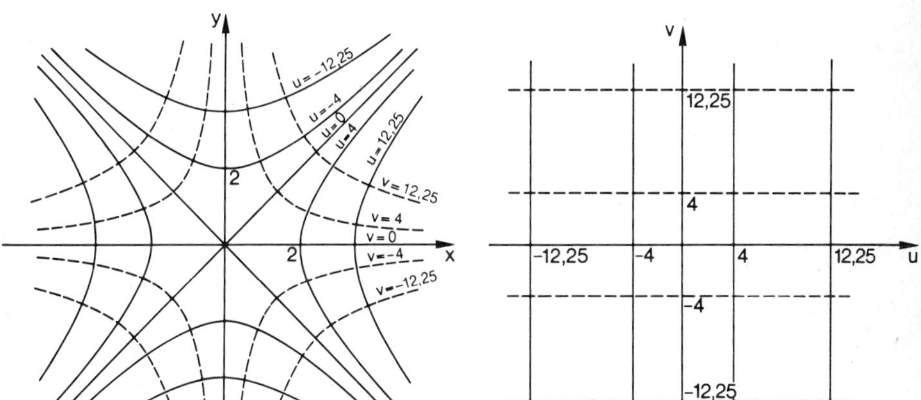

Abb. 2

grad $u(x, y) \cdot$ grad $v(x, y) = (2x, -2y) \cdot (2y, 2x) = 0$ für alle (x, y), so daß die Kurven orthogonal zueinander sind bis auf den Nullpunkt, wo

$$\mathfrak{M}_{\mathfrak{x}} = \begin{pmatrix} 2x & -2y \\ 2y & 2x \end{pmatrix}$$ die Determinante Null hat. Die Abbildung ist für

$(x, y) \neq (0, 0)$ lokal umkehrbar, aber nicht global, da die Kurven jeweils zwei Schnittpunkte haben (Abb. 2), man muß sich auf eine Halbebene beschränken.

6. Es ist $\mathfrak{u}_{\mathfrak{x}} = \begin{pmatrix} -3\sqrt{-x} & 3 \\ -3\sqrt{-x} & -3 \end{pmatrix}$, wobei immer das positive Vorzeichen der

Wurzel gewählt sei, $\det \mathfrak{u}_{\mathfrak{x}} = 18\sqrt{-x} > 0$ für $x < 0$, so daß dort lokale Umkehrbarkeit gegeben ist. Da man die Umkehrung einfach ausrechnen kann,

$$x = -\left(\frac{u+v}{4}\right)^{2/3}, \quad y = \frac{u-v}{6},$$

ist auch globale Umkehrbarkeit gegeben (Abb. 3). Die Kurven $u = c$ bzw. $v = c$ sind Zweige Neilscher Parabeln:

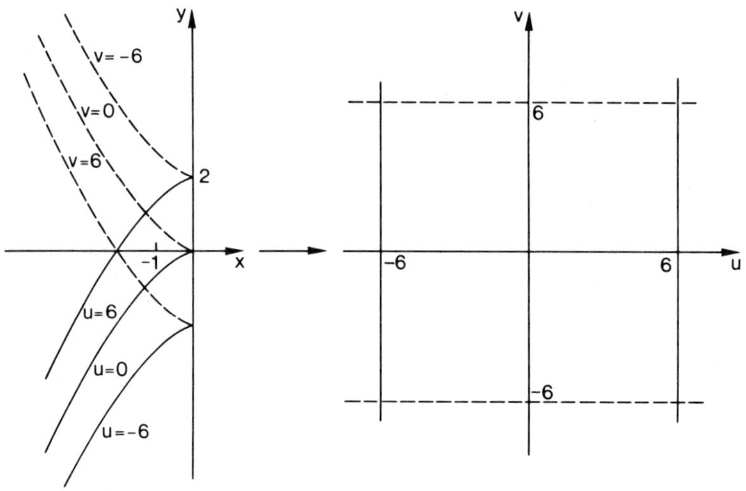

Abb. 3

Wegen $f_x = f_u u_x + f_v v_x = -3\sqrt{-x}\,(f_u + f_v)$, $f_y = f_u u_y + f_v v_y = 3\,(f_u - f_v)$ wird $f_{xx} = \frac{3}{2\sqrt{-x}}\,(f_u + f_v) - 3\sqrt{-x}\,(f_{uu} + f_{vu} + f_{uv} + f_{vv})(-3\sqrt{-x})$,

$f_{yy} = 3\,(f_{uu} - f_{vu} - f_{uv} + f_{vv})\,3$ und $Lf = 18\,(f_{uu} + f_{vv}) + \frac{6}{u+v}\,(f_u + f_v)$.

7. Zu $x_0 = 3$ kann man etwa aus $f(x_0, y_0) = 3\,(1 + y_0) - 1 = 0$ den zweiten Näherungswert $y_0 = -2/3$ bestimmen. Mit

$$F(\mathfrak{x}) = \begin{pmatrix} x\,(1+y) - 1 \\ (1+x)\,y \sin x - \cos x \end{pmatrix} \quad \text{ist}$$

$$F_{\mathfrak{x}}(\mathfrak{x}) = \begin{pmatrix} 1+y & x \\ (1+y)\sin x + y\,(1+x)\cos x & (1+x)\sin x \end{pmatrix}$$

und $\det F_{\mathfrak{x}}(\mathfrak{x}) = (1+y)\sin x - xy\,(1+x)\cos x$, $\det F_{\mathfrak{x}}(\mathfrak{x}_0) = -7{,}862\ldots \neq 0$.

Die Iterationsformel lautet

$$\varphi_1 = \varphi_0 - F_\varphi(\varphi_0)^{-1} \cdot F(\varphi_0) =$$

$$= \varphi_0 - \frac{1}{(1+y_0)\sin x_0 - x_0 y_0 (1+x_0)\cos x_0} \begin{pmatrix} (x_0^2 - 1)\sin x_0 + x_0 \cos x_0 \\ (1+y_0)(1-x_0+y_0)\sin x_0 - \\ - [1 + x_0 y_0 (x_0 + y_0 + x_0 y_0)]\cos x_0 \end{pmatrix}.$$

Man erhält

$$\varphi_1 \approx \begin{pmatrix} 3 \\ -\frac{2}{3} \end{pmatrix} + \frac{1}{7{,}873} \begin{pmatrix} -1{,}841 \\ 0{,}205 \end{pmatrix} \approx \begin{pmatrix} 2{,}766 \\ -0{,}641 \end{pmatrix},$$

$$\varphi_2 \approx \begin{pmatrix} 2{,}766 \\ -0{,}641 \end{pmatrix} + \frac{1}{6{,}080} \begin{pmatrix} -0{,}134 \\ 0{,}033 \end{pmatrix} \approx \begin{pmatrix} 2{,}744 \\ -0{,}636 \end{pmatrix}.$$

8. Für $(x, y) \neq (0, 0)$ gilt

$$f_x(x, y) = y \frac{x^4 + 4x^2y^2 - y^4}{(x^2+y^2)^2}, \qquad f_y(x, y) = x \frac{x^4 - 4x^2y^2 - y^4}{(x^2+y^2)^2}$$

und

$$f_x(0, 0) = \lim_{x\to 0} \frac{f(x, 0) - f(0, 0)}{x} = \lim_{x\to 0} 0 = 0 = f_y(0, 0),$$

offenbar folgt $f_x(x, y) \to 0$, $f_y(x, y) \to 0$ für $(x, y) \to (0, 0)$, so daß die ersten partiellen Ableitungen stetig sind. Weiter ist

$$f_{xy}(0, 0) = \lim_{y\to 0} \frac{f_x(0, y) - f_x(0, 0)}{y} = \lim_{y\to 0} (-1) = -1 \quad \text{und}$$

$$f_{yx}(0, 0) = \lim_{x\to 0} \frac{f_y(x, 0) - f_y(0, 0)}{x} = \lim_{x\to 0} 1 = 1.$$

9. $f(x, y) = \exp \frac{y}{x-2}$, $f_x(x, y) = -\frac{y}{(x-2)^2} f(x, y)$, $f_y(x, y) = \frac{1}{x-2} f(x, y)$,

$$f_{xx}(x, y) = \left(\frac{2y}{(x-2)^3} + \frac{y^2}{(x-2)^4}\right) f(x, y), \quad f_{xy}(x, y) = -\left(\frac{1}{(x-2)^2} + \frac{y}{(x-2)^3}\right) f(x, y)$$

$$f_{yy}(x, y) = \frac{1}{(x-2)^2} f(x, y), \quad f_{xxx}(x, y) = -\left(\frac{6y}{(x-2)^4} + \frac{6y^2}{(x-2)^5} + \frac{y^3}{(x-2)^6}\right) f(x, y),$$

$$f_{xxy}(x, y) = \left(\frac{2}{(x-2)^3} + \frac{4y}{(x-2)^4} + \frac{y^2}{(x-2)^5}\right) f(x, y),$$

$$f_{xyy}(x, y) = -\left(\frac{2}{(x-2)^3} + \frac{y}{(x-2)^4}\right) f(x, y),$$

$f_{yyy}(x, y) = \frac{1}{(x-2)^3} f(x, y)$. Dann ist

$$f(x, y) = \frac{1}{e}\left[1 + \frac{x-13}{11} + \frac{y+11}{11} - \frac{1}{2}\left(\frac{x-13}{11}\right)^2 + \frac{1}{2}\left(\frac{y+11}{11}\right)^2\right] + R_2$$

mit $R_2(x, y) = \frac{1}{6}\,[f_{xxx}(13 + \theta h, -11 + \theta k)(x-13)^3 +$

$+ 3 f_{xxy}(13 + \theta h, -11 + \theta k)(x-13)^2 (y+11) +$

$+ 3 f_{xyy}(13 + \theta h, -11 + \theta k)(x-13)(y+11)^2 + f_{yyy}(13 + \theta h, -11 + \theta k)(y+11)^3]$.

Wegen $|h| = |x - 13| \leqq 1$, $|k| = |y + 11| \leqq 1$ gilt

$$|f_{xxx}(13 + \theta h, -11 + \theta k)| \leqq \left(\frac{6 \cdot 12}{10^4} + \frac{6 \cdot 12^2}{10^5} + \frac{12^3}{10^6}\right) e^{-10/12}$$

$$|f_{xxy}(13 + \theta h, -11 + \theta k)| \leqq \left(\frac{2}{10^3} + \frac{4 \cdot 12}{10^4} + \frac{12^2}{10^5}\right) e^{-10/12},$$

$$|f_{xyy}(13 + \theta h, -11 + \theta k)| \leqq \frac{32}{10^4} e^{-10/12}, \quad |f_{yyy}(13 + \theta h, -11 + \theta k)| \leqq \frac{1}{10^3} e^{-10/12}$$

und daraus folgt

$$|R_2(x, y)| \leqq \frac{1}{6}\left(\frac{122 \cdot 12^2}{10^6} + 3\,\frac{824}{10^5} + 3\,\frac{32}{10^4} + \frac{1}{10^3}\right) e^{-10/12} < 4 \cdot 10^{-3}.$$

10. a) $f_x(x, y) = 3y^2 - 3x^2 + 8x = 0$, $f_y(x, y) = 6xy + 8y = y(6x + 8) = 0$ liefern aus der zweiten Gleichung $y_{1,2} = 0$, $x_{3,4} = -4/3$, aus der ersten Gleichung folgt $x_1 = 0$, $x_2 = 8/3$, $y_3 = 4/\sqrt{3}$, $y_4 = -4/\sqrt{3}$.
$f_{xx}(x, y) = -6x + 8$, $f_{xy}(x, y) = 6y$, $f_{yy}(x, y) = 6x + 8$, $\Delta = f_{xx} f_{yy} - f_{xy}^2$.
Dann ist $\Delta(0, 0) = 64 > 0$, $f_{xx}(0, 0) = 8 > 0$, also ist $(0, 0)$ ein strenges relatives Minimum; $\Delta(8/3, 0) = -192 < 0$, Sattelpunkt; $\Delta(-4/3, \pm 4/\sqrt{3}) = -192 < 0$, beides sind Sattelpunkte.

b) $f_x(x, y) = 4x^3 - 8xy = 0$, $f_y(x, y) = -4y^3 - 4x^2 + 2y = 0$, die erste Gleichung liefert $x_{1,2,3} = 0$ und $2y = x^2$, die zweite $y_1 = 0$, $y_{2,3} = \pm 1/\sqrt{2}$ und $x^6 + 6x^2 = 0$, letzteres gibt mit $x = 0$ nichts Neues. $f_{xx}(x, y) = 12x^2 - 8y$, $f_{xy}(x, y) = -8x$, $f_{yy}(x, y) = -12y^2 + 2$, also $\Delta(0, 0) = 0$, keine Aussage; $\Delta(0, 1/\sqrt{2}) = 16\sqrt{2}$, $f_{xx}(0, 1/\sqrt{2}) = -4\sqrt{2} < 0$, strenges relatives Maximum; $\Delta(0, -1/\sqrt{2}) = -16\sqrt{2}$, Sattelpunkt.

11. a) $\operatorname{grad} f(x, y, z) = \lambda \operatorname{grad} g(x, y, z)$ und $g(x, y, z) = 0$ bedeuten
$4x^3 \cosh(x^4 + y^4 + z^4) = 2\lambda x z^2$ $\quad 4z^3 \cosh(x^4 + y^4 + z^4) = 2\lambda(x^2 + y^2) z$,
$4y^3 \cosh(x^4 + y^4 + z^4) = 2\lambda y z^2$, $z^2(x^2 + y^2) = 2\sqrt{2}$.
Der letzten Gleichung wegen sind $x^2 + y^2$, $z^2 \neq 0$, setzt man $\lambda = 2\mu \cosh(x^4 + y^4 + z^4)$, so bleiben $x^3 = \mu x z^2$, $y^3 = \mu y z^2$, $z^2 = \mu(x^2 + y^2)$, $z^2(x^2 + y^2) = 2\sqrt{2}$. Die beiden ersten Gleichungen liefern $x = 0$, $y^2 = \mu z^2$ oder $y = 0$, $x^2 = \mu z^2$ oder $xy \neq 0$, $x^2 + y^2 = 2\mu z^2$. Dies in die beiden letzten Gleichungen eingesetzt, ergibt jeweils:
$x = 0$, $y^2 = \mu z^2$: $\quad z^2 = \mu^2 z^2$, $\mu = 1$, $z^4 = 2\sqrt{2}$, $y^2 = z^2$,
also die Punkte $(0, \pm\sqrt[8]{8}, \pm\sqrt[8]{8})$;

$y = 0,\ x^2 = \mu z^2$: analog $(\pm\sqrt[8]{8},\ 0,\ \pm\sqrt[8]{8})$;
$xy \neq 0,\ x^2 + y^2 = 2\mu z^2$: $z^2 = 2\mu^2 z^2,\ \mu = 1/\sqrt{2},\ z^4 = 2,\ x^2 = y^2 = 1$,
also die Punkte $(\pm 1,\ \pm 1,\ \pm\sqrt[4]{2})$;
jeweils sind alle Vorzeichenkombinationen zugelassen, das sind 16 mögliche Extremwerte. Man kann sich überlegen, daß die letzten Punkte absolute (und relative) Minima sind, die ersten beiden Fälle ergeben keine Extremwerte der Funktion unter der angegebenen Nebenbedingung.

b) $f(x, y, z) = xyz,\ g(x, y, z) = x + y + z - \pi$. Es sind zu lösen $xy = \lambda,\ yz = \lambda$, $xz = \lambda,\ x + y + z = \pi$, es muß $x, y, z \neq 0$ sein, da sonst f sicher nicht extremal. Daher $x = y = \lambda/z,\ z = \sqrt{\lambda} = x = y = \pi/3$.

12. a) $F_x(x, y) = 4xy - 4x = 0,\ F_y(x, y) = 2x^2 + 3y^2 - 3 = 0$ ergibt die singulären Punkte $x_{1,2} = 0,\ y_3 = 1$ aus der ersten Gleichung, $y_{1,2} = \pm 1$ und $x_3 = 0$, der dritte Punkt entfällt also, ferner ist $F(x_1, y_1) \neq 0,\ F(x_2, y_2) = 0$. Wegen $F_{xx}(x, y) = 4y - 4,\ F_{xy}(x, y) = 4x,\ F_{yy}(x, y) = 6y$ ist $\Delta(0, -1) = 48 > 0$, isolierter Punkt.
Zur Bestimmung der Asymptoten ist
$F(x, ax + b) = 2x^2(ax + b) + (ax + b)^3 - 2x^2 + \ldots = x^3(2a + a^3) + x^2(2b + 3a^2b - 2) + \ldots$
zu betrachten, das ergibt $a = 0,\ b = 1$, also $g(x) = 1$ als Asymptote.
$F(cy + d, y) = (2c^2 + 1)y^3 + \ldots$ liefert keine weiteren (senkrechten) Asymptoten. Es liegt kein Schnittpunkt mit der Asymptote vor, mit $x = 0$ liegen Schnittpunkte in $y = 2$ und $y = -1$ (doppelt) vor. Es ergibt sich folgendes Bild, da die Kurve offenbar symmetrisch zur y-Achse ist $\left(x^2 = \frac{-y^3 + 3y + 2}{2(y-1)}\right)$:

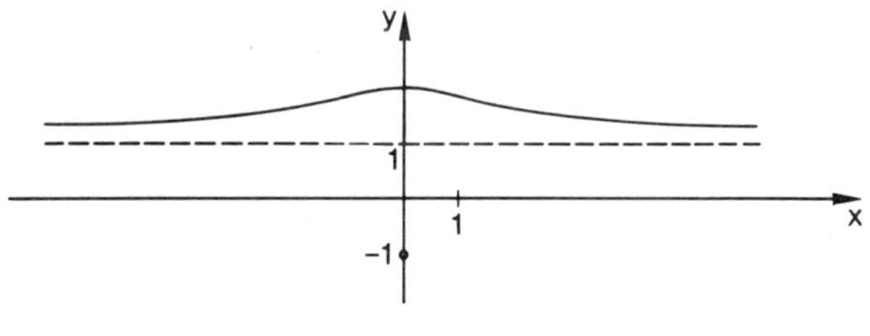

Abb. 4

b) $F_x(x, y) = 12x^2 - y^2 + 2y - 13 = 0,\ F_y(x, y) = -2xy + 2x = 0$ ergibt aus der zweiten Gleichung $x_{1,2} = 0,\ y_{3,4} = 1$, aus der ersten folgt $y_{1,2}$ nicht reell, $x_{3,4} = \pm 1$, es gilt $F(1, 1) \neq 0,\ F(-1, 1) = 0$. Wegen $F_{xx}(x, y) = 24x$, $F_{xy}(x, y) = -2y + 2,\ F_{yy}(x, y) = -2x$ ist $\Delta(-1, 1) = -48$, also liegt in $(-1, 1)$ ein Doppelpunkt vor mit Tangentenrichtungen $(\dot{x}, \dot{y})$, die $24\dot{x}^2 - 2\dot{y}^2 = 0$ erfüllen. Für die Asymptoten ergeben sich aus $F(x, ax + b) = (4 - a^2)x^3 + (-2ab + 2a)x^2 + \ldots$ die Werte $a = \pm 2,\ b = 1$, also $g(x) = \pm 2x + 1$. Eine senkrechte Asymptote liegt wegen $F(cy + d, y) = (4c^3 - c)y^3 + (12c^2d - d + 2c)y^2 + \ldots$ in $g(y) = 0$ vor. Schnittpunkte mit den Asymptoten liegen in $(-\frac{2}{3}, -\frac{1}{3}),\ (-\frac{2}{3}, \frac{7}{3})$. Durch

Einführung von $y - 1 = z$ erhält man $z = \pm 2\sqrt{x^2 - 3 - 2/x}$, also ist die Kurve um $y = 1$ symmetrisch und schneidet diese Gerade bei $x = 2$ und (doppelt) bei $x = -1$, es ergibt sich folgendes Bild

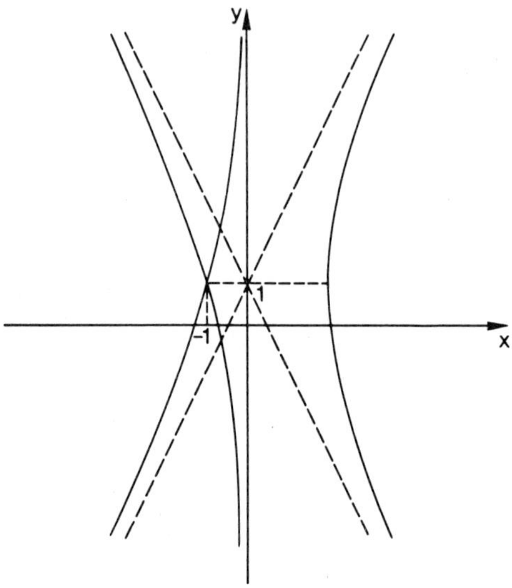

Abb. 5

Kap. 16:

1. a) $P_6 = \frac{\pi}{12 \cdot 3}\,\{f(0) + 4f(\frac{\pi}{12}) + 2f(\frac{\pi}{6}) + 4f(\frac{\pi}{4}) + 2f(\frac{\pi}{3}) + 4f(\frac{5\pi}{12}) + f(\frac{\pi}{2})\}$

$= \frac{\pi}{36}\,\{1 + \frac{48}{\pi}\,\frac{1}{4}\,(\sqrt{6} - \sqrt{2}) + \frac{12}{\pi}\,\frac{1}{2} + \frac{16}{\pi}\,\frac{1}{2}\sqrt{2} + \frac{6}{\pi}\,\frac{1}{2}\sqrt{3} + \frac{48}{5\pi}\,\frac{1}{4}\,(\sqrt{6} + \sqrt{2}) +$

$= 1{,}37076\ldots$

b) $P_4 = \frac{1}{4 \cdot 3}\,\{f(0) + 4f(\frac{1}{4}) + 2f(\frac{1}{2}) + 4f(\frac{3}{4}) + f(1)\}$

$= \frac{1}{12}\,(1 + \sqrt{15} + \sqrt{3} + \sqrt{7}) = 0{,}770898\ldots$. Das ist kein sehr guter Wert für $\pi/4$.

2. Es ist $b - a = 1$, $n = 2$, $f(x) = \frac{4}{1 + x^2}$ und der Fehler $R = -\frac{1}{2880 \cdot 16}\,f^{(4)}(\xi)$ mit $\xi \in [0, 1]$. Wegen $f^{(4)}(x) = 96\,\frac{1 - 10x^2 + 5x^4}{(1 + x^2)^5} =$

$= 96\,(\frac{5}{(1 + x^2)^3} - \frac{20}{(1 + x^2)^4} + \frac{16}{(1 + x^2)^5})$ nimmt $f^{(4)}(x)$ sein Maximum in $[0, 1]$

für $x = 0$ an, denn mit $(1 + x^2) = z$ erhält man die relativen Extrema von $\frac{5}{z^3} - \frac{20}{z^4} + \frac{16}{z^5}$ bei $z = \frac{4}{3}$ oder $= 4$, das absolute Maximum also in $z = 1$ oder $= 2$ (Randpunkte) oder $z = \frac{4}{3}$. Es folgt $|R| \leqq (480)^{-1} = 0{,}002\ldots$.

3. a) Nach Beispiel 11.5a ist $(\ln^3 x)/\sqrt{x} \leqq C_1$ für $x \geqq 2$, wegen $(x-1)^{-2} \leqq 4x^{-2}$ dort ist $(\ln^3 x)(x-1)^{-2} \leqq C_2 x^{-3/2}$, also ist das Integral von 2 bis ∞ konvergent. Für $x \to 1$ liegt ein Grenzwert der Form 0/0 vor, durch zweimaliges Differenzieren erhält man $(\ln^3 x)(x-1)^{-2} \to 0$ für $x \to 1$, also Fortsetzbarkeit zu einer stetigen Funktion. Nach Beispiel 11.5b gilt $|\ln^3 x| \leqq x^{-1/2}$ für $x \to 0$, so daß auch das Integral von 0 bis 2 konvergiert.

b) Für $0 < x \leqq 1$ ist $\frac{1}{2} x^{s+1} \leqq x^{s+1}(1+x)^{-1} \leqq x^{s+1}$, so daß Konvergenz für $s > -2$ und Divergenz für $s \leqq -2$ für das Integral von 0 bis 1 gegeben ist. Für $x \geqq 1$ ist $\frac{1}{2} x^s \leqq x^{s+1}(1+x)^{-1} \leqq x^s$, und daher konvergiert das Integral von 1 bis ∞ für $s < -1$ und divergiert für $s \geqq -1$. Für das ganze Integral liegt also Konvergenz genau für $-2 < s < -1$ vor.

c) $|x^{-2} \sin ax| \leqq x^{-2}$, also Konvergenz.

d) $e^{-x^2} \leqq Cx^{-2}$ nach Beispiel 11.5a, also Konvergenz.

4. $\int\limits_{\epsilon}^{R} \frac{f(ax) - f(bx)}{x}\, dx = \int\limits_{a\epsilon}^{aR} \frac{f(t)}{t}\, dt - \int\limits_{b\epsilon}^{bR} \frac{f(t)}{t}\, dt$, etwa für $a \leqq b$ folgt

für $R \to \infty$ wegen der Konvergenz von $\int\limits_{1}^{\infty} \frac{f(t)}{t}\, dt$

$$\int\limits_{\epsilon}^{\infty} \frac{f(ax) - f(bx)}{x}\, dx = \int\limits_{a\epsilon}^{b\epsilon} \frac{f(t)}{t}\, dt = f(0) \ln \frac{b}{a} + \int\limits_{a}^{b} \frac{f(\epsilon\tau) - f(0)}{\tau}\, d\tau.$$

Für das letzte Integral ergibt sich nach dem Mittelwertsatz der Integralrechnung wegen der Stetigkeit von f ein Wert

$\frac{f(\epsilon\xi) - f(0)}{\xi}(b-a)$ mit $\xi \in [a, b]$. Wegen $\xi \geqq a > 0$ geht dieser Ausdruck für $\epsilon \to 0$ gegen Null.

5. Der Graph von

$$f(x) = \left\{ \begin{array}{ll} 2n^4 \left(x - n + \frac{1}{2n^3}\right) & \text{für } n - \frac{1}{2n^3} \leqq x \leqq n \\ 2n^4 \left(n + \frac{1}{2n^3} - x\right) & \text{für } n \leqq x \leqq n + \frac{1}{2n^3} \\ 0 \text{ sonst} & \end{array} \right\} \quad n = 1, 2, 3, \ldots$$

besteht aus gleichschenkligen Dreiecken der Höhe n und der Basislänge n^{-3}, die Summe der Inhalte ist

$$\int_0^\infty f\,dx = \frac{1}{2} \sum_{n=1}^{\infty} n^{-2} < \infty,$$

aber es gilt $f(n) = n \to \infty$ für $n \to \infty$.

6. a) $f(x) = \frac{1}{x(\ln x)^k}$ ist monoton fallend für $x > 1$, also ist das Integralkriterium anwendbar, Konvergenz der Reihen liegt vor gleichzeitig mit der des Integrals

$$\int_2^\infty \frac{dx}{x(\ln x)^k} = \lim_{b\to\infty} \left[\frac{1}{1-k} (\ln x)^{-k+1}\right]_2^b = \begin{cases} \infty & \text{für } k < 1 \\ \frac{1}{k-1} (\ln 2)^{1-k} & \text{für } k > 1, \end{cases}$$

entsprechend folgt die Divergenz für $k = 1$.

b) $f(x) = \frac{1}{x(\ln x)(\ln\ln x)^k}$ ist für $x > e$ monoton fallend, also ergibt das Integralkriterium gleichzeitige Konvergenz und Divergenz mit

$$\int_{e^e}^\infty \frac{1}{x \ln x (\ln\ln x)^k} = \lim_{b\to\infty} \left[\frac{1}{1-k} (\ln\ln x)^{1-k}\right]_{e^e}^b = \begin{cases} \infty & \text{für } k < 1 \\ \frac{1}{k-1} & \text{für } k > 1 \end{cases}$$

entsprechend folgt die Divergenz für $k = 1$.

7. Für $n < 0$ liegt Konvergenz im gewöhnlichen Sinn vor, für $n \geqq 0$ führe man

$$I(\epsilon) = \int_{-1}^{-\epsilon} \sqrt{1 + x^{2m+1}}\, x^{-2n-1}\,dx + \int_\epsilon^1 \sqrt{1 + x^{2m+1}}\, x^{-2n-1}\,dx$$

durch die Substitution $x = -t$ im ersten Integral über in

$$I(\epsilon) = \int_\epsilon^1 \left(\sqrt{1 + x^{2m+1}} - \sqrt{1 - x^{2m+1}}\right) x^{-2n-1}\,dx$$

$$= 2 \int_\epsilon^1 \left(\sqrt{1+x^{2m+1}} + \sqrt{1 - x^{2m+1}}\right)^{-1} x^{2m-2n}\,dx.$$

Also liegt Konvergenz und mithin ein Cauchyscher Hauptwert vor für $m \geqq n$.

8. $\int_{-a}^{-\epsilon} \frac{f(x)}{x}\,dx + \int_\epsilon^a \frac{f(x)}{x}\,dx = \int_\epsilon^a \frac{f(x) - f(-x)}{x}\,dx$, wegen

$\left|\frac{f(x) - f(-x)}{x}\right| \leqq Cx^{\alpha-1}$ liegt für $\alpha > 0$ Konvergenz vor.

9. Wegen $e^{\beta\gamma/T} > 1$ und Beispiel 11.5a gilt für $\gamma \geqq 1$ $\alpha\gamma^3 (e^{\beta\gamma/T} - 1)^{-1} \leqq C\gamma^{-2}$, also konvergiert das Integral von 1 bis ∞. Für $\gamma \to 0$ liegt ein Grenzwert der Form 0/0 vor, einmalige Differentiation zeigt, daß der Grenzwert 0 ist, so daß

der Integrand stetig ergänzbar ist. Damit konvergiert das Integral, die Substitution $\beta\gamma/T = \mu$ führt es über in

$$E(T) = \alpha \left(\frac{T}{\beta}\right)^4 \int_0^\infty \frac{\mu^3}{e^\mu - 1}\, d\mu.$$

10. $$F'(\alpha) = \int_{1/\alpha}^{1/\alpha^2} \frac{1}{x} x^2 e^{\alpha x^2} dx + (-2\alpha^{-3})\,\alpha^2 e^{\alpha^{-3}} - (-\alpha^{-2})\,\alpha\, e^{\alpha^{-1}}$$

$$= \frac{1}{2\alpha}\left[e^{\alpha x^2}\right]_{1/\alpha}^{1/\alpha^2} - \frac{2}{\alpha} e^{\alpha^{-3}} + \frac{1}{\alpha} e^{\alpha^{-1}} = \frac{1}{2\alpha}\left(-3e^{\alpha^{-3}} + e^{\alpha^{-1}}\right).$$

11. $$v(x) = \int_0^x \frac{\xi(s-x)}{\rho s} q(\xi)\, d\xi + \int_x^s \frac{x(s-\xi)}{\rho s} q(\xi)\, d\xi,$$

$$v'(x) = -\int_0^x \frac{\xi}{\rho s} q(\xi)\, d\xi + \int_x^s \frac{s-\xi}{\rho s} q(\xi)\, d\xi + \frac{x(s-x)}{\rho s} q(x) - \frac{x(s-x)}{\rho s} q(x)$$

$$= -\int_0^s \frac{\xi}{\rho s} q(\xi)\, d\xi + \frac{1}{\rho}\int_x^s q(\xi)\, d\xi, \qquad v''(x) = -\frac{q(x)}{\rho}.$$

Kap. 17:

1. $$\dot{\mathfrak{x}}(t) = 10\left(\frac{1-t^2}{(1+t^2)^2}, \frac{2t}{(1+t^2)^2}\right), \quad |\dot{\mathfrak{x}}(t)| = \frac{10}{1+t^2},$$

$$s = \int_{1/2}^1 \frac{10\,dt}{1+t^2} = 10\,[\text{Arc tan } t]_{1/2}^{1} = 10 \text{ Arc tan } \frac{1}{3} \quad \text{(nach Aufgabe 9.7).}$$

$$\mathfrak{t}(t) = \left(\frac{1-t^2}{1+t^2}, \frac{2t}{1+t^2}\right),$$

$$\dot{\mathfrak{t}}(t) = \frac{\dot{\mathfrak{t}}(t)}{|\dot{\mathfrak{x}}(t)|} = \frac{1}{5}\left(\frac{-2t}{1+t^2}, \frac{1-t^2}{1+t^2}\right), \quad \mathfrak{n}(t) = \left(\frac{-2t}{1+t^2}, \frac{1-t^2}{1+t^2}\right), \text{ also}$$

$\dot{\mathfrak{t}}(t) = \frac{1}{5}\mathfrak{n}(t)$, die Krümmung ist konstant: $\kappa = \frac{1}{5}$. Kreis vom Radius 5.

2. $$\mathfrak{x}(\varphi) = \left(\frac{2}{\varphi}\cos\varphi, \frac{2}{\varphi}\sin\varphi\right),$$

$$\dot{\mathfrak{x}}(\varphi) = \left(-\frac{2}{\varphi^2}\cos\varphi - \frac{2}{\varphi}\sin\varphi,\ -\frac{2}{\varphi^2}\sin\varphi + \frac{2}{\varphi}\cos\varphi\right),$$

$$s = \int_{\varphi_1}^{\varphi_2} \frac{2}{\varphi^2}\sqrt{1+\varphi^2}\, d\varphi = 2\left[-\frac{1}{\varphi}\sqrt{1+\varphi^2} + \text{area sinh}\,\varphi\right]_{\varphi_1}^{\varphi_2},$$

letzteres mit partieller Integration oder der Substitution $\varphi = \sinh t$.
Skizze in Abbildung 6.

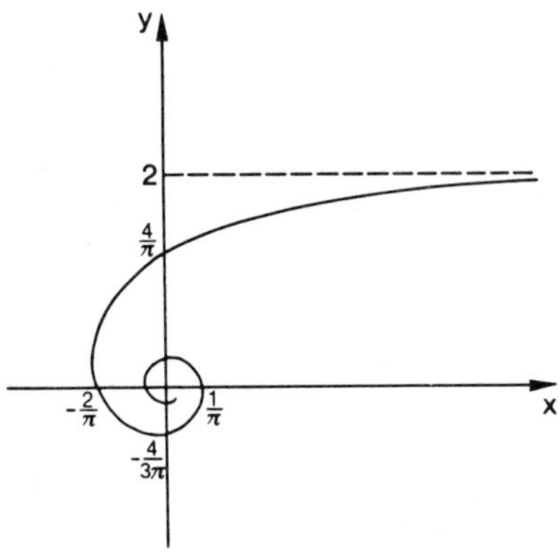

Abb. 6

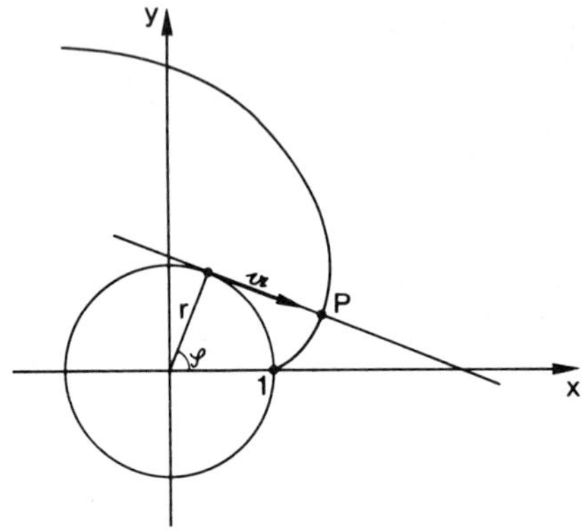

Abb. 7

3. Ist $(r\cos\varphi,\ r\sin\varphi)$ der Ortsvektor des momentanen Berührungspunktes, so ist $\mathfrak{v} = (\sin\varphi,\ -\cos\varphi)$ der Einheitsvektor in Richtung der Geraden (Abb. 7) und $\mathfrak{x}(\varphi) = (r\cos\varphi + r\varphi\sin\varphi,\ r\sin\varphi - r\varphi\cos\varphi)$ ist die Parameterdarstellung der Kurve, die von P beschrieben wird. Dann ist für $\varphi > 0$

   $\dot{\mathfrak{x}}(\varphi) = r(\varphi\cos\varphi,\ \varphi\sin\varphi)$, $|\dot{\mathfrak{x}}(\varphi)| = r\varphi$,

   $\mathfrak{t}(\varphi) = (\cos\varphi, \sin\varphi)$, $\mathfrak{t}'(\varphi) = \dfrac{\dot{\mathfrak{t}}(\varphi)}{|\dot{\mathfrak{x}}(\varphi)|} = \dfrac{1}{r\varphi}(-\sin\varphi,\ \cos\varphi)$,

   $\mathfrak{n}(\varphi) = (-\sin\varphi, \cos\varphi)$, $\kappa(\varphi) = \dfrac{1}{r\varphi}$,

   also erhält man die Evolute

   $\tilde{\mathfrak{x}}(\varphi) = \mathfrak{x}(\varphi) + \dfrac{1}{\kappa(\varphi)}\mathfrak{n}(\varphi) = r(\cos\varphi, \sin\varphi)$, das ist der Ausgangskreis.

4. Benutzt man θ als Parameter, so ist offenbar $\mathfrak{t}(\theta) = (\cos\theta, \sin\theta)$ und $\mathfrak{t}' = (-\sin\theta, \cos\theta)\theta'$, $\mathfrak{n}(\theta) = (-\sin\theta, \cos\theta)$, also $\kappa = \theta'$. Nimmt man $s_0 = 0$ und $\theta(0) = \frac{\pi}{2}$ an, so ist $\kappa(s) = \lambda s = \theta'(s)$, $\theta(s) = \frac{1}{2}\lambda s^2 + \frac{\pi}{2}$,

   also wegen $\mathfrak{x}(s) = \int_0^s \mathfrak{t}(\theta(\sigma))\,d\sigma + (a, 0)$

$$x(s) = a - \int_0^s \sin\frac{\lambda\sigma^2}{2}\,d\sigma = a - \sqrt{\frac{2}{\lambda}}\int_0^{s\sqrt{\lambda/2}} \sin t^2\,dt,$$

$$y(s) = \int_0^s \cos\frac{\lambda\sigma^2}{2}\,d\sigma = \sqrt{\frac{2}{\lambda}}\int_0^{s\sqrt{\lambda/2}} \cos t^2\,dt.$$

Dabei sind ein Wert s_1 und λ so zu wählen, daß $x(s_1) = 0$ und $\theta(s_1) = \pi$ gilt. Also ist $\lambda = \pi s_1^{-2}$ und

$$s_1 \sqrt{\frac{2}{\pi}} \int_0^{\sqrt{\pi/2}} \sin t^2 \, dt = a \quad \text{oder} \quad s_1 \cdot 0{,}43825\ldots = a.$$

Die hier auftretenden Integrale über $\sin t^2$ bzw. $\cos t^2$ heißen Fresnelsche Integrale. Ist schließlich v der Betrag der Geschwindigkeit des Autos, so ist $\dot{\mathfrak{x}} = v\,\mathfrak{t}$ die Geschwindigkeit und $\ddot{\mathfrak{x}} = v^2 \kappa\, \mathfrak{n}$ die Beschleunigung. Ist α der Überhöhungswinkel, so muß $v^2 \kappa \cos\alpha = g \sin\alpha$ mit der Erdanziehung g sein, also $\tan\alpha = \lambda s v^2/g$.

5. $\dot{\mathfrak{x}}(t) = \left(\frac{-1}{\sqrt{1-t^2}},\ 2t,\ \frac{1-2t^2}{\sqrt{1-t^2}}\right)$, $\quad |\dot{\mathfrak{x}}(t)| = \sqrt{\frac{2}{1-t^2}}$,

$$\mathfrak{t}(t) = \frac{1}{\sqrt{2}}(-1,\ 2t\sqrt{1-t^2},\ 1-2t^2), \quad \mathfrak{t}'(t) = (0,\ 1-2t^2,\ -2t\sqrt{1-t^2}),$$

$$\rho(t) = |\mathfrak{t}'(t)|^{-1} = 1, \quad \mathfrak{n} = \mathfrak{t}', \quad \mathfrak{b}(t) = \mathfrak{t}(t) \times \mathfrak{n}(t) = -\frac{1}{\sqrt{2}}(1, 2t\sqrt{1-t^2}, 1-2t^2),$$
$$\mathfrak{b}'(t) = (0, -1+2t^2,\ 2t\sqrt{1-t^2}), \qquad \frac{1}{\tau} = -\mathfrak{b}' \cdot \mathfrak{n} = 1,$$

Mittelpunkt der Schmiegungskugel

$$\mathfrak{m}(t) = \mathfrak{x}(t) + \rho(t)\,\mathfrak{n}(t) + \rho'(t)\,\tau(t)\,\mathfrak{b}(t) = (\operatorname{arc\,cos}_0 t,\ 1-t^2,\ -t\sqrt{1-t^2}),$$

dieser geht aus $\mathfrak{x}(t)$ durch Spiegelung an der x-Achse und Verschiebung um 1 in y-Richtung hervor.

$$|\dot{\mathfrak{m}}(t)| = \sqrt{\frac{2}{1-t^2}}, \quad s(t) = \int_{t_1}^{t_2} \sqrt{\frac{2}{1-t^2}}\, dt = \sqrt{2}\,[\operatorname{Arc\,sin} t]_{t_1}^{t_2}.$$

6. Man kann x als Parameter verwenden:

$$\mathfrak{x}(x) = (x,\ 1-\sqrt{1-x^2},\ 1-\sqrt{1-x^2}), \quad \dot{\mathfrak{x}}(x) = \left(1, \frac{x}{\sqrt{1-x^2}}, \frac{x}{\sqrt{1-x^2}}\right),$$

$$|\dot{\mathfrak{x}}(x)| = \sqrt{\frac{1+x^2}{1-x^2}}, \quad \mathfrak{t}(x) = \frac{1}{\sqrt{1+x^2}}(\sqrt{1-x^2}, x, x),$$

$$\mathfrak{t}'(x) = \frac{\dot{\mathfrak{t}}(x)}{|\dot{\mathfrak{x}}(x)|} = \frac{1}{(1+x^2)^2}(-2x,\ \sqrt{1-x^2}, \sqrt{1-x^2}),$$

$$|\mathfrak{t}'(x)| = \frac{1}{\rho(x)} = \frac{\sqrt{2}}{(1+x^2)^{3/2}},$$

$$\mathfrak{n}(x) = \frac{1}{\sqrt{2(1+x^2)}}(-2x,\ \sqrt{1-x^2},\ \sqrt{1-x^2}), \quad \mathfrak{b}(x) = \mathfrak{t}(x) \times \mathfrak{n}(x) =$$

$$= \frac{1}{\sqrt{2}}(0, -1, 1), \quad \frac{1}{\tau(x)} = -\mathfrak{b}'(x) \cdot \mathfrak{n}(x) = 0.$$

7. $\dot{\mathfrak{x}}(t) = (\cos t, \sin t \cos t, \sin^2 t)$, $|\dot{\mathfrak{x}}(t)| = 1$, Bogenlänge

$$s = \int_{t_1}^{t_2} dt = t_2 - t_1, \quad \mathfrak{t}(t) = \dot{\mathfrak{x}}(t), \quad \mathfrak{t}'(t) = \dot{\mathfrak{t}}(t) =$$

$$= (-\sin t, \cos^2 t - \sin^2 t, \ 2 \sin t \cos t), \ |\mathfrak{t}'(t)| = \frac{1}{\rho(t)} = \sqrt{1 + \sin^2 t},$$

$$\mathfrak{n}(t) = \frac{1}{\sqrt{1+\sin^2 t}} \mathfrak{t}'(t)$$

$$\mathfrak{b}(t) = \mathfrak{t}(t) \times \mathfrak{n}(t) = \frac{1}{\sqrt{1+\sin^2 t}} (\sin^2 t, \ -\sin t\,(1 + \cos^2 t), \cos^3 t),$$

$\frac{1}{\tau(t)} = \mathfrak{b}(t) \cdot \mathfrak{n}'(t) = \frac{\cos t\,(2 + \sin^2 t)}{\sqrt{1+\sin^2 t}^{\,2}}$. Die Projektion in die x-y-Ebene hat die Parameterdarstellung $(\sin t, \frac{1}{2} \sin^2 t)$ oder in expliziter Form $y = \frac{1}{2} x^2$, also Parabel.

8. $\mathfrak{x}(\varphi) = (a\varphi \cos \varphi, a\varphi \sin \varphi, c\varphi)$ kann als Parameterdarstellung der Schraubenlinie dienen, $\mathfrak{x}(\varphi(t))$ beschreibt die Bewegung des Massenpunktes. Man erhält

$$\frac{d\mathfrak{x}(\varphi)}{d\varphi} = (a(\cos \varphi - \varphi \sin \varphi), \ a(\sin \varphi + \varphi \cos \varphi), c), \ \left|\frac{d\mathfrak{x}(\varphi)}{d\varphi}\right| = \sqrt{a^2\varphi^2 + a^2 + c^2},$$

$$\mathfrak{t}(\varphi) = \frac{1}{\sqrt{a^2\varphi^2 + a^2 + c^2}} (a(\cos \varphi - \varphi \sin \varphi), \ a(\sin \varphi + \varphi \cos \varphi), c).$$

Bekanntlich ist $\mathfrak{v} = \dot{\mathfrak{x}} = \frac{d\mathfrak{x}}{d\varphi} \dot{\varphi}$ die Geschwindigkeit des Massenpunktes,

$v = |\dot{\mathfrak{x}}| = \dot{\varphi}\sqrt{a^2\varphi^2 + a^2 + c^2}$ deren Betrag. Für die Beschleunigung gilt

$\dot{\mathfrak{v}} = \dot{v}\,\mathfrak{t} + \frac{v^2}{\rho}\,\mathfrak{n} =: b_t\,\mathfrak{t} + b_n\,\mathfrak{n}$ und wegen der Masse 1 ist $\dot{v} = -g\,\mathfrak{e}_3 \cdot \mathfrak{t}$ nach dem Newtonschen Grundgesetz. Das ergibt

$$\ddot{\varphi} + \frac{a^2\varphi\,\dot{\varphi}^2 + gc}{a^2\varphi^2 + a^2 + c^2} = 0.$$

In der Differentialgleichung kommt t nicht vor, daher fasse man hilfsweise $\dot{\varphi}$ als Funktion von φ auf (für $\dot{\varphi}(t) \neq 0$ ist das möglich), es folgt

$$\frac{d\dot{\varphi}}{d\varphi}\,\dot{\varphi} + \frac{a^2\varphi\,\dot{\varphi}^2 + gc}{a^2\varphi^2 + a^2 + c^2} = 0.$$

Mit $\dot{\varphi}^2 = \Phi$ erhält man schließlich eine lineare Differentialgleichung

$$\frac{d\Phi}{d\varphi} + \frac{2a^2\varphi}{a^2\varphi^2 + a^2 + c^2}\,\Phi + \frac{2gc}{a^2\varphi^2 + a^2 + c^2} = 0$$

für Φ. Nach Satz 13.11b ergibt sich

$$\Phi(\varphi) = \frac{C - 2gc\varphi}{a^2\varphi^2 + a^2 + c^2}$$

als Lösung und wegen $\dot{\varphi}(0) = 0$, $\varphi(0) = 0$, auch $\Phi(0) = 0$ also $C = 0$.
Es muß $c < 0$ gelten (der Massenpunkt bewegt sich abwärts) und man erhält

$$\dot{\varphi} = \sqrt{\frac{-2gc\varphi}{a^2\varphi^2 + a^2 + c^2}}, \quad v = \sqrt{-2gc\varphi}, \quad \dot{v} = \frac{-gc}{\sqrt{a^2\varphi^2 + a^2 + c^2}}$$

und bei Elimination von φ aus $\rho b_n = -2gc\varphi$, $b_t^2(a^2\varphi^2 + a^2 + c^2) = g^2c^2$

schließlich $\frac{a^2}{4g^2c^2}\rho^2 b_n^2 - \frac{g^2c^2}{b_t^2} + a^2 + c^2 = 0.$

9. Es ist $\frac{d\mathfrak{x}^*}{ds} = \mathfrak{x}' + \lambda\mathfrak{n}' = (1 - \frac{\lambda}{\rho})\,\mathfrak{t} + \frac{\lambda}{\tau}\,\mathfrak{b}$, $\left|\frac{d\mathfrak{x}^*}{ds}\right| = \sqrt{(1 - \frac{\lambda}{\rho})^2 + (\frac{\lambda}{\tau})^2}$,

$$\mathfrak{t}^* = \frac{1}{|d\mathfrak{x}^*/ds|}\frac{d\mathfrak{x}^*}{ds}, \quad \frac{d\mathfrak{t}^*}{ds^*} = \frac{1}{|d\mathfrak{x}^*/ds|}\frac{d\mathfrak{t}^*}{ds} =$$

$$= \frac{1}{\sqrt{(1-\lambda/\rho)^2 + (\lambda/\tau)^2}}\left\{\left[\frac{1-\lambda/\rho}{\sqrt{(1-\lambda/\rho)^2 + (\lambda/\tau)^2}}\right]'\mathfrak{t} + \left[\frac{\lambda/\tau}{\sqrt{(1-\lambda/\rho)^2 + (\lambda/\tau)^2}}\right]'\mathfrak{b}\right.$$

$$\left. + \frac{(1-\lambda/\rho)/\rho - \lambda/\tau^2}{\sqrt{(1-\lambda/\rho)^2 + (\lambda/\tau)^2}}\mathfrak{n}\right\},$$ es ist also $\mathfrak{n}^* = \mathfrak{n}$ genau dann, wenn

$$\left[\frac{1-\lambda/\rho}{\sqrt{(1-\lambda/\rho)^2 + (\lambda/\tau)^2}}\right]' = 0, \qquad \left[\frac{\lambda/\tau}{\sqrt{(1-\lambda/\rho)^2 + (\lambda/\tau)^2}}\right]' = 0.$$

Da die Quadratsumme der beiden eckigen Klammern 1 ist, sind beide gleichzeitig konstant, die erste liefert
$\lambda\frac{\lambda}{\tau}(\frac{\lambda}{\tau}(\frac{1}{\rho})' + (1 - \frac{\lambda}{\rho})(\frac{1}{\tau})') = 0$. Schließt man den trivialen Fall $\lambda = 0$ aus, so hat man für $A = 0$ $\tau = B$ und erhält $(\frac{1}{\rho})' = 0$ als Bedingung, d. h. τ und ρ müssen konstant sein, λ ist beliebig. Für $A \neq 0$ folgt entweder $(\frac{1}{\tau})' = 0$, also wieder der Fall konstanter ρ und τ mit beliebigem λ, oder $\lambda = A$. In diesem Fall ist

$d\mathfrak{t}^*/ds^* = \frac{-A + B\tau/\rho}{A^2 + B^2}\mathfrak{n}$, also $1/\rho^* = \left|\frac{-A + B\tau/\rho}{A^2 + B^2}\right|$, speziell für $B = 0$ ist

$\rho = A$ und $\frac{1}{\rho^*} = \frac{1}{\rho}$.

10. a) $\mathfrak{x}_u(u, v) = (-a \sin u \cosh v,\ a \cos u \cosh v,\ 0)$,
$\mathfrak{x}_v(u, v) = (a \cos u \sinh v,\ a \sin u \sinh v,\ c \cosh v)$,
$E = a^2\cosh^2 v$, $F = 0$, $G = a^2\sinh^2 v + c^2\cosh^2 v$,
$\mathfrak{N} = \frac{\mathfrak{x}_u \times \mathfrak{x}_v}{\sqrt{EG - F^2}} = \frac{1}{\sqrt{G}}(c \cos u \cosh v,\ c \sin u \cosh v,\ -a \sinh v)$,

$$L = \mathfrak{x}_{uu} \cdot \mathfrak{n} = -\frac{ac}{\sqrt{G}} \cosh^2 v, \quad M = \mathfrak{x}_{uv} \cdot \mathfrak{n} = 0, \quad N = \mathfrak{x}_{vv} \cdot \mathfrak{n} = \frac{ac}{\sqrt{G}},$$

$$K = -\left(\frac{c}{G}\right)^2, \quad 2H = \frac{N}{G} + \frac{L}{E} = \frac{c}{aG^{3/2}} (a^2 - G).$$

b) $\mathfrak{x}_u (u, v) = (-\sin u \cosh v,\ \cos u \cosh v, 0)$,
$\mathfrak{x}_v (u, v) = (\cos u \sinh v, \sin u \sinh v, 1)$, $E = G = \cosh^2 v$, $F = 0$,
$\mathfrak{n}\ (u, v) = \frac{1}{\cosh v} (\cos u, \sin u, -\sinh v)$, $L = \mathfrak{n} \cdot \mathfrak{x}_{uu} = -1$,
$M = \mathfrak{n} \cdot \mathfrak{x}_{uv} = 0$, $N = \mathfrak{n} \cdot \mathfrak{x}_{vv} = 1$, $K = -\cosh^{-4} v$, $H = 0$, es handelt sich um eine Minimalfläche.

c) $\mathfrak{x}_u (u, v) = (\cos v, \sin v, \sinh \sqrt{v})$, $\mathfrak{x}_v (u, v) = \left(-u \sin v, u \cos v, \frac{u \cosh \sqrt{v}}{2\sqrt{v}}\right)$,

$$E = \cosh^2 \sqrt{v}, \quad F = \frac{u}{2\sqrt{v}} \sinh \sqrt{v} \cosh \sqrt{v},$$

$$G = u^2 \left(1 + \frac{\cosh^2 \sqrt{v}}{4v}\right), \ \mathfrak{n}\ (u, v) = \frac{1}{\sqrt{1 + 1/4v}\ \cosh \sqrt{v}} \left(\frac{\sin v}{2\sqrt{v}} \cosh \sqrt{v} - \cos v \sinh \sqrt{v}\right.$$

$$\left. - \frac{\cos v}{2\sqrt{v}} \cosh \sqrt{v} - \sin v \sinh \sqrt{v}, 1\right),$$

$$L = \mathfrak{n} \cdot \mathfrak{x}_{uu} = 0, \quad M = \mathfrak{n} \cdot \mathfrak{x}_{uv} = 0, \quad N = \mathfrak{n} \cdot \mathfrak{x}_{vv} =$$

$$= u \left(\sqrt{1 + \frac{1}{4v}} \tanh \sqrt{v} - \frac{1}{2v\sqrt{4v + 1}}\right), \ K = 0,$$

$$2H = \frac{1}{u} \left(1 + \frac{1}{4v}\right)^{-3/2} \left(\left(1 + \frac{1}{4v}\right) \tanh \sqrt{v} - \frac{1}{4v\sqrt{v}}\right).$$

d) $\mathfrak{x}_u (u, v) = (2ue^v, 2ue^{-v}, 1)$, $\mathfrak{x}_v (u, v) = (u^2 e^v, -u^2 e^{-v}, 0)$,
$E = 4u^2 (e^{2v} + e^{-2v}) + 1$, $F = 2u^3 (e^{2v} - e^{-2v})$, $G = u^4 (e^{2v} + e^{-2v})$
$\mathfrak{n}\ (u, v) = (16u^2 + e^{2v} + e^{-2v})^{-1/2} (e^{-v}, e^v, -4u)$,
$L = \mathfrak{n} \cdot \mathfrak{x}_{uu} = 4 (16u^2 + e^{2v} + e^{-2v})^{-1/2}$, $M = \mathfrak{n} \cdot \mathfrak{x}_{uv} = 0$,
$N = \mathfrak{n} \cdot \mathfrak{x}_{vv} = 2u^2 (16u^2 + e^{2v} + e^{-2v})^{-1/2}$, $K = 8u^{-2} (16u^2 + e^{2v} + e^{-2v})^{-2}$,
$H = [6 (e^{2v} + e^{-2v}) + u^{-2}] (16u^2 + e^{2v} + e^{-2v})^{-3/2}$.

Kap. 18:

1. Die Reihe selbst konvergiert offenbar für $x = 0$, die gliedweise abgeleitete Reihe lautet $\Sigma\, x^2 (3 - nx)\, e^{-nx}$. Nach Beispiel 11.5a gibt es ein $C > 0$, so daß $x^2 e^{-x} \leqq C$, $x^3 e^{-x} \leqq C$ für alle $x \geqq 0$, also gilt $3x^2 e^{-nx} \leqq \frac{3C}{n^2}$ und $nx^3 e^{-nx} \leqq \frac{C}{n^2}$, somit $|\, 3x^2 - nx^3 \,|\, e^{-nx} \leqq 4Cn^{-2}$, damit ist eine konvergente

Majorante vorhanden, die unabhängig von x ist, die abgeleitete Reihe konvergiert also nach Satz 9.7 für alle $x \geqq 0$ gleichmäßig. Damit ist $\Sigma x^3 e^{-nx}$ gliedweise differenzierbar.

2. Nach Folgerung 9.8 konvergieren die verwendeten Potenzreihen gleichmäßig: die Exponentialreihe für $0 \leqq y \leqq x$ wegen Konvergenzradius ∞, die binomische Reihe wegen $k^2 \sin^2 x \leqq k^2 < 1$ und des Konvergenzradius 1.

a) $\int\limits_0^x e^{-y^2} dy = \sum\limits_{n=0}^{\infty} \frac{1}{n!} \int\limits_0^x (-y^2)^n dy = \sum\limits_{n=0}^{\infty} \frac{(-1)^n}{n!} \frac{x^{2n+1}}{2n+1}.$

b) $\int\limits_0^{\pi/2} (1-k^2 \sin^2 x)^{-1/2} dx = \sum\limits_{n=0}^{\infty} \binom{-1/2}{n} (-k^2)^n \int\limits_0^{\pi/2} \sin^{2n} x \, dx$, nach Beispiel 12.18b ist das letzte Integral gleich

$\frac{\pi}{2} \frac{(2n)!}{2^{2n}(n!)^2} = \frac{\pi}{2} (-1)^n \binom{-1/2}{n}$, also ergibt sich

$$\int\limits_0^{\pi/2} (1-k^2 \sin^2 x)^{-1/2} dx = \frac{\pi}{2} \sum_{n=0}^{\infty} \frac{[(2n)!]^2}{[n!]^4} \left(\frac{k}{4}\right)^{2n}.$$

c) $\int\limits_0^x e^{-y^2} dy = \sum\limits_{k=0}^{n} \frac{(-1)^k}{k!} \frac{x^{2k+1}}{2k+1} + R_n(x)$ mit $R_n(x) = \sum\limits_{k=n+1}^{\infty} \frac{(-1)^k}{k!} \frac{x^{2k+1}}{2k+1}$,

die Reihe ist für $0 \leqq x \leqq 1$ alternierend mit monoton abnehmenden Gliedern,

also ist $|R_n(x)| \leqq \frac{x^{2n+3}}{(n+1)!(2n+3)} \leqq \frac{1}{(n+1)!(2n+3)}$.

Für $n = 5$ ergibt sich ein Fehler $\leqq (9360)^{-1}$, für $n = 6$ einer $\leqq (75600)^{-1}$, letzteres ist $\leqq 2.10^{-5} = (50000)^{-1}$.

d) Der Fehler ist $R_n(k) = \frac{\pi}{2} \sum\limits_{j=n+1}^{\infty} \frac{[(2j)!]^2}{[j!]^4} \left(\frac{k}{4}\right)^{2j} = \frac{\pi}{2} \sum\limits_{j=n+1}^{\infty} \binom{-1/2}{j}^2 k^{2j}$,

wegen $\binom{-1/2}{j}^2 = \frac{\left(\frac{1}{2}\right)^2}{1^2} \frac{\left(\frac{1}{2}+1\right)^2}{2^2} \cdots \frac{\left(\frac{1}{2}+j-1\right)^2}{j^2} \leqq 1$

also $R_n(k) \leqq \frac{\pi}{2} \sum\limits_{j=n+1}^{\infty} k^{2j} \leqq \frac{\pi}{2} k^{2n+2} \frac{1}{1-k^2}$.

3. a) Ungerade Fortsetzung: $f_1(x) = \begin{cases} x & \text{für } |x| \leqq 1 \\ \pm 1 & \text{für } 1 \leqq \pm x < 2 \end{cases}$, es folgt

$f_1(x) = \sum\limits_{n=1}^{\infty} b_n \sin \frac{\pi n x}{2}$ für $|x| < 2$ mit

$$b_n = \frac{1}{2} \int\limits_{-2}^{2} f_1(x) \sin \frac{\pi n x}{2} dx = \int\limits_0^1 x \sin \frac{\pi n x}{2} dx + \int\limits_1^2 \sin \frac{\pi n x}{2} dx$$

$$= \frac{2}{n\pi} (-1)^{n+1} + \frac{2}{n^2 \pi^2} (1-(-1)^n)(-1)^{\frac{n-1}{2}}.$$

b) Gerade Fortsetzung: $f_2(x) = \begin{cases} |x| & \text{für } |x| \leqq 1 \\ 1 & \text{für } 1 \leqq |x| \leqq 2 \end{cases}$, es folgt

$$f_2(x) = \sum_{n=0}^{\infty} a_n \cos \frac{\pi n x}{2} \quad \text{für } |x| \leqq 2 \quad \text{mit}$$

$$a_0 = \frac{1}{4} \int_{-2}^{2} f_2(x)\,dx = \frac{1}{2}\left(\int_0^1 x\,dx + \int_1^2 dx\right) = \frac{3}{4} \quad \text{und} \quad \text{für } n \geqq 1$$

$$a_n = \frac{1}{2} \int_{-2}^{2} f_2(x) \cos \frac{n\pi x}{2}\,dx = \int_0^1 x \cos \frac{n\pi x}{2}\,dx + \int_1^2 \cos \frac{n\pi x}{2}\,dx =$$

$$= -\frac{4}{n^2\pi^2} \quad \text{für n ungerade,} \quad = \frac{-4}{n^2\pi^2}\left(1 - (-1)^{n/2}\right) \text{ für n gerade.}$$

4. Für $\tilde{f}(x) := f(\pi - x)$ gilt

$$\tilde{a}_n = \frac{1}{\pi} \int_{-\pi}^{\pi} \tilde{f}(x) \cos nx\,dx = \frac{1}{\pi} \int_{-\pi}^{\pi} f(\pi - x) \cos nx\,dx$$

$$= \frac{1}{\pi} \int_{2\pi}^{0} f(y) \cos n(\pi - y)(-dy) = \frac{(-1)^n}{\pi} \int_0^{2\pi} f(y) \cos ny\,dy = (-1)^n a_n,$$

analog $\tilde{b}_n = (-1)^{n+1} b_n$.

a) $b_n = 0$ für alle n und $a_{2k+1} = 0$ für alle k $\Leftrightarrow$
$b_n = 0 = \tilde{b}_n$ und $a_n = \tilde{a}_n$ für alle n $\Leftrightarrow$
f gerade und $f(x) = \tilde{f}(x) = f(\pi - x)$ (fast überall).

b) $b_n = 0$ für alle n und $a_{2k} = 0$ für alle k $\Leftrightarrow$
$b_n = 0 = \tilde{b}_n$ und $a_n = -\tilde{a}_n$ für alle n $\Leftrightarrow$
f gerade und $f(x) = -\tilde{f}(x) = -f(\pi - x)$ (fast überall).

c) $a_n = 0$ für alle n und $b_{2k+1} = 0$ für alle k $\Leftrightarrow$
$a_n = 0 = \tilde{a}_n$ und $b_n = -\tilde{b}_n$ für alle n $\Leftrightarrow$
f ungerade und $f(x) = -\tilde{f}(x) = -f(\pi - x)$ (fast überall).

d) $a_n = 0$ für alle n und $b_{2k} = 0$ für alle k $\Leftrightarrow$
$a_n = 0 = \tilde{a}_n$ und $b_n = \tilde{b}_n$ für alle n $\Leftrightarrow$
f ungerade und $f(x) = \tilde{f}(x) = f(\pi - x)$ (fast überall).

Das „fast überall" bezieht sich darauf, daß gemäß Satz 18.16c aus der Gleichheit der Fourierkoeffizienten nur auf die Gleichheit der Funktionswerte fast überall geschlossen werden kann. Bei stetigen Funktionen gilt die Gleichheit überall. In a) und d) ist f symmetrisch zur Geraden $x = \frac{\pi}{2}$, in b) und c) ist f symmetrisch zum Punkt $(\frac{\pi}{2}, 0)$.

5. Es ist

$$g(x) = \begin{cases} \sin x & \text{für } 0 \leqq x \leqq x_0,\ \pi - x_0 \leqq x \leqq \pi \\ \sin x_0 & \text{für } x_0 \leqq x \leqq \pi - x_0 \end{cases}$$

und $g(-x) = -g(x)$. Damit ist g in eine Sinusreihe entwickelbar mit

$$b_n = \frac{2}{\pi}\int_0^{\pi} g(x)\sin nx\,dx = \frac{2}{\pi}\int_0^{x_0}\sin x\sin nx\,dx + \frac{2}{\pi}\int_{\pi-x_0}^{\pi}\sin x\sin nx\,dx +$$

$$+\frac{2}{\pi}\int_{x_0}^{\pi-x_0}\sin x_0\sin nx\,dx = \frac{1-(-1)^n}{\pi}\left[\frac{\sin(n-1)x_0}{n-1} - \frac{\sin(n+1)x_0}{n+1} +\right.$$

$$\left.+\frac{2}{n}\sin x_0\cos n x_0\right] = \frac{1-(-1)^n}{\pi n}\left[\frac{\sin(n-1)x_0}{n-1} + \frac{\sin(n+1)x_0}{n+1}\right] \text{ für } n > 1 \text{ und}$$

$b_1 = \frac{1}{\pi}(2x_0 + \sin 2x_0)$.

$b_3 = \frac{1}{6\pi}(2\sin 2x_0 + \sin 4x_0) = \frac{4}{3\pi}\sin x_0\cos^3 x_0$ ist extremal für $x_0 = \frac{\pi}{2}$ oder $\tan^2 x_0 = \frac{1}{3}$, also $x_0 = \frac{\pi}{6}$, letzteres ist der Wert mit maximalem b_3.

6. Ungerade Fortsetzung: $f(x) = -f(-x)$ für $x \in [-\pi, 0[$, $f(0) = 0$.

Dann ist $b_n = \frac{2}{\pi}\int_0^{\pi}\cos\frac{x}{2}\sin nx\,dx = \frac{2n}{\pi(n^2 - 1/4)}$.

7. Es ist $f(x) = \frac{a_0}{2} + \sum_{n=1}^{\infty}\left(a_n\cos\frac{n\pi x}{2} + b_n\sin\frac{n\pi x}{2}\right)$ für $x \in]-2, 2[$ mit

$$a_0 = \frac{1}{2}\int_{-2}^{2} f(x)\,dx = \frac{1}{2}\int_0^2 x\,dx = 1,$$

$$a_n = \frac{1}{2}\int_{-2}^{2} f(x)\cos\frac{n\pi x}{2}\,dx = \frac{1}{2}\int_0^2 x\cos\frac{n\pi x}{2}\,dx = \frac{2}{(n\pi)^2}\left((-1)^n - 1\right),$$

$$b_n = \frac{1}{2}\int_{-2}^{2} f(x)\sin\frac{n\pi x}{2}\,dx = \frac{1}{2}\int_0^2 x\sin\frac{n\pi x}{2}\,dx = \frac{2}{n\pi}(-1)^{n+1}.$$

8. a) f hat zwar für $x = 0$ eine Oszillationsstelle, ist aber über $[-\pi, \pi]$ quadratisch integrierbar, da beschränkt. Die Fourierreihe konvergiert für $x \neq 0, \pm\pi$ gegen die Funktion, die dort differenzierbar ist.

b) f ist über $[0, 2]$ nicht integrierbar, da $f(x) = (x-1)^{-2}$ auch nicht uneigentlich integrierbar ist.

c) f ist stetig in $[-1, 1]$, also existiert die Fourierreihe, sie konvergiert überall gegen f, da f in $]-1, 1[$ differenzierbar und in ± 1 noch Hölderstetig.

d) f ist im Innern des Periodenintervalls differenzierbar und nimmt auch die Grenzwerte am Rande differenzierbar an. Daher konvergiert die Fourierreihe im Innern gegen $f(x)$, am Rande gegen $\frac{1}{2}\left[f\left(-\frac{1}{10}\right) + f\left(\frac{1}{10} - 0\right)\right] = \frac{100}{99}$.

9. Die rechte Seite f ist eine gerade Funktion, also in eine Cosinusreihe $\sum_{n=0}^{\infty} a_n \cos nx$ entwickelbar mit

$$a_0 = \frac{1}{\pi} \int_0^{\pi} (\pi - x)\, dx = \frac{\pi}{2}, \quad a_n = \frac{2}{\pi} \int_0^{\pi} (\pi - x) \cos nx\, dx = \frac{2}{\pi n^2} (1 - (-1)^n).$$

Für die speziellen rechten Seiten $a_n \cos nx = a_n \operatorname{Re} e^{inx}$ erhält man eine partikuläre Lösung durch den Ansatz

$y_n(x) = \operatorname{Re} K e^{inx}$ über $K = -\dfrac{a_n (n^2 + 1 + 2in)}{(n^2+1)^2 + 4n^2}$ in der Gestalt

$$y_n(x) = -a_n \left[\frac{n^2+1}{(n^2+1)^2+4n^2} \cos nx - \frac{2n}{(n^2+1)^2+4n^2} \sin nx\right].$$

Insgesamt ist also $y_p(x) = \sum_{n=0}^{\infty} a_n \left[-\dfrac{n^2+1}{(n^2+1)^2+4n^2} \cos nx + \dfrac{2n}{(n^2+1)^2+4n^2} \sin nx\right]$

eine partikuläre Lösung. Die Koeffizienten haben die Größenordnung n^{-4}, so daß y_p zweimal stetig differenzierbar ist. y_p ist damit glatter als die rechte Seite der Differentialgleichung, die Ecken hat.

10. Sei $d = \inf_{\underline{t} \in T} \| \underline{t} - \underline{x} \|$, dann existiert eine Folge $(\underline{t}_n)$, $\underline{t}_n \in T$, mit $\| \underline{t}_n - \underline{x} \| \to d$.

Für $d = 0$ gilt $\underline{t}_n \to \underline{x}$ und man hat die triviale Zerlegung $\underline{x} = \underline{x} + \underline{0}$. Sei also $d > 0$. Aus der Gleichung $\| \underline{a} + \underline{b} \|^2 + \| \underline{a} - \underline{b} \|^2 = 2 (\| \underline{a} \|^2 + \| \underline{b} \|^2)$ folgt

$$\| \underline{t}_n - \underline{t}_m \|^2 = \| \underline{x} - \underline{t}_m - (\underline{x} - \underline{t}_n) \|^2 = 2 (\| \underline{x} - \underline{t}_n \|^2 + \| \underline{x} - \underline{t}_m \|^2) -$$

$$- \| 2\underline{x} - \underline{t}_n - \underline{t}_m \|^2 = 2 (\| \underline{x} - \underline{t}_n \|^2 + \| \underline{x} - \underline{t}_m \|^2) - 4 \left\| \underline{x} - \frac{\underline{t}_n + \underline{t}_m}{2} \right\|^2$$

$$\leqq 2 (\| \underline{x} - \underline{t}_n \|^2 + \| \underline{x} - \underline{t}_m \|^2) - 4d^2 \to 2 \cdot 2d^2 - 4d^2 = 0 \text{ für } n, m \to \infty.$$

Also ist $(\underline{t}_n)$ eine Cauchyfolge, $\underline{t}_n \to \underline{t}_x$, mit $\| \underline{t}_x - \underline{x} \| = d$ und $\underline{t}_x \in T$. Sei $\underline{s} = \underline{x} - \underline{t}_x$, für beliebige $\underline{t} \in T$ gilt dann

$d^2 \leqq \| \underline{x} - (\underline{t}_x + \alpha \underline{t}) \|^2 = \| \underline{s} - \alpha \underline{t} \|^2 = \| \underline{s} \|^2 + \alpha^2 \| \underline{t} \|^2 - 2\alpha \langle \underline{s}, \underline{t} \rangle$ und mit

$\| \underline{s} \| = d$ sowie $\alpha = \dfrac{\langle \underline{s}, \underline{t} \rangle}{\| \underline{t} \|^2}$ folgt $0 \leqq -\dfrac{\langle \underline{s}, \underline{t} \rangle^2}{\| \underline{t} \|^2}$ oder $\langle \underline{s}, \underline{t} \rangle = 0$,

d. h. $\underline{s} \perp T$. $\underline{s}$ und $\underline{t}_x$ sind eindeutig, denn aus $\underline{x} = \underline{s}_1 + \underline{t}_1 = \underline{s}_2 + \underline{t}_2$ folgt $\underline{t}_1 - \underline{t}_2 = \underline{s}_2 - \underline{s}_1 \perp T$, also $\langle \underline{t}_1 - \underline{t}_2, \underline{t}_1 - \underline{t}_2 \rangle = \| \underline{t}_1 - \underline{t}_2 \|^2 = 0$ und damit $\underline{t}_1 = \underline{t}_2$, $\underline{s}_1 = \underline{s}_2$.

11. Da $P^2(\underline{x}) = P(\underline{t}_x) = \underline{t}_x$, ist $P^2 = P$, es gilt weiter

$P(\alpha \underline{x}_1 + \beta \underline{x}_2) = P((\alpha \underline{s}_1 + \beta \underline{s}_2) + (\alpha \underline{t}_1 + \beta \underline{t}_2)) = \alpha \underline{t}_1 + \beta \underline{t}_2 = \alpha P(\underline{x}_1) + \beta P(\underline{x}_2)$

wegen $\alpha \underline{s}_1 + \beta \underline{s}_2 \perp T$ und $\alpha \underline{t}_1 + \beta \underline{t}_2 \in T$. Damit ist P linear, ferner

$\| P(\underline{x}) \|^2 = \| \underline{t}_x \|^2 = \| \underline{x} - \underline{s} \|^2 = \| \underline{x} \|^2 + \| \underline{s} \|^2 - 2 \langle \underline{x}, \underline{s} \rangle =$
$= \| \underline{x} \|^2 + \| \underline{s} \|^2 - 2 \langle \underline{s}, \underline{s} \rangle = \| \underline{x} \|^2 - \| \underline{s} \|^2 \leqq \| \underline{x} \|^2$, also $\| P \| \leqq 1$.
Für $\underline{x} \in T$ ist $P(\underline{x}) = \underline{x}$, also $\| P \| = 1$. P ist mithin beschränkt und linear.

12. Man definiere $T: C([0,1]) \to \mathscr{C}([0,1])$ durch $(Tf)(x) = \int_0^1 K(x,y) f(y)\, dy$.

Nach Satz 16.16 ist Tf eine in [0, 1] stetige Funktion, also T wirklich eine Abbildung von C ([0, 1]) in sich. Ferner ist T sogar linear und für $f, g \in C([0,1])$ gilt

$$\| Tf - Tg \| = \max_{x \in [0,1]} \left| \int_0^1 K(x,y)[f(y) - g(y)]\, dy \right| \leqq \rho \| f - g \|.$$

Nach dem Banachschen Fixpunktsatz 18.25 existiert daher für $\rho < 1$ eine eindeutige Lösung von Tf = f, die die gesuchte Lösung der Integralgleichung darstellt.

Kap. 19:

1. Wäre $f(\varphi_0) \neq 0$ für ein φ_0, etwa $f(\varphi_0) > 0$, so wäre wegen der Stetigkeit $|f(\varphi)| \geqq |f(\varphi_0)| - |f(\varphi) - f(\varphi_0)| \geqq \frac{1}{2} |f(\varphi_0)|$ für $|\varphi - \varphi_0| \leqq \delta$. Setzt man $G = \{\varphi \mid |\varphi - \varphi_0| < \delta\}$, so ist nach Hilfssatz 19.9b und Beispiel 19.16a $\int_G f\, d\sigma(\varphi) \geqq f(\varphi_0) V(G) > 0$ im Gegensatz zur Voraussetzung.
Also muß $f(\varphi_0) = 0$ sein für alle φ_0.

2. Wegen $f(x) > 0$ für $x \in [a,b]$ vermittelt $\xi(x) = \int_a^x f(t)\, dt$ eine bijektive Abbildung $\xi: [a,b] \to [0, \beta]$ mit $\beta = \xi(b) = \int_a^b f(t)\, dt$.

Betrachtet man nun $g: [a,b] \to \mathbb{R}$ mit

$$g(x) = \int_a^x f(x_1) \left(\int_a^{x_1} f(x_2) \left(\ldots \left(\int_a^{x_{n-1}} f(x_n)\, dx_n \right) \ldots \right) dx_2 \right) dx_1,$$

und $h = g \circ \xi^{-1}$, so ist $\frac{dh}{d\xi} = \frac{dg}{dx} \frac{dx}{d\xi} = \int_a^x f(x_2) (\ldots (\int_a^{x_{n-1}} f(x_n)\, dx_n) \ldots)\, dx_2$

und mit Induktion folgt $\frac{d^n h}{d\xi^n} = 1$ in $[0, \beta]$ und $\frac{d^k h}{d\xi^k}(0) = 0$ für $k = 0, \ldots, n-1$.
Also liefert Integration nach ξ, daß $h(\xi) = \frac{1}{n!} \xi^n$, mithin $g(b) = h(\beta) = \frac{1}{n!} \beta^n$.

3. Das Paraboloid stellt die Deckfläche, die x-y-Ebene die Bodenfläche und der Zylinder die Seitenfläche dar. Sein Schnitt mit der x-y-Ebene ist für $a = 1$ in Abb. 8 angegeben. Nach Satz 19.15c gilt für die Masse

$m = \int_G \left(\int_0^{a^{-1}(x^2+y^2)} \sigma (a - z)\, dz \right) d\sigma (x, y)$, wenn G das in Abb. 8 schraffierte Gebiet ist. Einführung von Polarkoordinaten (zusammen mit z also von Zylinderkoordinaten) liefert

$$m = \frac{\sigma}{2} \int_G \left[2 (x^2 + y^2) - \frac{(x^2 + y^2)^2}{a^2}\right] d\sigma (x, y) =$$

$$= \sigma \int_0^{\pi/2} \left(\int_0^{a\sqrt{\sin 2\varphi}} \left(2 r^3 - \frac{r^5}{a^2}\right) dr \right) d\varphi = \frac{\sigma}{2} a^4 \int_0^{\pi/2} \left(\sin^2 2\varphi - \frac{1}{3} \sin^3 2\varphi\right) d\varphi =$$

$= \frac{\sigma}{2} a^4 \left(\frac{\pi}{4} - \frac{2}{9}\right)$. Dabei ist berücksichtigt worden, daß G und der Integrand symmetrisch zum Nullpunkt sind, so daß man sich auf $0 \leqq \varphi \leqq \pi/2$ beschränken kann, außerdem ist Beispiel 12.18b angewandt worden.

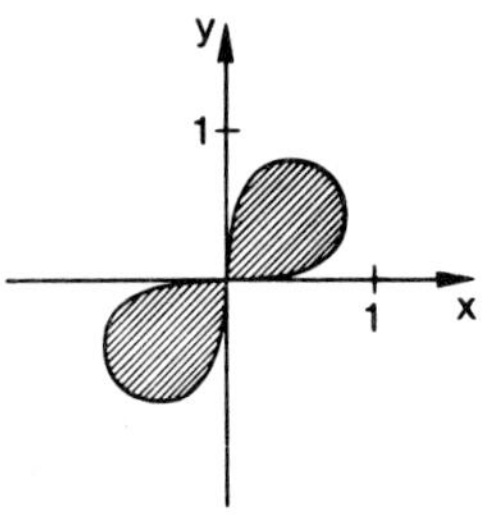

Abb. 8

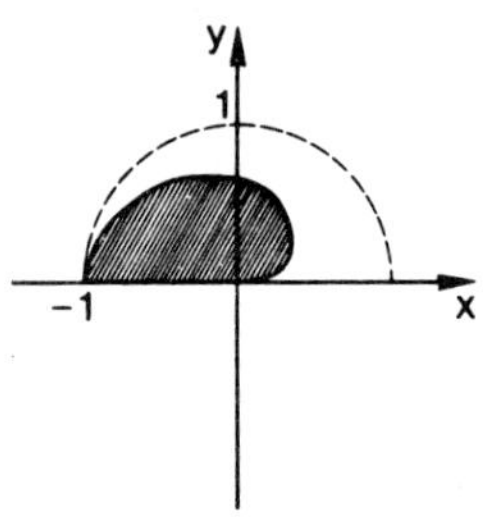

Abb. 9

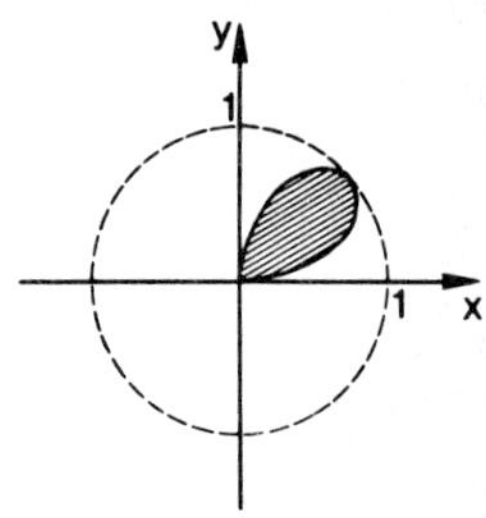

Abb. 10

4. Die x-y-Ebene ist die Grundfläche, das Ellipsoid die Deckfläche, die Seitenflächen werden von der x-z-Ebene und dem Zylinder $r^2 = \frac{\varphi}{\pi}$ gebildet. In Zylinderkoordinaten folgt nach Satz 19.15c mit dem in Abb. 9 schraffierten Gebiet G

$$T_z = \int_G \left(\int_0^{2\sqrt{1-x^2-y^2}} (x^2 + y^2)\, dz \right) d\sigma (x, y)$$

$$= 2 \int_0^{\pi} \left(\int_0^{\sqrt{\varphi/\pi}} r^3 \sqrt{1 - r^2}\, dr \right) d\varphi$$

$$= \int_0^{\pi} \left(\frac{4}{15} + \frac{2}{5} \left(1 - \frac{\varphi}{\pi}\right)^{5/2} - \frac{2}{3} \left(1 - \frac{\varphi}{\pi}\right)^{3/2}\right) d\varphi = \frac{4}{35}\, \pi,$$

dabei kann man im inneren Integral zum Beispiel die Substitution $1 - r^2 = t$ anwenden.

5. $V = \int\limits_0^{2/\sqrt{5}} \left(\int\limits_{G_z} d\sigma(x, y) \right) dz$ mit $G_z = \{z < r < \sqrt{1 - z^2/4}\}$

analog zu Satz 19.15c, also in Polarkoordinaten

$$V = \int\limits_0^{2/\sqrt{5}} \left(\int\limits_z^{\sqrt{1-z^2/4}} \left(\int\limits_0^{2\pi} r\, d\varphi \right) dr \right) dz = \pi \int\limits_0^{2/\sqrt{5}} \left(1 - \tfrac{5}{4} z^2\right) dz = \tfrac{4\pi}{15} \sqrt{5}\,.$$

6. Die x-y-Ebene ist die Grundfläche, die Kugel die Deckfläche, Seitenflächen sind die x-z-, die y-z-Ebene und der Zylinder $r^2 = a^2 \sin^2 2\varphi$, dessen Inneres in Abb.10 $(a = 1)$ schraffiert ist. Es ergibt sich nach Satz 19.15 und 12.18b

$$m = \int\limits_0^{\pi/2} \left(\int\limits_0^{a \sin 2\varphi} \left(\int\limits_0^{\sqrt{a^2 - r^2}} r \sigma z\, dz \right) dr \right) d\varphi$$

$$= \tfrac{\sigma}{2} \int\limits_0^{\pi/2} \left(\int\limits_0^{a \sin 2\varphi} (a^2 - r^2)\, r\, dr \right) d\varphi$$

$$= \tfrac{\sigma}{8} a^4 \int\limits_0^{\pi/2} (2 \sin^2 2\varphi - \sin^4 2\varphi)\, d\varphi = \tfrac{5\pi}{128} \sigma a^4.$$

7. Mit der Parameterdarstellung $x = \cos\varphi$, $y = \sin\varphi$, $\varphi \in [0, 2\pi]$, erhält man für das Integral

$$I = \int\limits_0^{2\pi} (\sin^2\varphi + \cos^2\varphi)\, d\varphi = 2\pi.$$

8. Auf AB kann x als Parameter dienen, dort ist $y = \sqrt{x^2 - 1}$, $x \in [1, 2]$; auf CB kann gleichfalls x als Parameter verwendet werden, $y = \frac{1}{2}\sqrt{3}\, x$, $x \in [0, 2]$. Für das Integral erhält man

$$I = \int\limits_1^2 (xe^{-1} - xe^x)\, dx - \int\limits_0^2 (xe^{-x^2/4} - \tfrac{3}{4} xe^x)\, dx = \tfrac{1}{4} \left(\tfrac{14}{e} - e^2 - 5\right).$$

9. Auf beiden Kurven kann x als Parameter verwendet werden. Längs der Parabel erhält man

$$I_1 = \int\limits_0^{2a} \left(-\frac{x^2}{4a} - \frac{x^3}{4a} - \frac{x^3}{8a^2} + \frac{x^4}{4a^2} \right) dx = -\frac{7}{6} a^2 + \frac{3}{5} a^3$$

und längs der Geraden

$$I_2 = \int\limits_0^{2a} -\tfrac{3}{4} x\, dx = -\tfrac{3}{2} a^2,$$ die Integrale sind verschieden.

10. Es ist $\frac{dx}{d\varphi} = r' \cos\varphi - r \sin\varphi$, $\frac{dy}{d\varphi} = r' \sin\varphi + r \cos\varphi$, also $V(G) = \frac{1}{2} \int_I r^2 \, d\varphi$,

wobei I das Intervall ist, in dem φ variiert, wenn ∂G durchlaufen wird.
Für eine Ellipse E ist $x = a \cos\varphi$, $y = b \sin\varphi$, also $r = \sqrt{a^2 \cos^2\varphi + b^2 \sin^2\varphi}$, der Flächeninhalt ergibt sich somit zu

$$V(E) = \frac{1}{2} \int_0^{2\pi} (a^2 \cos^2\varphi + b^2 \sin^2\varphi) \, d\varphi = \frac{\pi}{2} (a^2 + b^2).$$

Für $a = b$ erhält man den Kreisinhalt.

11. Für $v = 0$ erhält man einen Kreis vom Radius u um den Punkt $(a, 0, 0)$, dabei läuft w im Intervall $[0, 2\pi[$. Für $v \in [0, 2\pi[$ wird dieser Kreis um die z-Achse gedreht, so daß ein Torus (Fahrradschlauch) entsteht (Abb. 11).

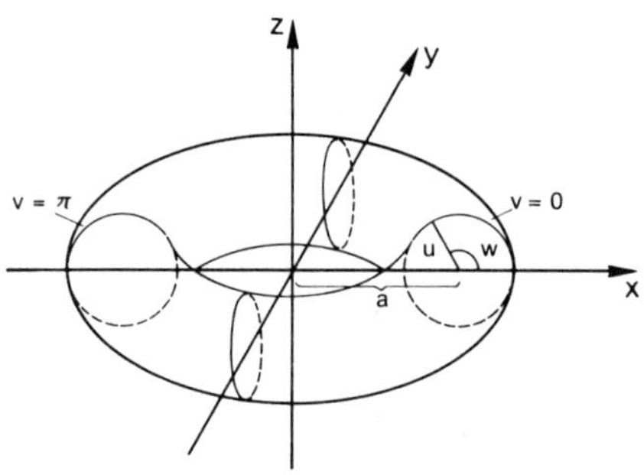

Abb. 11

Für $u \in]0, a[$ wird ein Schlauch mit Innenradius Null überdeckt, in diesem Bereich ist die Koordinatentransformation global umkehrbar.
Mit $\mathfrak{u} = (u, v, w)$ gilt

$$\det \varphi_{\mathfrak{u}} = \det \begin{pmatrix} \cos w \cos v & -(a + u \cos w) \sin v & -u \sin w \cos v \\ \cos w \sin v & (a + u \cos w) \cos v & -u \sin w \sin v \\ \sin w & 0 & u \cos w \end{pmatrix}$$

$$= u (a + u \cos w) > 0 \text{ bei den angegebenen Beschränkungen.}$$

Für einen Torus T vom Schlauchradius r ergibt sich nach 19.17

$$V(T) = \int_T d\sigma(\varphi) = \int_0^r \left(\int_0^{2\pi} \left(\int_0^{2\pi} u (a + u \cos w) \, dw \right) dv \right) du = 2\pi^2 a r^2.$$

12. a) $\varphi(t) = (1, 1, 1)\,t$ für $t \in [0, 1]$, also $I = \int_0^1 2t \, dt = 1$.

b) $I = \int_0^1 y \, dy + \int_0^1 0 \cdot dz + \int_0^1 dx = \frac{3}{2}$.

c) Auf der ersten Strecke ist $\mathfrak{x}\,(t) = (0, t, t)$ mit $t \in [0, 1]$, also

$$I = \int_0^1 t\,dt + \int_0^1 dx = \tfrac{3}{2}.$$

13. Nach Beispiel 17.14d ist $\mathfrak{x}\,(r, \varphi) = \begin{pmatrix} r\cos\varphi \\ r\sin\varphi \\ h\varphi \end{pmatrix}$ und

$do\,(r, \varphi) = \sqrt{r^2 + h^2}\;dr\,d\varphi$, also gilt für den Schwerpunkt

$$\mathfrak{x}_s = \frac{\int_Q \sqrt{r^2+h^2}\,\mathfrak{x}\,(r, \varphi)\,dr\,d\varphi}{\int_Q \sqrt{r^2+h^2}\,dr\,d\varphi} \quad \text{oder} \quad x_s = \frac{2}{3}\,\frac{\sin\alpha}{\alpha}\,\frac{(R^2 + h^2)^{3/2} - h^3}{R\sqrt{R^2 + h^2} + h^2 \operatorname{area\,sinh} \frac{R}{h}}$$

$$y_s = x_s \frac{1 - \cos\alpha}{\sin\alpha}, \quad z_s = \frac{h}{2}\,\alpha.$$

14. In Abb. 12 ist zur Erläuterung ein Schnitt mit der x-z-Ebene dargestellt, in Abb. 13 ein Schnitt mit der Ebene $z = c$.

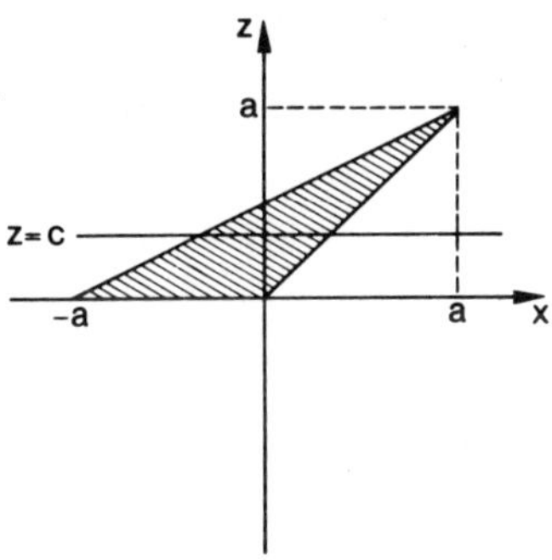

Abb. 12

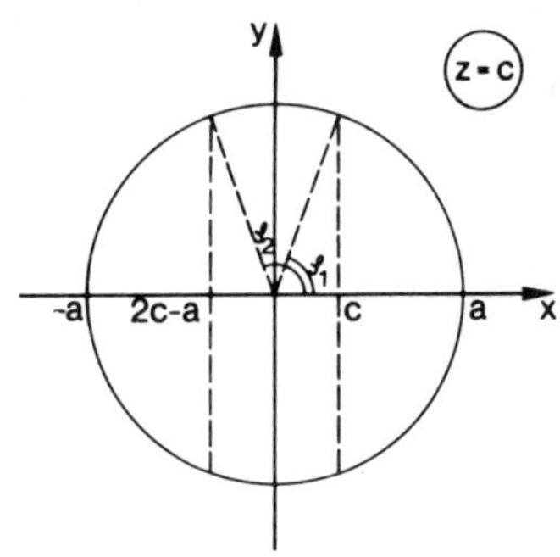

Abb. 13

Nach Beispiel 17.16c gilt $do\,(\varphi, z) = a\,d\varphi\,dz$, also $I = 2\int_0^a \Big(\int_{\varphi_1}^{\varphi_2} a\,d\varphi\Big)\,dz$, wegen

der Symmetrie zur x-Achse ist nur die obere Halbebene berücksichtigt worden. Dann folgt wegen $\varphi_1 = \operatorname{arc\,cos_0} \frac{c}{a}$, $\varphi_2 = \operatorname{arc\,cos_0} \frac{2c - a}{a}$ mit partieller Integration

$$I = 2a \int_0^a \Big(\operatorname{arc\,cos_0} \frac{2z - a}{a} - \operatorname{arc\,cos_0} \frac{z}{a}\Big)\,dz =$$

$$= 2a \int_0^a \Big(\frac{2\,z/a}{\sqrt{1 - (1 - 2z/a)^2}} - \frac{z/a}{\sqrt{1 - (z/a)^2}}\Big)\,dz = 2a^2\,\Big(\frac{\pi}{2} - 1\Big).$$

15. Der Flächeninhalt der Halbkugel ist $2\pi R^2$, davon ist das Doppelte des Flächeninhaltes abzuziehen, der etwa durch den rechten Zylinder ausgeschnitten wird. Verwendet man Polarkoordinaten in der x-y-Ebene als Parameter, so wird die Kugel dargestellt durch

$$\mathfrak{x}(r, \varphi) = (r \cos \varphi,\ r \sin \varphi,\ \sqrt{R^2 - r^2}),$$

$$\mathfrak{x}_r(r, \varphi) = (\cos \varphi, \sin \varphi, \frac{-r}{\sqrt{R^2 - r^2}}),$$

$$\mathfrak{x}_\varphi(r, \varphi) = (-r \sin \varphi,\ r \cos \varphi,\ 0),\quad E = \frac{R^2}{R^2 - r^2},\quad F = 0,\quad G = r^2,$$

$do(r, \varphi) = \frac{r R\, dr\, d\varphi}{\sqrt{R^2 - r^2}}$. Da der Zylinder durch $x^2 - xR + y^2 = 0$ oder $r = R \cos \varphi$ beschrieben wird, erhält man für das herausgeschnittene Oberflächenstück den Inhalt

$$I_a = \int_{-\pi/2}^{\pi/2} \Big(\int_0^{R\cos\varphi} \frac{r R\, dr}{\sqrt{R^2 - r^2}} \Big) d\varphi = \int_{-\pi/2}^{\pi/2} R^2 (1 - |\sin \varphi|)\, d\varphi = R^2 (\pi - 2),$$

für den gefragten Restinhalt erhält man $4R^2$.

16. Gemäß Abbildung 14 sei in der oberen Hälfte der x-y-Ebene eine durch $(x(t), y(t))$, $t \in [a, b]$, beschriebene Kurve gegeben, die geschlossen ist oder auf der x-Achse beginnt und endet. Rotiert diese Kurve um die x-Achse, so

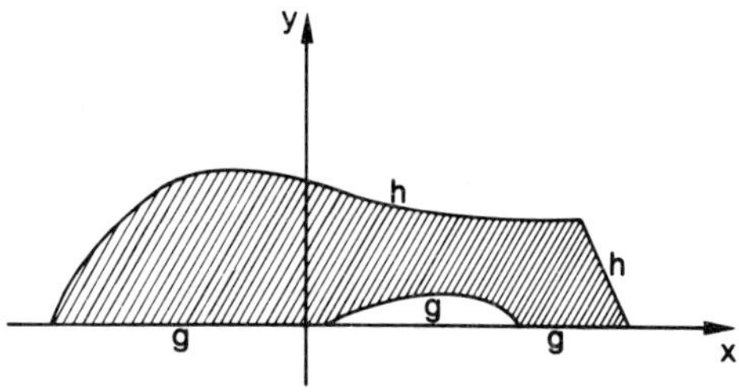

Abb. 14

wird die Rotationsfläche durch $\mathfrak{x}(t, \psi) = (x(t),\ y(t) \cos \psi,\ y(t) \sin \psi)$, $t \in [a, b]$, $\psi \in [0, 2\pi[$ beschrieben. Es folgt $\mathfrak{x}_t(t, \psi) = (\dot{x}(t),\ \dot{y}(t) \cos \psi,\ \dot{y}(t) \sin \psi)$, $\mathfrak{x}_\psi(t, \psi) = (0,\ -y(t) \sin \psi,\ y(t) \cos \psi)$, $E = \dot{x}^2 + \dot{y}^2$, $F = 0$, $G = y^2$ und

$$I = \int_a^b \Big(\int_0^{2\pi} y \sqrt{\dot{x}^2 + \dot{y}^2}\, d\psi \Big) dt = 2\pi \int_a^b y\, ds = 2\pi \eta L.$$

Für das Volumen werde angenommen, daß sich das von der Kurve berandete Gebiet in der Form $\{(x, y) \mid x \in\,]a, b[,\ 0 \leqq g(x) < y < h(x)\}$ mit stetigen

Funktionen g und h beschreiben läßt. Dann wird durch $x = x$, $y = t \cos \psi$, $z = t \sin \psi$, $x \in]a, b[$, $t \in]g(x), h(x)[$, $\psi \in [0, 2\pi[$ eine Koordinatentransformation erklärt, die in dem Körper global umkehrbar ist, außerdem gilt mit $\tilde{u} = (x, t, \psi)$

$$\det \varphi_{\tilde{u}}(x, t, \psi) = \begin{vmatrix} 1 & 0 & 0 \\ 0 & \cos \psi & -t \sin \psi \\ 0 & \sin \psi & t \cos \psi \end{vmatrix} = t,$$

also ist nach 19.17 und 19.15

$$V = \int_a^b \left(\int_{g(x)}^{h(x)} \left(\int_0^{2\pi} t \, d\psi \right) dt \right) dx = 2\pi \int_a^b \int_{g(x)}^{h(x)} y \, dy \, dx$$

$$= 2\pi \int_G y \, d\sigma (x, y) = 2\pi \tilde{\eta} \, I(G).$$

Sachregister

Klett Studienbücher Mathematik

Einführung in die Differential- und Integralrechnung
Von G. Pickert
Klettbuch 98312

Gruppen und ihre Graphen
Von I. Grossmann und W. Magnus
Klettbuch 98313

Affine Geometrie der Ebene
Von A. Kirsch und F. Zech
Klettbuch 98314

Ein Weg zur modernen Mathematik
Von W. W. Sawyer
Klettbuch 98315

Wahrscheinlichkeitsrechnung und Statistik
Von A. Engel
Band 1, Klettbuch 98316
Band 2, Klettbuch 98317

Graphen und ihre Anwendung
Von O. Ore
Klettbuch 98318

Einführung in die formale Logik und Metamathematik
Von W. Markwald
Klettbuch 98319

Einführung in die Kombinatorik
Von M. Jeger
Band 1, Klettbuch 98320
Band 2, Klettbuch 98321

Mathematik als pädagogische Aufgabe
Von H. Freudenthal
Band 1, Klettbuch 98322
Band 2, Klettbuch 98323

Ernst Klett Verlag Stuttgart

Einführung in die Zahlentheorie
Von H. Scheid
Klettbuch 98324

Einführung in die endliche Geometrie
Von G. Pickert
Klettbuch 98325

Mathematik für Ingenieure und Physiker
Von K. Habetha
Band 1, Klettbuch 98326
Band 2, Klettbuch 98327
Band 3, Klettbuch 98328

Didaktik der Algebra
Von H. J. Vollrath
Klettbuch 98329

Grundbegriffe der Algebra
Von A. Schlette und I. Weidig
Klettbuch 98330

Aufgabensammlung zur Integral- und Differentialrechnung
Von U. Warnecke
Klettbuch 98331

Oberflächen
Von H. B. Griffiths
Klettbuch 98333

Elementarmathematik vom algorithmischen Standpunkt
Von A. Engel
Klettbuch 98334

Reelle Zahlen in elementarer Darstellung
Von W. Rautenberg
Klettbuch 98332

Anwendungen der elementaren Gruppentheorie
Von H. Siemon
Klettbuch 98335

Weitere Bände in Vorbereitung